如果你
再勇敢一点

［英］波莉·莫兰(Polly Morland) 著
廖珊　王洋 译

江苏凤凰文艺出版社
JIANGSU PHOENIX LITERATURE AND
ART PUBLISHING LTD

图书在版编目（ＣＩＰ）数据

如果你再勇敢一点 / (英) 波莉·莫兰(Polly Morland) 著；廖珊, 王洋译. -- 南京: 江苏凤凰文艺出版社, 2018.6
书名原文: The Society of Timid Souls: or, How To Be Brave
ISBN 978-7-5594-1509-7

Ⅰ. ①如… Ⅱ. ①波… ②廖… ③王… Ⅲ. ①成功心理 – 通俗读物 Ⅳ. ①B848.4-49

中国版本图书馆CIP数据核字（2017）第303322号

书 名	如果你再勇敢一点	
作 者	（英）波莉·莫兰（Polly Morland）	
译 者	廖珊　王洋	
责 任 编 辑	邹晓燕　黄孝阳	
出 版 发 行	江苏凤凰文艺出版社	
出版社地址	南京市中央路 165 号，邮编：210009	
出版社网址	http://www.jswenyi.com	
发 行	北京时代华语国际传媒股份有限公司　010-83670231	
印 刷	三河市宏图印务有限公司	
开 本	880×1230 毫米　1/32	
印 张	9.5	
字 数	212 千字	
版 次	2018 年 6 月第 1 版　2018 年 6 月第 1 次印刷	
标 准 书 号	ISBN 978-7-5594-1509-7	
定 价	45.00 元	

献给我亲爱的父亲

埃德加·威廉姆斯

(1926—2010)

目 录

前言：可以失败，但不可以没有尝试的勇气

001

第一章

故事中的勇气会传染

001

第二章

一无所有，便无所畏惧

030

第三章

勇气的内部来源：活着就是最大的勇气

060

第四章

对生活有所敬畏，而又无畏

089

第五章

当你成为焦点：不怯场的秘密

117

第六章

生活虽不可控，勇敢却是一种选择

143

第七章

去做自己最害怕的事情

179

第八章

真正的勇敢，是勇于不敢

211

第九章

勇敢起来，就现在

244

这个世界正在悄悄奖励勇敢的人

284

前　言

可以失败，但不可以没有尝试的勇气

　　这天非常冷。我看见一辆电车停在百老汇和73号街的上西区，一个男人从电车上下来，我甚至能看见他口中呼出的白气。他的脚刚着地，电车就叮叮当当地开走了，声音在冬日里听起来十分清脆。那个男人将帽檐拉低到遮住眼帘，从市中心来的其他乘客一直在讨论战争，但他脑子里丝毫就装不下日本人、希特勒或炸弹。他想起的是自己手指触碰到钢琴键时所发出的声音，这些回忆让他口干舌燥。

　　他在街角迟疑了好一阵子，手中紧紧地攥着音乐背包的皮把手。然后他出发了，穿过周末被艺人挤得水泄不通的百老汇大街。他绕过威尔第广场的上缘，穿过树林的时候，旁边立着作曲家的反面雕像，似乎是为了躲避像这个男人一样的落魄音乐家。他继续向前走，经过中央储蓄银行时，抬眼瞥了一眼银行门口挂着的钟，上面显示还有一两分钟就到四点了。从阿姆斯特丹大道穿到西73号街时，他停下来看了一下广告，然后偷偷将广告从报纸上撕了下来折叠放在外衣口袋里。106号。就是这了——在右手边。他穿过门廊，从闪亮的大厅走到一部镶木框的电梯，在一阵沉闷的金属声中随电梯往上升，当电梯员重新打开电梯门时，这个男人来到了"胆小鬼公社"的开幕典礼。

* * *

一月那天到底发生了什么，我们只能从一些信息碎片中找到蛛丝马迹。我们知道，那一年是 1942 年。只有四位不安定的钢琴师回应了伯纳德·加布里埃尔投放的第一则广告。加布里埃尔也是一位职业钢琴师，他宣称每月第一个和第三个周日在他曼哈顿的公寓里都会举行集会。就像他在《纽约时报》发布的公告中所述，每位钢琴师只需花 75 美分的茶点钱，就可以远离严寒，"尽情地演奏、评论他人或被他人评论，从而克服怯场的毛病"。

他们会在西 73 号街上的谢尔曼广场工作室集合，里面专门设有一个房间，房间里面除了两架斯坦威钢琴之外什么都没有，超强的隔音效果使得即使屋里响声震天，屋外也清风雅静。加布里埃尔本人也在里面，虽然没有官方的资格认证，但长达 30 年的从业经验也足以让他被称作一位钢琴大师。据说，加布里埃尔向来无所畏惧，而且他能够恰当地运用被他称之为"奇怪又见不得人的手段"来循序渐进地引导到场的人克服恐惧。

等到初夏时，胆小鬼公社会员已经有 20 余人，5 月 17 日，《纽约客》派了一位记者过来。那位记者名叫查尔斯·库克，刚好也是一位钢琴师。库克在那儿最先遇到的是白发苍苍的老先生威廉·霍普金斯，他告诉库克："我都这个年纪了，可以说是看透了很多，但我还是害怕死。"说完后，他便弹起了一首莱斯比基的《夜曲》。随后，库克又采访了穆勒太太，穆勒太太特别害怕在弹奏中观众席一片沉默。接着就是西姆森小姐，她在别人演奏时也会心慌不已。最后，神秘的引导时刻终于来临，一位胆小的弗罗拉·坎特维尔小姐将获得新生。

"今天下午，"伯纳德·加布里埃尔说，"我就要杀死她，或者治愈她。"

弗罗拉·坎特维尔在其中一架钢琴前坐下，开始弹奏一段练习曲。据查尔斯·库克说，在她磕磕绊绊弹奏的过程中，加布里埃尔穿梭在公社会员间摆弄着各种道具，一会儿在这边吹哨子，一会儿在那边打拨浪鼓，时不时停下来在某个成员的耳朵边说些什么。

坎特维尔小姐弹奏完毕。

"再弹一遍。"加布里埃尔说道，语音刚落，练习曲的声音又在房间中响起，现场一片嘈杂。

西姆森小姐通过一件吹风器发出一阵嘘声，凯尔先生旋转着一只守夜人的拨浪鼓，霍普金斯先生反复地摔门，科恩小姐用柔和的颤音唱着《夜幕降临，美梦成真》，穆勒太太则将曼哈顿电话簿狠狠地摔在地板上。

弗罗拉·坎特维尔缩着头，手指一刻也不停歇。

伯纳德·加布里埃尔这次一边将手指在另一架斯坦威钢琴的琴键上乱按，一边大喊着："你弹得糟透了！但是，不要停！"

坎特维尔小姐照做了。结束时，她从钢琴座上站起来，汇报自己这次的成果："现在哪怕是在锅炉厂，我也照样能弹钢琴。"

事实证明，加布里埃尔那看似滑稽的引导术非常有效。许多公社会员都声称自己被他的这剂"抗毒素"治愈了。一年后，公社会员数量又增加了一倍，除了最开始的钢琴师们，还新加入了胆小的演员、歌手、公众发言人和娱乐艺人，他们中的每一个人都急切地想学习——或者想记住——如何才能变得勇敢。

那些个周日下午在西 73 号街上上演的初级情境治疗术虽然不能

说是前所未闻，但在当时绝对是超前的。在 20 世纪 40 年代的曼哈顿，像胆小鬼公社里那些饱受恐慌折磨的人通常都被要求多休息，或者服用巴比妥类药物；或者说如果你是一个特别时髦的人，那么可能会去尝试"弗洛伊德式"的解梦疗法。加布里埃尔这种治疗术，也就是后来知名的"活体涌进疗法"，至少还需等上 30 年才能够得到临床验证。但胆小鬼公社里的人们就是每隔一周依靠这种疗法最终治愈了自己也治愈了别人。

随后，有人为神经过敏的时装模特和其他种族人创建了类似的山寨公社，听说甚至连《纽约客》的那个记者查尔斯·库克也加入了其中某个胆小鬼公社。1943 年 4 月，伯纳德·加布里埃尔在接受《读者文摘》的采访时扬扬得意地说过："无论在哪一个社群中，我看不出有什么理由那些胆小怯懦的人不能聚在一起互相帮助。"

* * *

想来要将胆小鬼公社当作一件离奇有趣但却无足轻重的古物一样丢掉应该是相当容易的，我开始也那样去尝试了，但伯纳德·加布里埃尔对于压力引导试验的时间掌控引起了我的注意。

就在日本人偷袭珍珠港、美国加入第二次世界大战的四周后，胆小鬼公社召集了第一次集会。在那之前几个月，大批犹太难民涌入了加布里埃尔所在的上西区，而如今美国本身也陷入了战争。1941 年 12 月 7 日，就在那个夜晚，一名在纽约现代钢琴学院任教的老师在日记中提到了在日本轰炸珍珠港新闻播出时，伯纳德·加布里埃尔演奏了一场音乐会。我几乎可以想象当晚在那里的每一个人，以及周围街区的那些人，都经受了何种心理折磨，那演奏前的紧张感中还交织着一种更深的恐惧。

　　我的好奇心彻底被激起了。先前我还认为这只是一起历史巧合事件，但待我进一步查看细节后，我发现胆小鬼公社也以别的方式对大思想和国际事件做出了独具特色的回应。"胆小鬼"这个词并不是加布里埃尔原创的，创造这个词的人想来也不具备他那样的情感，至少对那些饱受生活小焦虑之苦的人们没有丝毫同情。"胆小鬼"这个词第一次出现是在1910年西奥多·罗斯福所做的一次著名演讲中。那次，罗斯福总统引述了一个勇者的典范："竞技场上的人，他的脸上沾满尘土、汗水和鲜血，他顽强拼搏……这样的人，最终或如愿取得伟大成就，但即使遭遇失败也不乏胆量，因此那些冷漠胆小、从未经过胜败洗礼的人断不可与他们相提并论。"

　　罗斯福这番精彩的演说自然令人振奋，但真正让我钦佩的却是伯纳德·加布里埃尔所做的事。他通过这种平静却又彻底的方式还原了"胆小"这个词的本真含义。无论罗斯福那场演讲说《竞技场上的人》有多么震撼人心，其本质却偏离了"胆小"这个词的重心，而胆小鬼公社却感知到了这一点：世界上的人，不只是分方下巴的英雄和爱哭鼻子的懦夫这两种。无论是在过去还是现在，在时局动荡得令人心生恐惧之时，我们中的大多数的人其实都属于中间那一部分，我们渴望变得勇敢，却又无法做到无畏无惧。无论是因为整个时局都令人不安，还是某一天我们要面临真正的危险，就算一些小事也可能将我们吓破胆。

　　比方说，我们不妨来仔细回顾一下媒体对于一位胆小鬼公社成员在西73号街上获得救赎的报道，这也是该公社最后被报道的事件之一。

这个故事是关于一个叫西德尼·劳森的年轻人，他拥有天籁之音，是天生的歌唱家，先前在罗比特·肖创立的学院合唱团担任男高音，直到1941年战争爆发。年轻的西德尼加入了步兵部队，然后离开纽约去海外打仗，届时他还没有满20岁。一年后，他中弹受伤，瘫痪了6个月。战争似乎不止带走了他的纯真，还带走了他对舞台的热爱。从技艺方面来说，他的嗓音、唱功都还和从前一样，但是，如今他对上台表演充满了深深的恐惧。最终，1945年春天，西德尼·劳森加入了胆小鬼公社。在那里，一周接着一周，他强迫自己在一个挤满了人的房间中歌唱，无论下面的人是"面无表情地看着他，漫无目的地在屋里乱转，还是摇铃铛、喝倒彩，甚至在他鞠躬致谢，希望听到掌声的时候，他们会大声批评他的表演太拙劣"——这是1945年8月某期《时代周刊》发布的报道。然而经过这番训练，劳森最后终于鼓起了勇气去参加在皮埃尔酒店举办的一场派对，要知道那里可是纽约最富丽堂皇的娱乐场所之一。当晚，西德尼·劳森在晚礼服上别上了一枚金色的退役饰钉，然后上台高歌了几曲，在其美妙的歌声中，这个年轻的退伍兵获得了重生。第二天，他就签了百老汇的一家大型经纪公司。

似乎是为了证实我如今看到交织在胆小鬼公社故事中的那些东西，他们在谢尔曼广场工作室的数场大型集会——这里的大型指参会人数超过40人——以及随后铺天盖地的媒体报道，都与1944年与1945年的动荡发生了重合。最能证明这一点的就是，到1946年末——除了这个也没有什么能证明战争已经结束，所有事情都在向好的方向发展——胆小鬼公社似乎就销声匿迹了，曾经的辉煌都不复存在。伯纳德·加布里埃尔转向了其他音乐事业，而公社的会员们则纷纷散去，回归到曼哈顿的茫茫人海中。

＊　＊　＊

　　我开始怀疑，除了我所看到的，胆小鬼公社是否还深藏着一些东西。从 20 世纪开始的毫不起眼的怪异行为，一直到 21 世纪，其中千丝万缕的联系似有似无，仿若其重心只在战争与政治、心理与身份、勇气与恐惧间停留过。

　　当然，自"9·11"事件后，我们在想到后两者，即勇气与恐惧时，一直坚持着一种信念：今天，我们比以往面临着更多令人恐慌的东西。无论这个时代多么温馨舒适——或者可能也正是因为这一点——我们的集体勇气却衰退了。我们似乎已经忘了如何开始行动，我们全球的媒体都已向各类恐怖事件缴械投降：全球变暖、银行家挥霍无度、恐怖分子爆破、心怀不轨的恋童癖者。也许这看似与你无关，或者毫无道理，但恐惧的确会传染，一旦你开始为一件事忧心，似乎一下子一件接一件的事都能刺激到你的神经，尽管那些只是再平常不过的事情。随后，你的母亲，你的孩子，你的邻居们，然后你的整条街，都被你的这种恐惧感染，而且它的影响还在继续扩大。不久后，你所到之处，每个人都不寒而栗。

　　2003 年 2 月，正值伊拉克战争前夕，国际广告商 J. 沃特尔·汤普森发布了一组焦虑指数来跟踪这种全球性恐惧流行病的市场影响。在调查消费者对于战争、恐袭、疾病、犯罪、工作不安全感及经济动荡等方面的恐惧等级后，该公司公布的结果相当令人震惊。根据 2009 年的焦虑指数，78% 的美国人感到紧张不安。在英国，这个比例是 73%；俄罗斯的比例则更高，达到了 84%。那么全球最紧张兮兮的是哪国人？很显然是日本人——高达90%的日本受访民众忧心忡忡，这还是在2011年东日本大地震及海啸前的数据。在所有被调查的国家中，只有中国和法国的国民有少于一半的人承认自己感到焦虑。随着全球经济危机削弱了基地组织力量，我们的不安也随之减弱，金融市场也将目光稳定在了恐惧指数及度量指标上。市面上甚至出现了一些衡量波动的标尺等级，有人则利用这些对人类恐惧度的研究获利。

焦虑的藤蔓遍地丛生。在其野蛮生长的过程中，勇气陷入困局。在这个恐惧当道的世界，似乎因为要克服它每天都在变得更不容易，我们也越来越难区分什么是事物的本质，什么是因恐惧所看到的扭曲表象。当觉察到这种全民的懦弱并深深为之痛惜时，我们就越来越渴求看到它的对立面，然而这种勇气却相当珍稀。于是我们的媒体和政客们也嗅到了民众的这种渴望，为大家呈现出一个关于勇气和英雄的故事，其中添油加醋了一些戏剧成分和陈词滥调，这样的故事入口顺滑也易于消化，但却鲜有营养。然后懦弱的周期又到来了，这是一个恶性循环。

虽然如此，但是谢天谢地的是，我们在谈论勇气时所讲的那些东西根本就不是勇气本身的样子。米歇尔·德·蒙田所指"在所有美德中，最强大、最慷慨、最令人自豪的美德"的确存在，也一直存在。《摩西五经》《圣经》《古兰经》《吠陀经》、孔子的卷轴以及柏拉图、亚里士多德的著作中皆有它的存在。它和其他所有基本道德一样，从未过时。（审慎，谁敢说它过时了？克己，过时了吗？）即使到了今天，我们的世俗文化依然追求本真和信念，但真正的勇气却仍然是我们道德和志向的中流砥柱，是我们所有传统美德中最受人推崇的那一个。无论是史诗般轰轰烈烈的英雄壮举，还是谦逊低调的胆识之举，无论是过去还是现在，其中暗含的乐观主义从未消逝。这些英雄的事迹展现出了或个人或集体的力量，以及他们不甘受命运摆布的抗争。无论是哪一种勇气，其中都包含了一定积极程度的参与，它向我们宣告，无论这个世界都多么残酷，你都可以或多或少地改变它。这种在绝境中仍然保持的乐观，这种穿破乌云透出的一丝光亮，就是勇气能够无懈可击、经久不衰的原因所在。而且，无论它离我们有多远，它也一直存在，就像克莱夫·斯特普尔斯·刘易斯①，对他的老朋友西里尔·康诺利所说的："勇气不只是一种美德，它还是每一种美德在接受严谨考验时所呈现的形式。"

　　如果你细想一下勇气与日常生活的脱节程度有多大，你就会感叹于它如此超凡持久的力量。"接受严谨考验"的时刻并不多，但我们每个人还是希望，在需要的时候，我们的期盼与意愿即代表了我们会勇敢一次。在这个充满焦虑的时代，我们的世界似乎危机四伏，因此"严谨考验"也离我们更近一些，我们则开始担忧，因为毕竟在面对灾难时很多人都选择观望。心中希望变得勇敢，而怯懦的脚步却一直停滞不前，这样显然是毫无用处的。因此，当一个毫不起眼的普通人能够完成一项英勇壮举，这无疑给了我们所有人一个希望。尽管这可能是转瞬即逝的，但这也代表了人类从胆小鬼到勇士的转变，因为它唤醒了我们内心世界对自己生而为人的定义。

　　这又让我回想到了胆小鬼公社。因为他们发现了，勇气也可能

---

　　① 英国作家，杰出的文学家、学者和批评家，毕生研究文学、哲学与神学，尤其对中古及文艺复兴时期的英国文学造诣尤深，堪称英国文学巨匠。

像恐惧一样被到处传染。并且作为一个集体，我们能够学会自助。团结起来时，我们可以学会分辨我们的对手，或者说我们的恐惧。我们演练着如何变勇敢，这种训练足以让我们抵挡恐惧这种最磨人的情感。事实上这么一说，它听起来就像是一次邀请，对吗？我几乎能够听见伯纳德·加布里埃尔的声音，他用清晰洪亮的声音说着，似乎还带着一丝玩弄的笑意：

"无论在哪一个社群中，我看不出有什么理由那些胆小怯懦的人不能聚在一起互相帮助。"

* * *

这些话和这些人背后的故事真正地侵入了我的内心深处。从过去到现在，它们似乎恰到好处，却又奇怪地那么合时宜。我越来越感觉到自己和那些聚集在伯纳德·加布里埃尔工作室的人一样，其中某丝看不清的联系也不知怎么地将我与他们串联了起来。当然，原因之一就是我也同样背负着一颗同等懦弱的心，正如近七年前在西73号街上的那些同胞们一样，我也渴望能够克服这种怯懦。

我把大部分工作时间都花在了制作纪录片上，纪录片的主人公要么很明显就是一个勇士，要么至少有一点胆识，我不时就会发现自己身处险境，与枪械、罪犯或交战派系打交道。事实上，虽然我意识到了内心忧虑的本性，但我还是逐渐习惯怂恿自己往前冲，一旦卷入这些糟糕的情境中，我焦虑的心情只能靠剧烈的替代活动来缓解。

下面我来给你们举一个例子，这是一个关于战后惨状和宽松内衣的故事。

　　1999 年夏，我在科索沃待了 4 周，当时正处于一场战乱的尾声。我当时负责一个项目，是关于海牙联合国战争罪行法庭派出的一个英国警队，他们前去是挖掘一个小镇边陲的一片可疑的乱葬岗。我们剧组人员在去之前就被告知在坟场边及临时停尸房行走时都需要身着白纸制的法庭工装，而且就和那些要掘尸和验尸的警察一起换装。收到这个命令时，一位同事就紧张得开玩笑说内衣可千万别紧得脱不下来，这个玩笑不知怎么地就被我记下了。作为一个没什么经验的战地记者，我接下来那周都在疯狂幻想一个大的坟墓会是什么样的。等到出发的那一天，我在玛莎百货①采购内衣，尺码都买得尽量大，似乎这样能将我和那些骇人的东西隔离开来。然而，尽管这些内衣已经非常大了，当我们抵达现场后，它们也没能帮助我们消除那场景的阴森。它们唯一给我们带来的就是欢笑，从保镖到病理学家的所有人都被它逗乐了，而欢笑在那段日子里是非常罕有的。我期待像玛莎·盖尔霍恩②成为战地玫瑰的愿望最终化作泡影。

　　如今十年过去了，我已经有了三个儿子，我发现自己一直在向他们灌输要勇敢的理念——无论是他们做了噩梦，或者摔破了膝盖，看到墙上挂着一只蜘蛛，还是第一天去上学，我都告诉他们"要勇敢"。于是他们就真的一往无前，以一种惊人的速度克服了骨子里的恐惧。他们并不像制片人剪片子一样刻意地把那些部分去掉，也没有完全

———————————

　　① Marks & Spencer，简称 M&S，是英国最大的跨国商业零售集团，亦是英国代表性企业之一。

　　② Martha Gellhorn，世界上著名的战地女记者，报道过西班牙内战、芬兰战争、二战、越战等八次世界上最著名的战争，美国著名作家海明威的第三任妻子。

遵照人类美德的蓝本去克服什么恶习。他们只是一直在成长，学习如何快乐地生活。如此想想，人一旦成年，包括士兵、跳伞运动员在内的所有成年人，学习如何变得勇敢，又如何能像在小孩身上那样同等顺其自然？正如阿娜伊斯·宁①1942年（胆小鬼公社也在这一年组织了第一次集会）在日记中写到的那样："生命是枯萎还是饱满取决于你勇气的多寡。"所以，我一直想象着这条细长透明的线从20世纪40年代的西73号大街而来，它穿越时空，如今落在我的书桌上，这样也不算太疯，对吧？

这就是我为何决定用这本书的这些篇章来再向胆小鬼公社发一次召集令。我们这扭曲的时代需要这样的互助会，我也需要。如果你愿意加入我，或许我们能够一起弄明白如何变得更加勇敢。我清楚你可能并非一个战战栗栗的钢琴师，而我也不是伯纳德·加布里埃尔。我们不会进行什么"活体涌进疗法"，也很少伴乐，有的可能就那么几句嘘声——这就是我们新公社的做法——我希望的是我们能够发掘出勇气的真正含义，而首先我们要找到一些理应了解这些的人。

这就是我为自己所做的一件还算有胆量的事情。我辞掉了工作，只带了一部录音机和一个笔记本。欢迎来到重生的胆小鬼公社。赶快来加入我，毕竟我怕一人独行。

---

① Anais Nin，法国女性主义作家，世界最著名的女性日记小说家。

第一章

故事中的勇气会传染

你知道的，故事可以战胜恐惧；可以让人的内心变得更强大。

《迷魂之歌》，本·奥克利

我曾在电视新闻上看到，一个年轻人站在一群人中间，等待刚从战场上运回的一列士兵灵柩。他的胳膊紧紧地钳住另一个人的脖子，充血的眼睛中盈满了泪水。从那以后，我就一直计划着要来这条街看看。那个年轻人的面容在我的脑海里挥之不去，他说的那句话我也始终无法忘记，话中的主角当时就躺在其中一副盖着国旗的灵柩里。

"他是一个铁骨铮铮的真汉子！"

那个年轻人对着镜头喊出了这句话。我至今都还记得，当时我就在想，在这一万年历史中的任一时刻，在这世上的任一地方，任何一个像这样的悼念场合，无论以哪一种语言，都应该有人说出这句话。

　　我想说的观点已经很老套了：勇气首先是一种尚武精神，是在人们一争高低的冲突中滋生出来的。前不久，这个英国小集镇对在阿富汗战争中阵亡刚被遣送回国的英国大兵们进行了悼念，勇气的这一概念又再次被提起。起初是自发的（毕竟这条街是运送灵柩的必经之路），但很快就变得高度仪式化，见证士兵遗体回归故土成了戏剧《付出最沉重的代价》（*Paying The Ultimate Price*）中最经典的英式场景。在我看来，其中暗含的军事主义勇气对于一个胆小鬼学习如何变得勇敢来说恰到好处。

　　这就是为什么，在 2011 年 2 月一个天寒地冻的午后，我去到了威尔特郡（Wiltshire）伍顿巴西特大街（High Street of Wootton Bassett）。我把车停在一旁，听着军用运输机在头顶轰鸣，灰色的机身在冬天苍白的天空格外醒目。现在我站在这里，周围挤满了爱国者、路人、顾客与悲恸不已赶来和亡者见最后一面的亲属。我们所有人就那么等着，就像电影场景中的群演一样。

　　几家电视台在人行道上支起了小金属台，这样摄像机的角度就能更好一些。附近，一个年轻女人拿着一个很大的麦克风，正在采访一位当地居民。受访者每说一句话，她都会机械地点点头，始终紧蹙的眉头像是在表达关切。马路对面，一群穿着黑色皮衣的长发骑行者停在战争纪念碑旁吸烟。他们是英国军团骑行俱乐部，一群退伍的摩托车骑行爱好者，在他们中间还有更老派的英国军团成员，他们一个个背挺得笔直，皮鞋擦得锃亮。尽管看上去他们并不像一伙的，但正是这两队人组织了这些悼念会。每周或每隔一周，只要有士兵的遗体抵达当地的空军基地——英国皇家空军莱纳姆基地（RAF Lyneham），他们都会来到这里。到达基地后，这些遗体将被陆运到牛津的军用太平间。

　　我和一个身高约一米九、穿着黑色皮衣的退伍兵聊了起来，他的耳垂上还戴着一只银色骷髅头耳坠。他的职责就是，为那些亡者的亲属找停车场和厕所，并在灵车通过的时候，为他们安排一个合适的站的地方。当我问他对于勇气的理解时，他显然被激怒了。

　　"这样跟你说吧，我很讨厌，"他咬牙切齿地说，"阿富汗战争的英雄！帮助英雄！英雄，英雄，英雄！这个词用得大错特错！每个归来的士兵在他们家人的眼中都是英雄，这点我很确信，他们的死也的确值得惋惜。但是，他们在战场上拼杀并为此阵亡，这算不上什么英雄壮举，也无关于勇气。他们只是在做他们该做的事而已！"

　　虽然如此，在威尔特郡伍顿巴西特大街的那天对我而言仍然非比寻常。几个月来，我都在浏览国防部发出的军事讣告，企图从中找到一些像勇气、勇敢、英勇这样的说辞，但如此我明白了，这些词未必就该形成一种规范。那一周，我读到了这样一段话：

　　在一场恶战中，二等兵马丁·贝尔（Martin Bell）在援助一位受重伤的战友时去世了。他深知此行的凶险。在死的前几分钟，他已两次目睹了简易爆炸装置的巨大杀伤力。在当代的实况报道中，"英雄"这个词已经被用滥了。我们不妨花一点时间思考一下马丁·贝尔的形象，一个24岁的伞兵，违抗直接命令，去支援战友期待挽救其生命。这项英雄壮举让他付出了最沉重的代价。

　　如今，马丁·贝尔的遗体马上都会抵达这里，成为这仅仅三年半的时间内，第318副通过这条街的遗体，接受人们的致敬。

* * *

在盎格鲁－撒克逊史诗巨作《贝奥武夫》（*Beowulf*）的末尾，描述了一场葬礼，可以说是整个英国文学史上最完美的葬礼之一。诗中的武士，就是杀死了妖怪哥伦多（Grendel）和他那邪恶母亲的贝奥武夫，在生平最后一次出战与无名恶龙的打斗中，受了致命重伤。贝奥武夫死了，为自己的使命——抗击混乱与邪恶而死，他的子民济兹人（Geats）为他举行了一场送别葬礼。他们为他搭起一座火葬柴堆，上面挂着头盔、盾牌和锃亮的盔甲。火烧起来了，随着贝奥武夫的遗体一点点消逝，火焰滋滋作响，惹得送葬的子民们开始流泪。最终，火焰散尽，一个女人终于再也受不了这种恐惧、死亡和梦魇的折磨，止不住地恸哭起来。

后来，他们埋葬了贝奥武夫的骨灰，谈论着他如何赢得了这唯一配得上他的离世仪式。而且，重要的是：这不是通往天堂，因为济兹人对于基督教认为的正直的人将获得竖琴和祥云这个理念还很陌生。贝奥武夫的理想，也是他最后得到的奖赏，就是他的流芳百世——这种对异教名人的怀旧，在一个人死后重述他的英勇，对这个人来说无疑是最好的结局，而这本身也是一种荣耀。那时，如同现在一样，似乎对于勇气，人们说得和做得一样多。

我们的道德教育，从伊索寓言，莎士比亚到哈利·波特，一直都依赖于讲故事。军事背景、培养勇气——没有什么比这种故事设定更真实也更有必要了。因此，那天站在威尔特郡伍顿巴西特大街上等待二等兵马丁·贝尔遗体通过的时候，我也将看到这种设定：以一个生命的结束开启一个故事。

* * *

随着教堂钟声响起，英国军团的抬棺人在人们的致敬中向前走，整条街都陷入了沉默。一个上了年纪的金发女人，走到了人群的最前边，看上去十分痛苦。毫无疑问这就是死者的母亲，一个高个子的年轻人支撑着她站着，我认出来这个年轻人就是之前新闻报道照片中马丁·贝尔的其中一个兄弟。他轻声地跟母亲说着什么，全然不顾周遭的沉寂和每个人都可以预见的悲痛场面。钟声敲响的时候，她禁不住发出了一连串呜咽声。有好一阵，整条街上就只能听见钟声、那个女人的恸哭声和摄像机咔咔咔的拍照声。接着，响起了引擎声，那个女人痛哭得几乎背过气去。一辆公交车开过去了。周围致敬的人们都一动不动，而马丁·贝尔的兄弟却笑着跟他母亲说"哈，公交车而已"，声音大得震耳。不过，接着灵车便驶过来了，上面的灵柩上整齐地盖着英国国旗，而人群中又爆发出了一阵恸哭声，这让我想起了《贝奥武夫》中那位济兹女人的哭声。

我站在街的对面，但当灵车停在亲属的面前时，我透过玻璃看到所有送葬者一个个走上前，将手掌覆在玻璃上，然后将白玫瑰和红玫瑰放在车顶上。总共可能有六十个人，或者更多，这个仪式进行了三四分钟，然后灵车开走了，消失在我们的视线中。听到稍息命令后，抬棺人和致敬的士兵身体都放松了下来，人们又开始交流起来。我无意中听见一个留着络腮胡子的英国军团退伍兵在对另一个人说："嗯，这才是致敬该有的样子。"

当我开车驶离威尔特郡伍顿巴西特大街时，我看到柏油碎石停机坪上撒满了从灵车上掉落的鲜花，鲜红和雪白的花瓣被风吹得路上到处都是。

* * *

2010年秋天，当马丁·贝尔跟着他所在的那个排离开英国去阿富汗时，伦敦地铁上的那些通勤者发现自己被一个令人极其不安的私人问题包围了。海报、广告牌、灯箱上，到处都印着这个问题：你有多勇敢？（HOW BRAVE ARE YOU?）你拐过一个弯，或者换乘另一趟地铁后，却仍然发现这个问题无处不在。你有多勇敢？这几个字被大写加粗，还特意用了明亮的色彩。这些海报其实都是在宣传帝国战争博物馆即将开放的一间新的美术馆，该馆将第一次公开且将长年展出241枚维多利亚十字勋章（Victoria Cross）和乔治十字勋章（George Cross）。这两种勋章是英国对英勇行为的最高级嘉奖，其中前者是严格的军用勋章，用来表彰"直面敌人"的勇毅，而后者则是同等级别的平民奖章，近些年主要也授予军队人员，以嘉奖"敌人背后"的英勇行为。

我去参观的那天早晨，馆里总共差不多有15到20个人，包括两位切尔西养老院的退伍老兵，他们穿着通身猩红色的制服，非常健谈，聊天中不时发出"哦"的声音，他们观赏一枚枚勋章的样子就像女孩在珠宝店挑选订婚戒指一样。所有的维多利亚十字勋章当然都长一个样：同样带着精致水平凹槽的紫红色缎带，同样深古铜色的亚光十字勋章（相传材料取自在塞瓦斯托波尔俘获的两门大炮），上面都刻着同样的箴言——"以彰勇毅"（For Valour）"以彰勇毅""以彰勇毅""以彰勇毅"。

我曾以为这种重复免不了会有些无聊，但很奇怪，这种循环事实上相当震撼。这四个字就像一句咒语，引导我们去思考一个人在战争这样凶险的情境下，会尽多大的努力去做正确的事情。我也开始明白了，在这些勋章上承载着同等重量的死亡含义和英雄主义。每一枚勋章旁边都放着一张瓷板，上面平铺着黑白照片，照片中的青年人穿越过上一个世纪凝望着你，他们中的大多数人都是因为英勇牺牲而得到了维多利亚十字勋章，剩下的则是因为消灭了敌人。"以彰勇毅"，这几个字听上去就如此让人振奋，至少在念出的那一时刻，你确信危险和死亡的威逼正是那唯一能使一个人展现出人类最优秀品质的东西。在这里，你们这些怀疑论者、和平主义者、无神论者以及虚无主义者，这就是对混乱的救赎，对战争的浪费；故事好像就是这样。

当你走出昏暗的美术馆，事实上这种感觉像是从一间教堂走出来，你融入温暖的阳光中，在喧嚣、肤浅的外部世界中重新认识你自己，在这里，大多数人都是胆小鬼，但这里也有很多好东西值得买。礼品店在兜售仿制的维多利亚十字勋章，标价为 1699 英镑。你也可以选择买一块印着"勇敢"（BRAVE）、"果敢"（BOLD）或"无畏"（FEARLESS）的徽章，或者是一块冰箱贴，每次你打开冰箱门去拿牛奶的时候，它都会拷问你——"你够勇敢吗？"。我为我的孩子们买了一些巧克力做的勋章，然后就走出店门，汇入街上的人流中。

此处我必须声明一下，美术馆中的勋章都是真品。事实上这些收藏品的出处，以及为摆放这些勋章特意定制的这间优雅的美术馆，比礼品店里的纪念品还要古怪。这个伟大的项目原来是一项业余嗜好的成果，其主人就是英国历史上最具争议也最有权势的一位企业大亨——迈克尔·阿什克罗夫特（Michael Ashcroft），据报道其资产有 11 亿英镑，是世界上最富有的人之一，他的全称为奇切斯特尊敬的阿什克罗夫特勋爵[1]。

2010年，阿什克罗夫特爵士卷入了一场持久的争议中，主要是关于其海外业务的税务情况和他向英国保守党做出的价值数百万英镑的捐赠。政治和舆论风暴随之而来，但这场闹剧中最奇异的就是，它与该大亨自称"因对英勇这种精神的热忱"而热衷于花钱收集维多利亚十字勋章（而不是购买亨利·摩尔的雕塑作品或者布加迪跑车）扯上了关系。就在阿什克罗夫特爵士辞掉保守党副主席职位八周后，这间崭新的阿什克罗夫特爵士美术馆就出现在帝国战争纪念馆并开始对外开放。两三个月后，我有幸陪同这位亿万富翁贵族参观了这间挂了他名的美术馆。

顺便提一下，在美国如此奢侈的娱乐方式是非法的。因为在美国，买卖军用勋章是非法的，但这在英国却是一种非常受人敬仰的行为，几家大型拍卖行都设有自己专门的勋章部。并且，他们靠拍卖勋章获得了非常可观的利益收入。迈克尔·阿什克罗夫特收藏的维多利亚十字勋章总价值超过3000万英镑，据称其中最值钱的那枚是他在2009年12月花费150万英镑拍下来的，是迄今为止三枚"二次授予维多利亚十字勋章"中的一枚。这枚勋章是在普通维多利亚十字勋章上加上青铜锭（代表第二次授予，此处是在死后才被追授），勋章的主人是一位军医，他在索姆和伊普尔拯救了多人的生命。这无疑是对维多利亚十字勋章给予双重生命的最完美阐释，据此某表彰背后的故事越振奋人心，它似乎就越值钱，正如一点星尘，或沙砾，

---

[1] the Right Honourable Baron Ashcroft of Chichester, KCMG, KCMG 为英国第二等的高级圣迈克尔和乔治勋爵士。

将对它新的主人产生重大影响。

在拍下这枚二次授予维多利亚十字勋章时，阿什克罗夫特冷笑着说"这就是锦上添花而已"，当我问到价格时，他说："对于罗曼·阿布拉莫维奇①来说，每天花1英镑或3英镑买一份报纸根本没什么区别，尽管对于没钱的人来说这区别就大了。"

我们沉默了一会儿。

"这其中存在——"他在头脑中努力搜索最合适的那个词——"呃，相对性。"

迈克尔·阿什克罗夫特出生于第二次世界大战结束后的那一年，上学时，他告诉我，每次小伙伴们一起玩耍时大家都会问"你的父亲在二战时都干了些什么"这个问题，企图找出一个父亲"什么也没干"的小孩。因此，当时才差不多十岁的迈克尔就缠着他爸爸要知道战争的故事。一个振奋人心的历险故事由此在迈克尔眼前展开，在诺曼底登陆时，他温文尔雅的父亲，艾瑞克·阿什克罗夫特（Eric Ashcroft）迎着剑海滩的汹涌波涛，抱着必死的决心坚持战斗。迈克尔指出，这在当时可是一个相当不寻常的故事。

"但真正让我感觉不寻常的是，干这件事的人竟然是我父亲，"他说："我当时想这真是太酷了。"

然后他讲述了自己如何冲到学校的图书馆，翻阅关于剑海滩的所有资料——"我对那件事简直都有一点着魔了"——然后他开始阅读关于维多利亚十字勋章的故事，了解到某个收藏家曾购买过一

---

① Roman Abramovich，英格兰球会切尔西足球俱乐部老板，据2008年福布斯杂志统计，他是俄罗斯首富及全世界排名第15位的富豪。

枚这样的勋章。一个幼稚的想法诞生了——如果他也能买一枚维多利亚十字勋章，那么他就能在自己的名字上冠以"VC"字样了，当然他很快就发现这不可能。但据他讲，这段小插曲使他变得更成熟了，而且让他从此毕生与父亲亲密无间，因为毕竟他认为"父亲经历了我过去从未、未来也没有机会经历的事情。"

他停顿了一下，然后说："我将一直对照这一事实来评价自己。"

这让我想起了他为宣传展览在伦敦地铁上张贴的海报以及那上面印刷着的无声拷问"你有多勇敢？"，所以我向他提出了这个问题。

"在企业中，"他回答道，"大家一直都认为我是一个果敢的人，无畏的人，也相当冷酷无情。这和勇敢不一样，但我在想这是否可以得到转换。"

"但你从来都没想过去入伍吗？"我问。

"是的，我从没想过。"阿什克罗夫特说道。他继续解释说，让他着迷的并不只是勇敢这么简单，而是那种冲突感。他提到了塞莫皮莱战役①，仿佛那是一件艺术品，还有成吉思汗、匈奴大帝阿提拉以及亚历山大大帝，充满了崇敬。等到成年后，这种爱好就成了一种战场观光。阿什克罗夫特称他曾休假去过罗克渡口（Rorke's Drift）、发起轻骑兵冲锋的乌克兰谷地、加里波利半岛（Gallipoli）以及古斯格林（Goose Green）。但真正让我触动的是，这种迷恋如何得以维持。似乎正是故事，那些通常带有传奇色彩的故事，激发了他的兴趣，使得他愿深入去探索，并以自己的方式去拥有。

---

① Thermopylae，希腊与波斯在公元前481年交战，著名的"斯巴达三百勇士"的故事就发生在此战役中。

"你看，"他说，"勋章是一次英雄壮举所留下来的唯一可触摸的东西，如果没了它，那一英勇时刻也就丢失了。滑铁卢之战，特拉法加海战，这些本都该有许许多多这样的英雄壮举，只不过我们不知道罢了。"

到1986年时，阿什克罗夫特已经赚了一大笔钱，于是他决定犒劳一下自己，便在苏士比拍卖行（Sotheby's）拍下了他的第一枚维多利亚十字勋章，大约花了3万英镑。他跟我说，当拍卖槌落下的那一刻，"我的全身都兴奋得颤抖"。接着，他讲述了从那以后，他如何扩大勋章的收藏量——起初是以他的老将，企业通讯主管的名义通过电话竞拍秘密拍得，最后他干脆通过一位之前供职于苏士比拍卖行的勋章鉴赏专家，这位专家就是当年他买下第一枚维多利亚十字勋章时的拍卖员，如今受雇于阿什克罗夫特，专门代其购入这些收藏品。这种秘密行为在我看来有一些盖茨比式的浪漫主义，但相反我却被告知，这只是一个供需对应的"机械流程"。

"长得好看的女人总是有人追。"他神秘地补充道。

等到阿什克罗夫特收藏了百枚维多利亚十字勋章后，勋章商业圈内的其他大买主和卖家才发现他是幕后的土豪。他说，他从没想过自己收藏的勋章能超过25枚，所以当他发现这可以完成时，他就清楚"必须和别人分享这份荣耀"。我们相识的时候，阿什克罗夫特已经购买了共计169枚维多利亚十字勋章，超过了总授予数量的一成，此外还有一枚乔治十字勋章。

"时至今日，我都仍然对此感到十分惊奇。"他咧嘴笑着说。我们的谈话也就到此结束了。

我走出博物馆，对刚刚见证的一切感到困惑不已，所以我尝试着在头脑中画出所有事件的时间链。首先浮现的是战场上涉险的那一刹那，接着是一群目击者，他们坚信自己见证了英雄壮举，并将这些英雄的故事传颂。然后，时隔多日，一个千里之外的委员会对那个故事进行了提炼和评估，他们最终决定颁发一枚勋章，一枚代表最高荣誉的勋章。于是，关于这枚勋章的故事又开始在人间反复流传，随着时间的流逝，这枚勋章本身也变得价值非凡。那就是为什么一个超级富豪想要购买这枚勋章，然后他也那样做了；那种感觉很好，于是他买了一枚又一枚，最终成了一套收藏品，并由此催生了一间精致的美术馆。这间美术馆由这个富豪投资修建，自然也就挂了他的名。这意味着，当我在谷歌中输入"阿什克罗夫特勋爵"时，在所有信息中，最显眼的不是有关他的税务状况、企业、绯闻或者政治，而是这间美术馆的名字——阿什克罗夫特 VC，这位富豪终于实现了儿时的梦想，在自己的名字后面挂上了 VC 字样。我知道这样的事件顺序不是那么便于理解，但这并非谎言，亦不是阴谋。这就是事实的真相，而这种事实就是对故事拥有绝对力量的有力证明。

* * *

讲述一件动听的奇闻逸事，尤其是这故事关于勇气时，会给听众形成一种很直观的感受，即为什么人们要做他们正在做的事，但同时，这也可能掩盖我们思考中的所有漏洞，从而以至于有时候就仿若回到了柏拉图时代。

柏拉图告诉我们，在差不多公元前 500 年的某天下午，雅典有两位年迈的父亲为是否送他们儿子去学最新的战术争执不休。据柏拉图说，他们最终决定去咨询两位赫赫有名的将军——拉凯斯

（Laches）和尼西亚斯（Nicias），将军则建议让伟大的哲学家、战争英雄苏格拉底来调停这场纷争。

苏格拉底像平常一样，很快就抓住了话题的道德核心——勇气，他坚称如果想要弄清楚哪种方式对于年轻人学习怎样变得勇敢是最有效的，两位将军最好先说明勇气是什么。拉凯斯先开口了，他说，勇气就是坚守阵地，绝不逃跑。苏格拉底说，这个概念太具体了，仅适用于军事方面。"那么，"拉凯斯说，"一种灵魂的忍耐力呢？"苏格拉底回应道："这种忍耐是明智的，还是愚蠢的？"这下拉凯斯自己也糊涂了，尼西亚斯见状解释道，勇气的前提是了解什么是值得畏惧的。然而，苏格拉底又立刻否决了这一说法，称将这归结为评判对错的能力，显然用到除了勇气的别的话题上也可以。

最后，这场讨论陷入了困局，或者说是哲学迷思，于是所有人都回家了。

* * *

看过悼念仪式和那些灵柩，也见过阿什克罗夫特和他收藏的那些维多利亚十字勋章，我已经迫不及待想要和人谈谈我的感想，这个人必须要经历过这些事情，这个人才算得上是真正的勇敢。于是，我去见了大英帝国勋章（OBE）获得者蒂姆·柯林斯上校（Colonel Tim Collins）。

蒂姆上校是皇家爱尔兰团第一营的前指挥官，在那之前还做过英国特种兵勤团（SAS）的指挥官，因性格刚硬不屈，手下士兵送其外号"钉子"。2003年，柯林斯一下就出名了，起因是在伊拉克联盟入侵前夕，他和战斗部队在科威特边境待命时，他发表了一番慷慨激昂的演讲。那场演讲气势磅礴却又充满了韵律美，曾被认为可以与亨利五世在克里斯宾节（St Crispin's Day）前夜或威廉·华莱士在斯特灵所做的演讲相媲美。柯林斯敦促他手下的士兵们"勇猛作战"，但"胜利后对战俘要宽宏大量"，在伊拉克要"手下留情"。他说，这就是"伊甸园"。那场演讲似乎援引了一种仅适用于战争的英勇准则，并被现场夹杂在士兵中的一位记者记录下来，随后传遍了大江南北，甚至有人说在美国总统办公室都张贴着一份副本。

在那一年后，柯林斯退伍了，如今经营着一家情报安全服务公司，在"世界上最危险的地方"为美国国防部效命。他还变成了一个直言不讳的公众人物，因坚持有一说一，颇受赞誉。我们见面那天，柯林斯穿着一套时髦的浅色人字纹三件套，一双焦糖色的布洛克鞋，里面套着一双看上去很厚实则可能没那么厚的淡黄色袜子，但除了穿着，其他迹象都表明他就是那个身经百战、受人敬仰的硬汉。他很少和我对视，讲话很快，带着很浓重的贝尔法斯特口音，说着一些关于生死的事情。

他跟我说，在他看来，最让人胆寒的恐惧并非你马上要卷入激烈的冲突、感受暴力骚乱，而是"在黑夜中等待直升机到来，你的脑子开始胡思乱想"所带来的那种预想的恐惧。他说，他的生命中曾出现过两次那样的情况，一次是在哥伦比亚，另一次是在扎伊尔，当时他都认为自己活不下来了，于是他带着手下的人去"做大概是最危险的事情"……

他以自己生命的这些时刻作为例子，来说明在军人的一生中，有些时候"纪律、团队精神和群体压力让大家无路可退。但从没有人说过要撂挑子不干，因为在那一时刻，退出会让人良心备受煎熬，还不如去做，内心抱着一丝希望"。

　　当时那些特种部队的行动细节属于一种国家机密，但不证自明的是，柯林斯没有死，但他想表达的意思是，抱着必死的决心对你会产生重大的影响。

　　"我当时坚决地把门锁死了，就像平常出门一样，"他说，"锁死那扇门后，我告诉自己，我回不去了。这样一来，你就直接放弃了某些想法。如果你有小孩的话，你就会知道你做了最明智的事情，确保自己留下了一些传奇，因为我希望我的儿子某天会发现这些传奇，也许他会试着去寻找我是谁，因为他不会见到我。这就相当于关上你脑海中那栋房子的所有房间。有趣的是，如果你有幸没死，居然也不会急着去打开那些房间。"说到这里，他停了下里，将眼睛折叠放在桌上，接着说道："获得新生需要很长时间。我想，每次你准备死去的时候，你的某一部分就真的消亡了，而且再也恢复不了了。"

　　2003 年站在沙漠上聆听了柯林斯那场精彩演讲的一部分人，后来指责他演讲中的那些关于死亡的言语让他们恐惧不已。然而，柯林斯告诉我说，在很多时候都需要一个指挥官来教育那些大部分都才十几岁的愣头兵，通过一种被战友情缓和的宿命论来告诉他们战争有多残酷，他当场大致演绎了一下："这是无法更改的历史。该发生的总会发生。但是，你可以做到的是，尽可能保持善良，忠于自己，更重要的是忠于你身边的人，因为他们对你而言非常重要。"

　　谈话结束的时候，我问他，像我这样的一个平民，而且还是一个胆小的平民，能够从军方学到哪些关于如何变勇敢的方法。

　　"英国军队最为卓越不凡的一点，"他说，"是他们的勇气，而我们所有人能从中学到的就是，在士兵长达 20 周的艰苦训练中，最初 2 周我们教的东西都很老套，就是要友爱。那也是你在尝试引导大家的。"

这也是第一次我认识到，原来勇气在某种程度上也是可以习得的。

* * *

有几年，我曾住在威尔士－英格兰边境的一个叫切普斯托（Chepstow）的军队驻防小镇附近。英国军队第一步兵营就驻扎在这边一个叫比切利（Beachley）的勺状半岛上，瓦伊河会流经这里，汇入塞文河。2011 年 4 月，第一步兵营受命要调遣五百余名士兵去阿富汗南部的赫尔曼德驻扎半年。他们驻守在这边时，我已经渐渐习惯了飞机飞过丛林的轰鸣声，以及军方卡车在路上疾驰而过的身影。我在超市和学校门前还经常遇到他们，一张张熟悉的脸已刻印在记忆中。我意识到，这些为我们而奋战在战争一线的人们，其实和我们并没有什么不同，而我也开始思考，要让他们将英勇奋战当作一份职责，正如我们要求有的人每分钟打 60 个字，有的人还要展现优秀的人际交往能力一样，这是多么不寻常啊。因此，在第一步兵营离开去赫尔曼德前，我花了几天时间和他们待在一起，试着去理解和感受如何去训练一支军队的勇气。

其中一位比较年长的士兵向我从头到尾介绍了一遍基础军事训练的基本原理，最初几周全是身心演练：通过一遍又一遍的重复，构建如何在炮火下正确行动的反射性行为，完成个体思维到集体思维的转变。接着就是关于阿富汗战区以及赫尔曼德河两翼"绿区"（Green Zone）残酷性的针对性训练，这主要依赖在训练中设定更复杂、更逼真的场景和叙述手法，以此对士兵进行脱敏训练，指挥官管这个过程叫"战斗接种"。这些训练可以降低真实战区对士兵的冲击和由此造成的恐惧感。最后，士兵会在诺福克或者索尔斯堡平原参加一场精心策划的演练，那里会搭建起"阿富汗村庄"，里面有集市、牲畜、真的村民，还有真的双侧截肢者带着装有血液类似物的袋子严阵以待，等着上演一场爆炸空袭过后的惨剧。步兵营有两周都会处于这种虚拟的战争环境中，如果期间没有出现重大失误，他们就会被送去战场。

在我去军营之前几周，第一步兵营就已经通过这项测试了。在离他们营地不远的一个军队训练区，他们举办了一场异常欢乐的调遣前媒体野餐会。和一些当地媒体以及镇上的议员一样，我也受邀观看了一段附加训练，士兵们一遍遍地重复动作，为的是确保这些记忆在调遣部队出发前不会有丝毫减退。

一辆面包车在停车场接到我们，带我们穿过树丛繁盛的草地，然后抵达了一处布有伪装工事的侦察基地，其中设有指挥所，一顶大帐篷下布满了高科技的电子对战工具，军方要求我们承诺不向外泄露细节，以防塔利班不经意从该书或《南威尔士卫报》中得到什么机密信息。

然后，我们观看了一场"强攻"塔利班管辖区的彩排。"场面会很暴力很血腥，"旁边的一位军官很兴奋地解释说，"会发射炮弹和扔手榴弹。"

我们都准备好了迎接一场喧闹、快速却又引人入胜的表演。然而，我们看到的却是在一片凹凸不平的土地上建有一幢很长的低矮建筑物，三支四人小分队在上面缓缓前进，整个过程鸦雀无声。走在最前面的那个人被叫作瓦隆兵，因为他手上拿着的金属探测器是由一个叫"瓦隆"的公司生产的。他缓缓地走着，清出一条没有爆炸装置的前进路径。在这一过程中，我无意间看到当地媒体的一个记者在查看短信。过了好一会儿，士兵们到达了塔利班"管辖区"，随后发射了几枚炮弹，终于打破了这种宁静，一群旁观的人跳起来"杀死了"那些打扮得灰不溜秋的叛乱军演员，最令人信服的是，当我们所有人排成一列回到"指挥所"旁边去领茶水的时候，他们还倒在地上装死。

他们告诉我们，和第一步兵营 2008 年到 2009 年那个冬天在赫尔曼德相比，训练的一大关键改变就是这种慢动作的进攻方式。那年过后，爆炸装置的威胁达到了顶峰，这些凑合制作的炸弹开始替代伏兵成了叛乱的首要武器，造成了北约领导部队的大量伤亡。好吧，所以这种新式战争没有我想象中那么热血，但我可以肯定的是，日复一日，年复一年，这种缓慢的行动绝对是对步兵神经的一种持续性考验。一个人要重复演练多少遍，才能承受住那种压力，直到每一个动作都成为一种反射性行为，像眨眼睛一样凭直觉就能完成。

当时，离他们去阿富汗还有差不多三周时间，而且，当他们去到那里替换下前一批队伍的班，其实就是一命换一命，正如一位上校所说的，他们将"在停机坪上击掌"。

"最重要的是，"他急切地说，"这相当振奋人心。大多数人一年到头都在履行他们的职责，而我们两年加起来才六个月在工作。"

几天后，在兵营的一间教室里，气氛却全然不同，柠檬黄的墙壁上一面粘着赫尔曼德的地图。士兵们挨个来与我交谈，他们看起来都很严肃和紧张。

　　我见到的 11 位士兵中，有 3 位都是第一次上战场，他们对未来
将发生什么一无所知。其他人都已经有了一些战斗经验，在北爱尔兰、
巴尔干或是在伊拉克，但也只在 2008 年秋天才了解到阿富汗战争是
怎样的。赫尔曼德改变了他们的一切。谁都没有经历过这种程度的
纷乱，谁也没有哪一刻必须像现在这样勇敢。艾德里安·法默（Adrian
Farmer）是少校团长，是营里未授军衔的士官中级别最高的，服役已
经 24 年。他说，无论对于老兵还是新兵来说，这种情景都是他们从
军生涯里第一次遭受"当头一击的勇气考验"。

　　下士朱利安·希尔（Julian Heal），人人都叫他"克拉伦斯"，39 岁，
服役 20 年。他将自己在纳德阿里（绿区腹地位置）第一周的经历描
述为中世纪全面战争。我想我当时肯定一脸茫然，因为他解释说："就
是那款网游——《中世纪：全面战争》。"他还说，那段经历虽然
可怕，但让他感觉到自己还"活着"。

　　准下士乔恩·利斯特（Jon List）就更年轻了，骨瘦如柴，眼神
空洞，瘦弱的身躯蜷缩在制服里面。他跟我们讲起了自己 2008 年 12
月在赫尔曼德马尔贾镇的经历。当时，他下了直升机，没过几个小
时就中枪了。"那一刻你突然就会意识到，"他说，"唉，这些人
好像不想让我活命。"他们也的确那样干了。3 个月后，当时距离乔
恩任务期满飞回巴斯营地① 只有最后三天了，也就是说他马上就可以
回家了，结果乔恩还有与他同行的很多人遭遇了埋伏，在第一个山谷，
乔恩脸上就中了一枪。

　　"子弹真正打中我的时候，"乔恩回忆道，"我记得那种感觉

---

　　① 英国位于阿富汗赫尔曼德的大型军事基地，建于 2006 年。

就像一列火车在我的脸上碾过。几秒钟后我就人事不省了，等到后面我醒过来，我只知道我躺在地上，但我没有丝毫知觉。当时全身都是麻的。我看得见，也听得见，也能动，但就是没有一点感觉。当时我其实并没有特别沮丧或者担心自己快死了"——乔恩坐着椅子上稍微变换了一下姿势——"我很快就对那种想法没什么感觉了。"

他就躺在那里，躺在战火中，时而意识清醒，时而神志不清，就那样躺了45分钟。有一个叫凯特·内斯比特（Kate Nesbit）的医疗兵一直陪在他身边，她在毫无遮挡的旷野中穿越战火，毫不犹豫地拯救了他的生命。乔恩告诉我，这就是为什么他小女儿的中间名叫凯特。

子弹从乔恩的上唇部穿进了大脑，刺透牙齿、舌头，粉碎了他的下巴，然后从脖子的另一侧飞了出来，但神奇的是，没有伤到他的气管、食管、颈静脉、颈动脉和脊柱。三个月后，乔恩恢复得可以咀嚼食物了；九个月后，他可以复工了；一年后，他说话终于不大舌头了。

知道这一切后，我问乔恩，为什么他还想去阿富汗。我说，绝对是勇气或者类似的精神在支撑他这样干。然而，乔恩回答我说："我只是想证明我还能胜任这份工作。我想唯一能解释这种执念的就是，你曾试着去做一件事，但你失败了，那么你会想要回去，证明你可以办成这件事。"

"但你当时不算失败啊，对吧？"我问。

"我这样说，并不代表我把那件事看作一次失败，"乔恩回答道，"但我只能想到拿这个来比喻。如果我变成了一个神经过敏的人，突然之间我就开始念念有词'我不去我不去'，那么年轻的小伙子们就会看到。恐惧是会传染的——如果他们看到我因为上次发生的事情变得畏畏缩缩，他们也会害怕，因为他们不想重蹈我的覆辙。所以我想，这次我去战场，在某种程度上也可以为别人加油打气。"

乔恩·利斯特这样死里逃生的经历在战场上并不少见，我曾听过好几个这样的故事（士兵们似乎都很喜欢讲自己的经历）——有的跪坐在地上，然后发现离他们跪的地方不到半英寸就有一个爆炸装置的触发板；有的打算捡什么东西或者点一支烟，上半身刚伸前去，就听见子弹从头顶呼啸而过。当然，军人在战争中并不完全依赖运气。举这些例子只是想说，在像阿富汗战争这样的爆破战中，规模与平常可谓是天差地别。处在这样的环境中，多数时候你可能不是奋战至死，而只是不小心触发了死亡的开关。

这就是为什么每位士兵的神经似乎都完全依赖构建他们自己的生死逃亡故事。那个冬天被派到赫尔曼德的那个营中有一个高级军官曾跟我说过，他在营地、检查站和侦察基地到处都看到了幸运符和十字架。第一步兵营似乎也是一样。我听说过在赫尔曼德拍到"发妻"、幸运石或幸运符等照片的事情。一位士兵坚信有天使庇佑，还有两位每次在关键时刻都会祈祷。准下士海莉·里奇韦（Hayley Ridgeway）是一位 23 岁的医疗兵，她告诉我说自己刚刚为这第一次阿富汗之旅获得了一位守护神，那就是她妈妈为她缝的一只幸运泰迪玩偶，而且她随身携带的小背包里还塞了一张弟弟小时候的糖纸。"我相信这些小玩意儿能保我平安，"她说，"肯定会的。"

在那几天我结识了十一位士兵，其中超过一半来自离异家庭或父母中有一位在其年幼时就过世了，这个概率是一位普通国民遭此不幸概率的 50 倍还不止。他们中的每一个人，或多或少都会在军队

中新找到一位家人——一位可以与你相濡以沫、生死与共的人，他 /
她从不会让你失望，永远值得依靠。当我的问题涉及勇气，或那些
被外人定义为勇敢的行为时，每一位，每一位战士，都谈到了归属感、
忠诚和集体认同感，而不是什么思想服从或个人野心。

　　"你只想照顾好自己的同伴，"克拉伦斯说，"这听起来大概
非常不合政治逻辑——我丝毫不在意阿富汗人民，不在意塔利班恐
袭行为，也不在意什么同情心、什么思想道德，我只知道，我要我
的兄弟们活下来。"

　　这就是那个年轻医疗兵海莉·里奇韦提到的她最恐惧的事情。
"事实就是，不是所有人都能活着回来，"她说，"我怕的就是那
决定权交到我手上。我的工作既可能让人生，也能让人死。我以前
就失去过战友，但当时医治他们的人不是我，不过这一次，就是我了。
我将看着自己的家人生命岌岌可危。"

　　这份伟大的忠诚，以及随之产生的集体英雄主义，并不是偶然
的情绪高涨。这是从基础训练的第一天开始，士兵们听了无数遍的
故事，一路构建起一个军营"家庭"。第一步兵营的指挥官詹姆斯
中校出生于一个赫赫有名的军人世家，他解释说这是整个军团体系
中最强劲的力量。"这股力量形成了主体框架，"他说，"这未必
就是兄弟情。可能某个指挥官会感觉自己需要对手下其中哪个小伙
子负责——他可能对那家伙都没有什么特别的好感——但他还是会
生出一种责任感。"

　　那么，在这个被忠诚和责任包裹的体系中，詹姆斯中校认为，
关键就在于训练所有人，无论他 / 她处于哪个层级，都能够在恶劣的
情境下快速做出决定。

"这句话的意思是，在他们突然受到惊吓时，需要多长时间才能恢复冷静。比如，走在前面的兄弟前一秒还好好的，后一秒就碰到爆破装置被炸翻在地，双腿血肉模糊，遇到这样的情况时，他们要多久才能做出决定如何应对。我们要的就是通过训练来缩短这中间的空档时间。"

我感叹这在我听来就像是勇气了。

"不，"他很快反驳道，"说来真怪，我也不确定这是不是，但事实上我认为，训练的目的就是打破勇气的前置条件。通过训练，我们尝试让一些事情变得平凡，哪怕其实你做了一件非凡的事情，但你不会觉得有什么了不起，因为你做的就是训练教会你的。我想提一下信心与勇气的区别，在我看来，你从训练中收获的其实是信心。"

在接下来的几个月里，詹姆斯和他的指挥官们就将在赫尔曼德准确演绎这信心与勇气的区别。在一切还没发生前就开始预测然后排序这些英雄壮举似乎有点超现实主义了，尤其是在如此极端的环境中，但这的的确确就是指挥团队在调度军队前必须要做的事情。指挥官告诉我，他刚刚为队伍讲完荣誉和表彰这一部分，这是一个相当复杂的过程，充满了政治和礼节。他说，他必须"亲自"书写这次任务中产生的每一份表彰书。"这相当重要，"他补充道，"你知道吗，我见过这种场面很多次，都非常具有争议性。荣誉表彰，如果管理得不好，就会非常糟糕。"我突然意识到，在任何一次英雄壮举的生命周期中，就是这一环节让这次壮举广为传颂。

然而，首先他们要去打一仗。三周后，也就是2011年4月24日，詹姆斯、艾德里安·法默、海莉·里奇韦、克拉伦斯·希尔、乔恩·利斯特和第一步兵营的其他士兵们都去到了赫尔曼德，带着所有的好运、训练得到的技能和朋友。他们被派到了纳萨拉加南部（Nahr-e Saraj South），我在伍顿巴西特大街上观瞻的那场悼念会的主角马丁·贝尔三个月零一天前就是死在了那里。"我们十一月见。"我对他们说，但我们都知道，并非所有人都能活着回来。

那天清晨五点半，第一声爆破响声将他们从睡梦中惊醒。帐篷都被震得抖动起来，里面还躺着9位第二伞兵营战斗团的军官，其中几位不由自主地发出"神啊"的惊呼，然后他们就眼见着尘土涌进帐篷，留神听着睡眠区与第二侦察基地作战指挥室间塑料垫子上连绵不断的脚步声。

爆炸本身并不稀奇，动物踩到了触发装置，其他的生物就跟着早夭了。这毕竟是在赫尔曼德山谷仅次于桑金（Sangin）的第二大热点区域，即使现在已应是冬歇，整个地方还是星罗棋布地埋好了各种爆炸装置。

30秒过去了，所有人都松了一口气，外面传来一阵跑步声，一分钟之内，所有人都起身，聚集在了作战指挥室。

第二伞兵营的指挥官、安迪·哈里森（Andy Harrison）中校向我描述了当时的情景，这距离我在伍顿巴西特大街观瞻他手下那位二等兵马丁·贝尔的灵车过路时已过去半年。我们坐在他科尔切斯特家里那间狭窄、昏暗的餐厅，他的孩子们放假在家，可以听见他们在隔壁房间愉悦嘈杂的谈笑声。哈里森向我讲述了2011年1月25日马丁·贝尔的遭遇，我一直想要听听看贝尔那则不同寻常的讣告和遗体回归仪式背后的故事，现在就给了我这样一个机会。

将哈里森和他的团队震醒的爆破就发生在侦察基地以北四分之一英里的地方。那晚，C军在基地监控的盲区设立了埋伏。他们在田地间的空地设好了机关，上面覆盖着十多英尺高的象草，那里曾爆发过一些叛乱活动，包括武装运动和当地民众的恐吓活动。

两支十人的小队在凌晨 4 点左右出去巡逻了。即使戴着夜视镜，在黑漆漆的夜里，加之植被繁茂，要清出一条没有爆破装置的安全路径可谓十分不易。走在前面的那个瓦隆兵，二等兵利亚姆·金（Liam King），没能像往常一样拿着金属探测仪清出一条路，一个半小时过后，他们仍然在一条异常窄的小径摸黑艰难前行。然后，利亚姆·金的脚触到了一块压力板。

这就好比立马动了一台截肢手术，他的两条腿都没了。

也许在两年前，金的侦察队友们还可能跑去救他，但在 2010 年，爆炸装置的威胁呈指数型增长，如果发现了一个爆炸物，那通常周围还有。这样看来，那片象草地可能让人一命呜呼。于是，剩下的侦察兵只好匍匐前进，手上拿着金属探测器，缓慢地穿过黑暗靠近金，小心翼翼地将他拖出芦苇丛放到一片田地上。他们突然意识到金的金属探测器和冲锋枪都被炸飞了，而这些东西绝对不能丢在敌人的地盘。破晓时，需要一个人回去把那些东西找回来。

被爆炸声震醒的不只是战斗团的指挥部，还有当时正在南边差不多一英里处检查站的二等兵马丁·贝尔，以及他的副队长马克·汤普森（Marc Thompson）。在直升机接走重伤的金时，汤普森的小队接到命令去找回遗失的武器。

他们差不多 7 点钟到达了爆破地，随时太阳升起，他们开始在象草地周围那片低矮的麦田中搜寻。最开始，小汤（大家都这么叫汤普森）发现了利亚姆·金的一条腿，他用塑料将腿包裹好放进了帆布背包中。然后，有个士兵看到了金那支冲锋枪底部的榴弹发射器，没过一会儿，他们就找到了遗失的冲锋枪，不过已经损坏很严重了。随后，他们又在周围找到了爆炸时散落的弹药和手榴弹。

现在就只剩瓦隆，也就是那个金属探测器没找到了，也只剩最危险的那片象草地没找过了。

于是，在无线电里就有了这样一段对话：

"我们是否还需要去找瓦隆？"

答案从那头传来：

"是的。"

"那么，"小汤说，"你们七个人留在那儿，我带着那两个瓦隆兵斯科特、马丁去就行了。"

马丁·贝尔上个夏天刚从第一伞兵营转到第二伞兵营，不久前刚过完自己 24 岁的生日，他曾在赫尔曼德做过侦察队的打头兵，也就是那个拿着金属探测器的人。之前考虑到这份职责所伴随的精神压力，一直都是年轻士兵轮着打头，但随着爆炸装置的威胁指数攀升，经验就变得比精神负担更重要了。如果一个瓦隆兵干得不错，那他就会一直担任这份职责。还好，压力总是伴随着荣耀——像马丁这样的瓦隆兵总能得到战友的尊重，甚至被授予高级军衔，这种嘉奖在年轻士兵中可是很少见的。例如，我在比切利遇到的所有火枪手谈到勇气时就一定会谈到瓦隆兵。

因此，在那天清晨，马丁第一个踏进了那片象草地，当时刚过8 点钟。他们三个人缓步前进，马丁走在最前面，斯科特在他身后几米的样子，斜后方跟着小汤，他在草地上仔细搜寻着遗失的金属探测器。

几分钟过去了。

"听着，我总感觉不对。"

小汤对着无线电说：

"我觉得有什么不好的事情要发生。"

话音刚落，响起了巨大的爆破声。

冲击波将汤普森向后甩出很远，他大喊道："是谁受伤了？你还好吗？谁在那儿？"

一片寂静。随后，马丁·贝尔从十四五米远的地方站起来，感觉到轻微脑震荡。这一块儿的象草长得还不是那么高，汤普森可以看到马丁的上半身。他举起双手，手中空无一物，他的瓦隆已不知去向。

"我在这儿，"他说，"我没事。"

但他们没有听到斯科特的动静。

"站在那儿别动，"小汤对着马丁大喊，"千万不要动！哪儿都别去！这地方布满了爆破装置。"

"好，"马丁连连应答，"好的，没问题。"

汤普森退回到来时的路上。至少从理论上来讲，这里比其他地方要安全些。汤普森知道守在麦田的那七个人手上有一个金属探测器，他想，如果他能够去到那边，他们就可以绕开清出另一条路，穿过象草地去找到斯科特·米纳。

汤普森他们完成这一方案要 6 分钟，而在这 6 分钟里，马丁·贝尔干了一件惊天动地的事。

没有人知道为什么，甚至没有人清楚这件事是怎么发生的，在汤普森的身影消失在麦田中时，马丁违背了汤普森刚刚下的命令。他清楚地知道，这可能是世界上最危险的地方，但有什么东西指引他前行。在没有金属探测器，也没有电子干扰的情况下，马丁就揣着心中仅有的那丝侥幸，开始去寻找那位在过去三个月里与他朝夕相伴的战友，在检查站的泥棚中，他俩曾并肩而息。

米纳被爆炸的冲击波甩到了一处壕沟，他的两条腿都被炸飞了，胳膊也受伤了。马丁找到他的时候，米纳正挣扎着给自己的残肢裹上止血带。马丁冲下壕沟，将他自己和米纳的止血带（每个步兵都带了两条）分别裹在了他的两条断腿上，一遍又一遍地安慰米纳"没事"。他从随身携带的背包中取出一副担架，撑开后将斯科特挪到上边，然后开始扣缠绕带，这样等其他人抵达时，他们就可以更快地将斯科特带出去。

而汤普森这头还完全不知道这回事，所以当马丁通过无线电和他们对话时，他和剩下的那七个人正从另一方靠近。

"我发现斯科特·米纳了，"马丁喊道，"他的两条腿都被炸飞了，我在每条腿都上了两条止血带。"

什么？马丁？他是怎么……汤普森他们的心中充满了这样的疑问，但已无暇思考。等到他们到那儿的时候，马丁显然掌控了全局，他已计划好如何把斯科特救出去。医生后来也确认了，在汤普森他们在路上的那六分钟，如果没有马丁给斯科特·米纳上止血带，斯科特很可能已经失血身亡。

"那么，"马丁有条不紊地安排道，"你抓住担架的那头，你，抓住那个角。我会在最前面，把大家带出去。"

这就是马丁·贝尔在这世上说的最后一句话。他弯着腰向前走，想要把担架抬出那片危险区域，可当他迈出那一步时，他的脚触碰到了一块压力板，随后他整个人都被这地区发生的第三次爆炸给炸飞了。

马丁·贝尔的指挥官安迪·哈里森告诉我，在他多年的军旅生涯中，贝尔的这一行为是他所参与过的最英勇之举，他管这叫作"有心理准备的勇气"。他指出，这种行为不是条件反射，也不是在愤怒或伤痛这种极端情绪下的冲动，而是经过深思熟虑的。正因为如此，这种勇气也是训练无法培养的。事实上，军队的命令反复强调理性的风险评估，而马丁的行为正是对这一理念的对抗，他选择了孤独的另一条路。以军规来评判，马丁做错了，但以人性来衡量，马丁可谓做了最正确的事情。而且，它有力地证明了军队中无处不在的忠诚。

"为了救同伴，他赌上了自己的性命，"哈里森说，"最后，他成功地拯救了斯科特·米纳的生命，赢了这场赌局的前半场，但没想到的是，当时现场还有一枚爆破装置，踩上去的那瞬间，他输掉了自己的生命。"

似乎是为了证明这类故事的强大力量，马丁·贝尔的指挥官称他认为这个小伙子过去活的那 25 年都不如让他殒命的那一次英勇壮举有意义。他总结说："马丁的这一事例可以给以后的士兵们都灌输一种精神，而这种精神的价值难以估量。尽管，马丁去世是一件非常令人难过的事情，但他的这种精神会万古长青，而且影响到他的家人、朋友以及更多的人。"

这听起来就像是《贝奥武夫》中某些段落写到的事物，但或许那就是关键所在：因为，在那个可怜孩子的故事中，蕴含了危险与友谊、好运与噩运的永恒交锋。在我与哈里森见面的两个月后，二等兵马丁·贝尔被追授了乔治勋章，那也是阿富汗战争中英国最高等级的勇士奖章。

第二章

━━◆◆◆━━

一无所有，便无所畏惧

气数将尽的动物

不知畏惧，无所期盼；

大限将至的凡夫

觳觫惶恐，心怀期待

《死亡》，威廉·巴特勒·叶芝

几年前，当我的大儿子山姆（Sam）还在蹒跚学步时，我们的保姆苏（Sue），她送给山姆一个毛茸茸的粉色的小猪。她告诉山姆，小猪的名字是阿曼达（Amanda），我每次想到苏和阿曼达，不由地笑起来。这个小猪阿曼达很时尚，是由泡泡糖色的毛绒织物做成的，高五英寸。她有一双塑料的黑眼睛，一个樱桃色的毛毡鼻子，一只耳朵后面还有一个毛毡蝴蝶结。

它对我儿子而言，和妖怪或猎犬一样可怕。

正如你所预见，问题是这个阿曼达可以移动。当你按它肚子上黑色的小开关，它就会向前走几步，然后皱着鼻子，摆动着卷曲的尾巴，同时断断续续发出尖锐的呼噜声。在你把阿曼达关掉前，它会一直重复这个步骤，渐渐走向你。起初，每当阿曼达的兽性被唤醒，我的儿子就会猛然后退，开始哭泣。然而，随着时间的流逝，他告诉自己要坚守阵地，最终，阿曼达给他带来的恐惧仅仅表现为他矮胖的肩膀往后缩。几周后，当小猪停下来时，山姆终于找到了开关并明确了它的作用，最终打破了阿曼达的恐怖统治。

去年春天，在塞维利亚斗牛广场，我坐在从斗牛场门口一位丑奶奶那买来的红黄相间的垫子上，离斗牛场几排远。这时我突然想起了阿曼达。那是塞维尔春祭（Feria d'Abril）的最后一个下午，我来看以快而狠著名的斗牛士拉斐尔洛（Rafaelillo）（小拉斐尔的意思）与两个凶狠的三浦公牛对战。

我已经在塞维利亚待了三天，大力宣传这一时刻——斗牛——但我这七十二小时除了思考、研读以及探讨公牛几乎没干什么。整个漫长的下午，我都与一名斗牛狂热粉丝待在他私人大帐篷里，即处于瓜达尔基维尔河（River Guadalquivir）边上的防暴帐篷中；他边喝着甘菊酒边和我讨论斗牛的关键动作。早上，我在市里庄严的斗牛酒店科隆（Colon）的酒吧里度过了几个小时，等待着拉斐尔洛的经理，他是前斗牛士，还是斗牛养殖三浦氏族爱德华多·达维拉·三浦（Eduardo Dávila Miura）的儿子。爱德华多非常忙碌，但毕竟是春祭，而且这是西班牙南部。所以对我而言，与他会面讨论拉斐尔洛或者即将到来的斗牛赛事就和与像我这样漂亮的英国女孩晚上在外面闲逛几个小时一样，或者戴维拉先生（Senor Dávila）用他的手机与众人分享名言名句——安达卢西亚关于斗牛的喜与悲的至理名言一样。

最重要的是，在我等他的过程中，酒店酒吧里的一排显示屏重放了无数遍下午的斗牛赛事。上面播放的是卡纳尔（Canal）和托洛斯（Toros）的比赛。公牛从后面"死亡之门"飞驰而出进入斗牛场。我慢动作回放，反复看着当斗牛士助理试图激怒公牛时黄色斗篷和粉色斗篷的打旋。斗牛士助手们刺伤他脖子后面，虽然恶趣味但是手法高明；斗牛士刺激公牛，使得牛角从距离裤腿一毫米的位置穿过，他趾高气扬地走开，只留给公牛金光闪闪的后背，就仿佛在问观众："你看到了吗？你看到我所能做到的了吗？"他那致命的剑直刺公牛血腥的肩膀；公牛趔趔趄趄向沙地倒下去。尽管当我躺在床上，英国农家院的那些噩梦形象变得更为恐怖复杂，许多弥诺陶洛斯（人身牛头怪物）的牛角在黑暗中等候着刺向人类软软的肚子。

不管怎样，星期天上午5点，我挤进斗牛场的人群中，自我感觉已经做好心理准备了。我还指望着"知道这是什么样子"和"当你实际坐在那里感觉是怎么样"会是一样的。然而，当拉斐尔洛的第一位对手，超过半吨的青年三浦公牛出现在玛埃斯特朗萨斗牛场上，离我的座位十来步远，我被吓得直跺脚，就像我儿子见到电动猪阿曼达时那样。

值得一提的是，一个不出声的动物也能如此可怕。

* * *

英国道德哲学家菲莉帕·库兹（Philippa Foot）在她的重要文章"善与恶"中重提了古老的亚里士多德观点，即美德与其伴随的恶习处于某种平衡状态。她认为美德本质上是具有"纠正性"的，简而言之，就是美德起源于抵制违法违规或者改善缺陷。"你或许会说，"她写道，"勇气和节制也是作为美德存在的，因为对乐趣的恐惧和渴望通常表现为诱惑。"换句话说——这对胆小鬼来说是个好消息——人类独有的具有细微差别的和多种多样的恐惧经验也与我们变得勇敢的潜力密切关联。正如马克·吐温在《傻瓜威尔逊》中写到的"勇气是抵抗恐惧、掌控恐惧——而不是没有恐惧……如果漠视恐惧是勇气，那么这世上最勇敢的生物则是跳蚤！"

事实上，人类头脑中有完全属于恐惧的一块领域，在那里恐惧轻松自在。处于颞叶前内侧深处，被称为扁桃核，包括人类在内的所有复杂脊椎动物里的一个扁桃核形状的结构。脑科学家早已知道扁桃核在与恐惧相关的行为和记忆中起着举足轻重的作用，刺激下丘脑激活交感神经系统，促生肾上腺素、皮质醇、多巴胺和其他有支持战斗还是逃跑的激素。此外，自从1888年在扁桃核双边病变的恒河猴实验以来，大家都知道如果大脑这部分受损，那么恐惧反应则逐渐减弱。然而，只有到了最近，人类才了解到这在人类上是如何起作用的。这主要是得益于先进MRI脑扫描以及对罕见病例的介绍和随后的研究：是的，你猜到了，一位患有扁桃核双边病变的女士没有恐惧感。乍看起来，缺乏恐惧看起来就像勇敢，听起来像是勇气，但是事实是否如此呢？

《人类扁桃核和对恐惧的介绍以及体验》这篇文章2011年1月刊登在当代生物学上。它详细描述了一位44岁的病人S的非凡故事，她患有罕见的先天性疾病，俗称皮肤黏膜类脂沉积症（Urbach-Wiethe disease），钙沉淀物在核扁桃上，早期对S的研究已经明确她对恐惧的直觉很少，表现出很少肢体特征或者无法识别别人脸上的恐惧表情。来自爱荷华大学的贾斯汀·范士丹（Justin Feinstein）和丹尼尔·特瑞纳（Daniel Tranel），以及来自加州理工学院的拉尔夫·阿道夫（Ralph

Adolphs)和美国加州州立大学(USCLA)的安东尼奥·达马西奥(Antonio Damasio)等最新研究员设计了一系列实验以揭示 S 真实的恐惧经历，或者缺乏恐惧经历。

一开始，S 被带到一个具有异国情调的宠物店，在那里她兴高采烈地触摸各种各类的蛇，她曾被十五次阻止抓起其中一条比较大，比较危险的蛇。当她面对塔兰图拉毒蛛的时候——我吓得边发抖边打字——当她把手伸向盒子时，必须有外力阻止她。在整个过程中，S 的焦虑不安都通过常用的心理问卷来监测。她并没有感到恐慌，用她自己的话来说，仅仅是"好奇"而已。

下一个案例听起来并不像严肃的科学，反而更像是史酷比(Scooby Doo)。在万圣节的时候，S 被带到据称是美国最恐怖的地方之一的肯塔基州韦弗利山疗养院（ Waverly Hills Sanatorium in Kentucky ）。韦弗利山疗养院是一家 20 世纪初的结核医院，成百上千的人死在那里；主要播放灵异纪录片之世界上最恐怖的地方等的超自然电视台真实地展示了韦弗利山疗养院的情况。有胆量的建筑主人每年举办一场鬼怪盛宴，游客们支付一定费用即可参加，在那里被令人毛骨悚然的音乐和一群穿着恐怖的演员吓到崩溃。然而，在害怕，或更甚之，惊吓的情况下，S 依然对韦弗利山疗养院无动于衷。实际上，她尝试拉住其中一个"怪物"，甚至吓到了怪物。

最后，该团队将恐怖片《小魔煞》和《女巫布莱尔》的片段展示给 S 看，试图以这些片段使 S 产生其他情感，如惊喜、悲伤、喜悦或者厌恶。然而，她也只是在看到小孩笑的片段时笑起来，看到非洲人民挨饿的片段时变得不开心，看到异装癖者吃小狗粪便的片段时反感地叫出来，真正吸引 S 的只有《沉默的羔羊》里的水牛比尔和《七宗罪》里醒过来的残疾人。

在出现该症状前，S回想起孩提时代的恐惧感。在这篇文章中，研究人员讲述了S成年时代扁桃体病变后的一件与孩提时代截然不同的轶事。一天晚上十点左右，她走路回家。天很黑，她被一个瘾君子吸引到一个公园。她走的时候，瘾君子抓住她，用刀威胁她。

他说："婊子，我要砍你"。

S淡定地回复："如果你要砍我，那你必须先经过我上帝的天使。"

他让她离开，她则走了，第二天晚上继续高高兴兴地走同一条路。那么问题来了：这就是S展示的勇气吗？无所畏惧等同于勇气？

几年前，一对不了解S大脑状况的临床心理学家就上述刀挟持事件访问了她，他们指出，S给人的印象是一个"幸存者"，在应对这种以及其他不幸的方式上表明了她适应能力强，甚至是"英勇的"。然而，范斯坦（Feinstein）和特瑞纳（Tranel）的最新研究决定从他病变的扁桃体来分析公园遇袭事件，他们的结论则正好相反，提醒人类如果没有恐惧进化价值，生活则会变得更加危险。

这只是数百个研究我们害怕与否时大脑活动的神经系统科学研究中的一个。所以，也许神经科学家不仅仅发掘恐惧位置，还发掘了大脑中勇气所在的位置也不奇怪。

2010年夏天，以色列魏兹曼科学研究所的神经生物学家发表了一些调查结果，声称确定了大脑中克服恐惧的角落。尤里·尼利（Uri Nili）、夏甲·戈尔德贝尔格（Hagar Goldberg）、亚伯拉罕·魏兹曼（Abraham Weizman）、亚丁·杜达伊（Yadin Dudai）设计了一个实验，将一条恶心的蛇和一个漂亮的泰迪熊分别放在传送带上，通向一个躺在MRI扫描仪上的病人头上；尽力强调他们感兴趣的并不是无畏也不是勇气战胜恐惧那一刻。研究病人一共分成两个小组恐惧的和无畏的，像你我的胆小鬼和老练的控蛇人。每个小组都被要求尽可能靠近蛇，通过按钮可以控制传送带的运动，前进或者后退，把蛇送到离他们头更近或者更远的地方。

人与危险动物之间的偶然相遇很有启迪作用，这与伊甸园里的亚当所做的相差无几，是接近恐惧最好的捷径。毕竟，由于 AK-47 或汽车，天堂并没有消失。实际上，瑞士神经心理学家阿恩·欧曼（Arne hman）（2009）把这个矛盾归根于进化的条件化恐惧，即自然选择（物竞天择说）偏向对当时最重要的捕食者蛇的反应尤为强烈的原始的扁桃体。

不久之后，以色列的研究人员继续描绘受试者大脑活动。他们发现每次展出恶心的蛇（与美丽的泰迪熊相反）后 6 秒钟——这是害怕的人（与老练的控蛇者相反）——是勇敢的时刻。这是他们自愿或者明知不可取仍选择将蛇推向他们的头。通过观察 MRI 上扁桃体活动明显下降和大脑另外两部分——亚属前扣带皮层（简称为 sgACC）和右侧颞极（rTP）——的活动可以观察到该勇敢的选择。研究人员总结为"勇气"。事实上，或许会有一天，出现治疗干预措施来操控 sgACC，从而帮助恐惧症最严重的人克服恐惧。

所以，这就是找到勇气的地方：亚属前扣带皮层和右颞极。

更聪明的是，胆小鬼？

不，更不是我。

正如哲学家和杰出的医生雷蒙德·塔利斯（Raymond Tallis）在他的文章《神经科学不能告诉我们关于自己的那些事》（*What Neuroscience Cannot Tell Us About Ourselves*）（2010）写道："虽然

生活需要有一个按某种工作秩序运行的大脑，但事实并非如此，生活是成为按某种秩序运行的大脑……如果我们只是我们的大脑，我们的大脑只是进化的器官，旨在提高我们的生存概率……那么我们和其他任何野兽一样，像具有生物性驱逐力的猿猴和蜈蚣。"

在某种意义上，我们受恐惧控制时兽性最强。恐惧让我们不得不屈从于大脑所控制的一系列化学和物理性反应。同时，如何感到恐惧，包括我们所有的想象力、对时间和死亡的认识——所有的希望——似乎将人类与其他野兽区分开。这对人类而言，既是祝福也是诅咒。人类与野兽每次对抗性的相遇都增加了固化的"我不知道"……动物在对抗时刻的压抑并不是个人的——他并没有那么聪明——但如果你以进化论学者的眼光看问题，那么你会马上意识到，这也是非常个人化的，无论是你还是他。而他也并不是唯一一个带着一生的情绪包袱战斗的。

* * *

2008 年圣诞节，夜幕降临时，萨利安·萨顿（Sally-Ann Sutton）在英国肯特的威格莫尔郡散步。傍晚时分，萨利安女儿的一个朋友带着他的宝贝儿子来玩，萨利安想"哦，这将会很美好，会适当地缓解目前的状况"。今年流年不利，圣诞气氛淡薄。夏天的时候了，萨利安的老母亲去世了，而家里养的两条狗也在一个星期内都死了；后来，萨利安和她丈夫经营的美容院也倒闭了，现在的一切使他们的婚姻也岌岌可危。

萨利安告诉我"你知道吗？一年内，事事不顺"，无奈地笑着。她干净利落地坐在公寓里的一张原始皮革沙发上，是一位五十多岁却行动迅捷的女士，漂亮且衣着华丽，说起话来娇声娇气。她常常笑，但有一双大大的，忧郁的蓝绿色眼睛，就像 20 世纪 50 年代媚俗的墙画里小孩子的大眼睛。

使人无法忍受的最后一击是：圣诞节前几天，一位老朋友摔下楼梯去世了。萨利安告诉我，"老朋友的丈夫彻底崩溃了，问她是否可以在圣诞节时帮忙照顾他们的狗，一只小狮子狗"。她补充道："我们都是倒霉的人。"

所以，五个人和狗一起庆祝圣诞节，准确地说是熬过圣诞节。

随着夜幕降临，宝贝儿波比（Bobby）越来越闹腾，那么既然萨利安不得不去小区里溜狮子狗，为什么波比和他的妈妈汉娜（Hannah）不一起出来散步呢？

"我们出去看灯。"萨利安说。

他们拐过路角走到格林路（Grain Road），正如萨利安说，这是一条时尚繁荣的道路，周边都是很好的现代化别墅。每年圣诞节，这里都会有一场不成文的比赛，这条街上的居民都会穿戴上奢华的装饰闪亮登场。

正当萨利安、狮子狗、汉娜和宝贝儿波比正在散步，欣赏街景时，前方传来一阵骚动。起初，听起来像家庭争吵。一个女人在尖叫，还有其他大嗓门叫喊着。毕竟，这是圣诞夜，在许多英国家庭，雪利酒也已经喝了好一会了。过了一会，一名女子跑过去，怀里抱着她的西班牙猎犬，叫喊着萨利安抱起她的狮子狗。萨利安抱起狗，抬起头，看到远处有一位身材苗条的女士，显然已醉了，用脆弱的伸缩绳牵着巨型罗特韦尔犬。那位女士摇摇晃晃，最终放开了绳子。萨利安告诉我，接下来发生的一切就好像慢动作。

"那只罗特韦尔犬明显是直奔我，"萨利安说道，"我一直都有养狗，所以当狗跑向我的时候我并没有害怕，因为我认为和狗相处得很好，狗也是规规矩矩的。"她笑了。但它把狮子狗从我手中扯下去了。我当时在想，"哦，上帝，如果让约翰在失去妻子的同时，再失去他的爱狗，你知道的，这将会是……"

萨利安停下来，难以开口。然后她告诉我，罗特韦尔犬是如何扯下狮子狗，然后狮子狗又跑到了一辆车底下，而巨型罗特韦尔犬无法爬进去。罗特韦尔犬，用萨利安的话来说"完全怒了"，而那时，宝贝儿波比刚好在尖叫。那只狗转身，看着波比，直奔婴儿手推车。

萨利安的第六感或者说她的动物本能，使她想到了惊人的事情，根据后来到达现场的警察，毫无疑问是这动物本能救了波比。她跳起来，站在罗特韦尔犬和婴儿车中间。所以罗特韦尔犬抓住的是萨利安。

比想象中还重，它抓住了萨利安的手臂并把她推倒。"我记得对汉娜说：'跑！'她听到后带着波比往反方向跑开。我可以听到她的尖叫声。这只狗差点就杀死了波比。它一直在推我。波比只有一岁，而且他还坐在方便进出的敞篷的折叠婴儿车。我想，一次就可以把波比拖出来"——你可以从萨利安在描述时的大眼睛感受到——"一次不行，两次也会成功拉出波比"。

那条狗后来前后左右不断地往她家的方向拖拉萨利安，拖了四五栋独立式房子的距离。

她说："当这些动物用尽全力时，它们的力量大到难以置信的，我记住的只有它咬我时，牙齿进入皮肤的感觉，当时就在想'咬我的手臂就好了，不要去咬我的喉咙。'"——因为肾上腺素上来了，完全感觉不到疼。因为我知道它将要杀死我。大家说人死时会快速闪过一生的经历。我一点都没有想到。我只是在想'我快要死了'。但是一切发生得如此快，你并没有时间想任何事情。你仅仅是感受，一种熟悉的感受，就是，你知道的，绝对的恐怖。"

在这寒冷、潮湿又黑暗的郊野草坪前，只有圣诞灯光。一分钟过去了，萨利安仍然被狗咬扯着。最后，狗主人出来把狗扯开了。他们把萨利安带到厨房，酒气熏熏地围在那里，为谁把狗放出去而争吵。那时，哮喘患者萨利安试图喘口气，她的血大量地流在厨房白色的地板上。

萨利安说："那个狗还把所有的血舔干净，我不断地道歉，但并没有人叫救护车。我知道……我可以感觉到我的手臂脱臼了，挂在我的外套上。"最后，汉娜叫来了萨利安的丈夫。他用湿的茶巾布条固定手臂，然后叫 999 救护车。

她的伤势很重，但幸运的是经过一系列的手术和皮肤移植后，萨利安的手臂是保住了，她给我看伤疤。那次袭击后三年，他们弄了一个相似的卡通模型，描述人的手臂被大型具有锯形牙齿的野兽咬掉一块肉后的模样。

处理萨利安案件的警察要求处死那条罗特韦尔犬，萨利安却发表了这个故事，并被授予勇敢奖，警察对这位上了年纪但身材弱小的女子的做法所感动。她在不经意间成了英雄。

在我们见面的那段时间里，我刚好采访了一位经验丰富的赞比亚野生导游，他曾在赞比西河下游被鳄鱼袭击过，并把鳄鱼击退了。那次采访非常艰巨，他住在野外灌木丛中，很难找得到。当我们通过脆弱的电话线通话时，他只是简单描述了与鳄鱼的经历，以至于采访结束的时候，我还是很好奇发生的一切，当然，所有也变得更神秘了。我记得当时就在想海明威他自己可能已经形成了这样的沉默寡言的勇气。

相比之下，坐在一个整洁，黑白相间的配套设备上，这与她居住室的三件套家具以及墙上挂着的颜色协调的照片相匹配，萨利安·萨顿（Sally-Ann Sutton）的勇气却是史无前例的。她开着干净温暖的车到火车站接我，一路上与我交谈，到公寓后还主动给我做了一个三明治。她很好，很温暖，又很普通。但当面临危险时刻时，她也变得更勇敢。当你和她讨论危险的时候，她信心十足、坚定不移；这就是她的行事方式。

"你要么跑，要么反抗。所以你想到什么就做什么——我对此深信不疑。我的意思是，汉娜惊呆了。那是她的宝贝儿子，她没有做任何举动。我不会责备她。因为那是她的反应，她很害怕。所以我认为你对自己的所作所为没有支配能力，那是内在的，条件反射。"

萨利安告诉我各种更小的情形，如调停吵架夫妻、排队等候者，或者用棍子打狗的主人等。无法袖手旁观是她性格的重要一部分。她说："在理想的国度，我希望人与人和平相处，做对的事情。"

我问："一个胆小鬼是否会以某种方式教会他（她）勇敢？"

"不会。"

萨利安难得一次情严肃，语气坚定。

"真的吗？"我问。

"我认为勇敢是天生的，有或者没有。我并不认为自己是勇敢的。我只是不怕事而已。"

然而，当天下午快结束的时候，我们开始谈论罗特韦尔犬袭击时间的心理后遗症，很明显已经造成了影响。"我总是能察觉到狗。"萨利安告诉我。"当我外出时，如果有狗在跑，我总能察觉到，而我永远、永远不会从狗身边走过。"后来她告诉我有关噩梦的事。她说："白天，我总能看到所有东西好的一面，但是到了晚上我再也做不到了，从那以后，我一直在做噩梦。我一直在跑，一直在逃跑。在地铁上逃跑，在楼梯上逃跑，一直不断地逃跑、逃跑、逃跑。一直被追赶。惊醒后，不断地颤抖，不敢入睡。"最后，萨利安说每当她听到关于别人恐惧的事，恶心的新闻报道或者犯罪观察，她都深受影响。"我完全是反应过度。我摆脱不了那些恐惧，并感同身受。我能感受到当时的恐惧。"

"所以在某种程度上"，我最后问道，"首先，你已经了解了恐惧？"

"恐惧？可能是的。"她抱歉地笑着。

奇怪的是，一瞬间的勇气如何能照亮被恐惧笼罩的大脑？不是吗？

* * *

具有攻击性的罗特韦尔犬当然可以被认为是凶残的，但很少人会认为这些生物本身就是凶残的，与生俱来的。然而，我们都准备把人类所喜欢的美德强加到动物上。萨顿夫人被袭后不到两年，另一只罗特韦尔犬被皇家防止虐待动物协会（RSPCA）授予勇敢勋章，以表彰其在 2009 年的某个下午在考文垂（Coventry）的一个公园里解救了一名被性侵的女士。

那么，动物真的可以是勇敢的吗？拜伦勋爵（Lord Byron）对此是肯定的。他的纽芬兰狗水手长（Boatswain）于 1808 年 11 月死于狂犬病，他把它埋葬了，并立了碑，碑上刻着适用于圣人的墓志铭，铭文："此景附近，沉积了某一个遗骨，他曾拥有美丽却不浮华，拥有力量却不傲慢，拥有勇气却不残暴，更拥有人的美德，而无恶习。"我在想动物对恐惧不够细微的体验可能是本能勇气的关键。所以，我冒险进入令人感动地流泪的迪金勋章①世界，在国际上公认为我们野兽般的朋友的维多利亚十字勋章，主要是授给在军事冲突上表现得格外勇敢的人。根据记录，一共有三十二只鸽子，二十六条勇敢的狗，三匹勇敢的马以及两只勇敢的船猫被授予该勋章。

　　为了酝酿心情，我参观了位于去伦敦柏宁酒店途中的一个安全岛上的纪念馆——纪念战争中牺牲的动物。这个纪念馆很大，在 2004 年揭示了一些令人恶心的事件，在那里两个受虐待的骡子青铜雕塑往一面又高又弯曲的石头墙上一个具有象征意义的缺口挣扎，雕塑大小如同实物一般，在较远的一边是另外两个如实物大小一般的雕塑，一匹马和一只狗，两个看起来都高兴，就像他们正享受着极乐世界或者和平时代，或者他们所处的这块草地应该代表的事。石墙上写着一个奉献性的铭文，单独分开来作为最后的思想总结，是一句没有标点的奇怪的句子：

他们没有选择

（THEY HAD NO CHOICE）

---

① Dickin Medal 授给"动物英雄"最高级别的荣誉勋章。

从那以后，这句不是句子的句子一直困扰着我。我讨厌吹毛求疵，但我突然想到如果不仅仅是歌颂在战争中被调度的动物，而是引出"动物勇气"本身，那么必须是取决于动物在某种程度的选择。选择才是重点，是吗？如果不是由一定程度的自由意志所支撑，那么勇气作为一种美德毫无意义。从柏拉图到叔本华，从笛卡尔到丹尼特很多哲学家都会同意：自由意志与道德责任（勇气的源泉）紧密相关。我的观点就是，为了分配和欣赏勇气，我，每一个人，都希望察觉到相关的人类或者动物在恐惧或者危急时刻选择做正确的事情。在我看来，唯一可以拯救我们内心胆小鬼的是选择然后行动的能力。

迪金勋章（The Dickin Medal）是由英国兽医慈善机构英国人民兽医药房（简称 PDSA）的动物福利活动家玛丽亚·迪金（Maria Dickin）于 1943 年所创立。创立该勋章的主要目的是纪念在二战期间勇敢而忠诚的动物。在 1943 年至 1949 年间，一共颁发了五十四次，后来则颁发得少了。在 2000 年，迪金勋章再次被提起，然后随着"9·11"事件盛行起来。PDSA 继续给在 WTC 袭击事件中参与搜救工作的犬授予了一系列的迪金勋章，其中两条引导盲人主人从燃烧的 70 层高的双子塔下楼的导盲犬也被授予了勋章。后续是狂喜的招待会和新闻报道，所以很快就决定这所谓的动物维多利亚十字勋章，应该有一个"平民化的"等价物："乔治十字勋章"，如果你喜欢的话，后来就有了 PDSA 金勋章。PDSA 动物勇敢证书，一个级别稍低点的奖，也被创立了。

所以我给 PDSA 写了封信，咨询我是否可以参加颁奖委员会，去看看对工作中勇敢的动物的裁定。不如说我是去看慈善机构的局长碰壁的。一阵反驳后全场惊人的鸦雀无声，而我再也不大可能靠近被媒体官称为"内部圣地"（The Inner Sanctum）的地方。最后，我被允许访问 20 世纪 60 年代建立的西米德兰兹郡（West Midlands）新城市——英国特尔福德（Telford）外的一个工业园区里的 PDSA 总部的小储藏室。在那里我与两位意气相投的 PDSA 工作人员：活动和遗产经理吉尔·哈伯德（Gill Hubbard）以及内部传播经理伊恩·麦肯齐（Ian McKenzie）一起工作了一个小时，他们都是研究并将勇敢动物的案件移交给慈善机构受托人的团队的成员。

很快就明白了，我们不会在讨论关于动物意志或者道德的复杂问题上有多大的进展。相反，我们坐在这个被天花板高的存储箱所包围的房间，吉尔完成了伊恩的主张，伊恩完成了吉尔的主张。我们讨论船猫西蒙（Simon）是如何捕鼠并让水手们振作起来的，或者水雷探测的拉布拉多犬次奥（Treo）是如何在赫尔曼得省（Helmand）发现一个菊花链的简易爆炸装置的。我听说过在斯塔福德郡（Staffordshire）有一个叫 Oi 的斗牛犬是如何保护主人不受大砍刀窃贼的伤害，自己却受到了严重的脑部伤害，以及最近如何筹资翻新修葺位于依尔福德神圣的动物公墓的，在哪里以军葬礼埋葬着迪金勋章获得者。当吉尔告诉我加拿大比格小猎犬托尼（Tonnie）跑进一个着火的小木屋唤醒里面睡着的六个人，我注意到她眼泪汪汪。后来，当她提到德国战争时代具有美国军人特征的信鸽乔（GI Joe）无惧空中地狱时也是眼泪汪汪的。

决定 PDSA 动物勇敢奖的协议是错综复杂的，与所有的军事勋章一样取决于嘉奖令，目击者描述和 PDSA 兽医专家的独立验证，所有这些最终都会提交到上述提到的慈善机构受托人的内部圣地，在那里做出最后决定。吉尔和伊恩告诉我，标准是勇气或者对职责的忠诚救过人或者动物。当我问到灰色地带会是什么时，伊恩给出了下面一个案例：

"最近我们收到了一个提名，"他说，"有人路过垃圾场，他的狗跑开发现了一个小包袱，不断地吠叫。而事实证明，那是一个被遗弃的宝宝，因此宝宝得救了。它被送去医院并痊愈了。"

现在，就是我的义务职责。

"但是我们并不认为这是勇敢的行为"，伊恩补充道。

"哦，"我说，"为什么不是呢？"

"好吧，那也可能是一盒巧克力，"伊恩说道，好像这样就解决了问题。因为他的解释，我当时看起来一定很失望。

"那个狗吠叫的碰巧是一个包袱而已，并不是格外努力去做你认为通常不会做的事情，所以尽管是挽救了生命，我们仍认为这并不是需要勇气的、勇敢的、忠诚奉献的行为。"

"所以它几乎是碰巧救了一个生命？"我问道。

"是的，"吉尔和伊恩异口同声地说道，并点头。

后来当我们讨论第二次世界大战信鸽乔的时候，我尝试弄清楚这个问题，即如何决定动物行为准则内外是什么。

"信鸽，照我看来，在某种程度上，并没有出现角色偏差，它们只是在做信鸽应该做的，难道不是吗？"

"是的"，吉尔说，"就是这样。"

"不错"，伊恩补充说。

"所有那些勋章只是承认他们所扮演的角色？"我问道。

"是的。"伊恩说道。

"就是这样。"吉尔说。

"不要再说了，"我有点绝望地问，"你这不是破绽百出吗？"

"是啊。"他们再次异口同声地回答，吉尔摆弄了一会她脖子上用蕾丝系着的名牌。

我转换话题。在讨论 2011 年春季最新颁布给驴子多蒂（Dotty）的一个奖，它在斗牛犬袭击它的朋友绵羊斯坦利（Stanley）的时候，保护了它朋友。我说出了心中的疑虑，多蒂是否具有基本的道德观念，是非观呢？

"这个问题很难。"吉尔说。

"坦白说，我也是猜测的，"伊恩说，"我只能说说我自己的观点，但这并不值得记载在文案上。"

稍后，他补充说："就个人而言，我看你证明不了动物真正勇敢的。我看不到你如何能真正证明。这都是在解释故事，难道不是吗？"

访谈缓慢亲切地进行着。你可以称之为困惑。他们把我推荐给 PDSA 的高级兽医专家，伊莱恩·彭德尔伯里（Elaine Pendlebury），几个星期后，我与他通过电话联系上了。彭德尔伯里非常清楚，人必须从对职责的忠诚以及奉献方面考虑动物勇敢奖，而不是涉及道德等复杂的东西。而且它必须是对职责的特殊奉献，动物放弃当前的舒服和"便利"（用她的话说，不是哑剧）去帮助某人某物。她花费很多时间寻找关于一般行为特征特点的界限专业知识，使我相信，但她还提醒我不要深陷于他们所说的哲学理念。

"如果你走上哲学路线，"她说，"你会开始期望你并没有走上这条路。这一切都变得非常困难。"她认为，人可能会看到动物无私的行为，然后对自己说，如彭德尔伯里说的那样，"我应该那样做的，真的"；而不是纠结于一些本体论难题。

* * *

他们多次告诉我，玛丽亚·迪金的慈善机构是提升动物在我们社会中的地位，但是它并不是一直在我们和兽性小伙伴中间。正如查尔斯·达尔文 1837 年在他的笔记本里所说的，"被我们当作奴隶的动物，我们不想考虑平等"，他的评论在一个极度野蛮和危险的场所——西班牙斗牛场中被披露出来。

我于五月份一个炎热的晚上到达塞维利亚（Seville）。著名的斗牛士拉斐尔洛的经纪人爱德华多·达维拉·三浦同意让我在早上后做个简短的采访，但当我在塞维利亚机场开机的时候，我收到一条短信通知晚上 11 点 30 分在老城里的斗牛酒店会面。

买了杯浓咖啡打了辆出租车我就去那了。不久，达维拉先生高冷地走进来，他皮肤黝黑，面容清俊，以一种不带微笑的、贵族式的方式走进来。我温顺地跟着他走过酒店主走廊，进入一间房间。他取下丝绸领结并整齐地叠好放那，直截了当开始走过场，告诉我恐惧以及它对斗牛士一生有多么重要；害怕恐惧总是最坏的；尽管公牛不理解他们的结局，但他们也是勇敢的；完美的斗牛取决于斗牛士与牛之间的沟通，在这个沟通过程中斗牛士掌控了牛。达维拉大师边告诉我边看着房间墙角静音的电视，偶尔查看一下手机，这就是美、是艺术、是热情。然后，他说他很累了，我可不可以明晚十点再过来？我同意了，经过漫长的等待，我又拜访了他半个小时，我们讨论了他家族饲养的危险的公牛，三浦公牛；讨论了拉斐尔洛第二天的比赛；讨论了为什么女士几乎不可能成为一名好的斗牛士（我唯一不喜欢女士的时候就是当她们穿上斗牛服装时）；还讨论了尽管斗牛士在斗牛场上是勇敢的，用他的话说，为什么他们喜欢"独自睡觉"。

我们并没有讨论斗牛的伦理道德。我曾被告知，爱德华多并不想讨论这些，但这并不能阻止很多人被斗牛所震惊到。那是血腥的、残酷的，甚至有人会说这是毫无意义的危险。然而斗牛如此深深依赖于斗牛场的勇气——斗牛士的勇气、公牛的勇气——勇气在表演的过程中进一步放大，所以单独从伦理的角度看问题，在我看来并不符合胆小鬼的世界。这就是我在这里的原因。就像一名在战场上战斗的战士，你可能认为那样并不道德，但仍然是在做一些勇敢的事情，所以，很难使一位斗牛士感到胆怯。人如何耗尽或者挥霍勇气——人是否可以拥有很多——这个问题，是一个好问题，我们将会再次探讨那个问题，但不是在讨论拉斐尔洛之前，身高五英寸的他身穿全新的战袍，在 5 月 8 日周日走进了塞维利亚斗牛广场的斗牛场。

乐队用颤音展示了斗牛舞，被西班牙媒体称为"心灵强大的小斗牛士"在那个下午迎来了他的第一位对手：达多尔（Dador），"奉献者"的意思，是一只重 578 公斤的黑三浦公牛。

三浦公牛是斗牛战斗中最声名狼藉的、最危险的公牛种类。海明威在《午后之死》曾经描述过它们，兰博基尼以它们命名了一系列车，历史上最出名的斗牛士之一马诺莱特（Manolete）于 1947 年在崇拜他的观众面前被一头三浦公牛所杀。斗牛起源于即兴展示纯粹的勇气，但经过几个世纪，已经发展为高深精妙的艺术形式，依靠保持平静、创造持久以及优雅的造型，即所谓的伊斯特瑞(estuario)创建了大店；而公牛却怒发冲天。这就是为什么很多赛事的公牛被培养成笔直跑，牛角向内弯曲，使得斗牛士挺直的身躯能从最近的可能路径通过。但三浦公牛并不是这样的。它们所能控制的路线是不确定的，而且牛角宽。它们比其他大部分公牛体型更大，更重，目光具有穿透力使人不安，最重要的是，它们很聪明。每场斗牛都基于这么一个事实，即在斗牛之前，公牛从未见过步行的人类。这就是为什么它们不知道拿着红披风的人才是它们的敌人，而不是红披风本身。这就是斗牛士艺术的核心窍门，小小的人类如何能够控制一头野兽。然而，每次牛角碰到红披风，公牛都明白了一点。这种学习叫直觉（或者说感觉），斗牛的整体结构和时间安排都是根据它进行构建的。知道太多的公牛才是真正危险的野兽。如果说有一件事使三浦公牛获得极大声誉，那就是能比其他战斗公牛更快获得直觉。

作为第一场赛事的前奏，每一头公牛都被斗牛士（或杀手）和他的斗牛助手（或团队）用黄粉色的斗篷先考察能力，让斗牛士有机会评估它的实力。同时，也是斗牛士给观众留下深刻印象的第一次机会，在五月下午塞维利亚，我看到。拉斐尔洛迅速引起坐在阶梯位置上的观众欢呼，他在公牛面前跪下，眨眼睛把红披风旋转起来绕过身体绕过头顶，这招叫 la larga cambiada。在我看来，这是自杀；但拉斐尔洛完成工作后一跃而起，微笑着张开双臂向观众问好，观众场上传来阵阵赞许声。同时，公牛的体型和攻击性也可感觉得到。你可以闻到公牛身上的味道，一股浓浓的粪便味接踵而来，混夹着密集人群中的其他味道，如雪茄烟味、汗水味、打嗝的大蒜味、昂贵的香水味。你可以听到每声咕哝，公牛在沙地上发起攻击时蹄子被划伤，当它经过时几乎可以感受到空气的流动。然后，喇叭传来一阵细小的颤声，迎来一个从头到脚穿着宝贝蓝和金色的圆胖斗牛助手，骑着穿着装扮蒙着眼睛的马，看起来就是一个恶魔的胖娃娃。公牛猛然攻向马，这时候斗牛士用一根长矛刺向公牛脖颈后部的肌肉。这是为了砍下动物的头，这样斗牛士后来就可以从前面和牛角上方杀死它，就像创建已久的编舞所要求的。

接下来就是放置短扎枪，一共六支，五颜六色的木头棍，棍子尾端有金属倒钩，尽管不像是给我放置的。这时，拉斐尔洛的短扎枪悄悄地插向公牛，在深深地插入动物肩部之前，他手臂高举手腕慢慢向前，倒钩不断地晃动。然后，他突然加速，被愤怒的达多尔所追赶。这就像是一场危险的哑剧，所有人都穿着紧身精心设计的服装；快速地迈着小步伐；戏剧化地看着他们的肩膀，为的是激怒公牛，或使之兴奋以为最后的作战——西班牙大方阵（死亡率排第三）——做好准备；方阵中斗牛士大展身手。

拉斐尔洛接过从斗牛场周围用栅栏隔开的狭窄通道递过来的锡水杯，喝了点东西，然后出自对公牛的尊重，脱下帽子拿着他的小红布向前走，红布悬浮在一根细小的木杖上。他开始在公牛和人群前表演，再次跪下滑过，这时从观众席传来持续不断的"哇哇哇哇……"。

一次又一次。这次，公牛从拉斐尔洛手上扯过红布，他就站在那，好像不再战斗，但趁其中一名斗牛助手向前分散公牛的注意力时他重新夺回了红布。一次又一次，红布再次飞扬起来。再次夺回红布。气氛越来越紧张，所有人都知道，尤其面对的是一头三浦公牛，这意味着不断学习了解情况，杀戮很快就到来了。拉斐尔洛最后一次通过，同样也是跪下，明显给出提示，他回到斗牛场栅栏把木杖换成剑。

一旦斗牛士拿到剑，那么他必须把它插入动物的后脖颈处，站在前方切断肩胛骨中间的脊柱。这对于任何一位斗牛士（劳动力）来说都是最危险的时刻。因为它涉及身体与牛角同时倾斜，所以在这么一瞬间，很多人杀死公牛或者被杀。然而，早些时候，斗牛士是团队的一部分，展示整个团队的勇气与努力，现在是个人表演。优雅快速的杀戮是每一位斗牛士的圣杯。更重要的是，虽然公牛无论如何都得死，重要的是干净巧妙的结局才会使观众流连忘返。但是，通常情况下，死亡最后变得乱七八糟，冗长乏味，展示的都是屠杀没有半点优雅可言。尽管斗牛士面对的危险一如既往的大，他能听到观众的转变以及叹息声，在斗牛比赛上弄虚作假，这时候点燃一根雪茄或者自己喃喃自语弄砸了这场斗牛比赛。

拉斐尔洛拿着剑和红布向前走。请注意他的身高。对于身材矮小的斗牛士，这杀戮举动很难优雅地执行，更不用说会更危险。一只脚踩在沙地上，另一只脚踮着，肩膀倾斜成一个角度，大幅度向前倾斜，眉毛紧皱，压着下巴，嘴唇嘟着，如果整个情况对斗牛士和公牛都不那么致命，这看起来就像个鬼脸，拉斐尔洛对着公牛抖动红布，剑猛击起来。当剑击中骨头，拉斐尔洛拔出剑，达多尔大头向上一扭用牛角抓住拉斐尔洛。首先，把他向前推，然后前后上下猛拉；公牛被斗牛士华丽的服装的肩部钩住，从斗牛士手中拽过红布，这已经是这个下午第三次抢到红布了。一刹那，你看到的并不是斗牛士拉斐尔洛，而是 31 岁的拉斐尔·鲁比奥（Rafael

Rubio）——身材矮小，长相吓人，浅茶色头发、方下巴、大鼻子、眼大但距离很近、嘴巴张开露出牙齿，期待着从未见过的痛苦。片刻之后，当他重新站起来时，他又是拉斐尔洛了。刚刚所发生的一切的唯一痕迹就是一大团从他服装肩部里掉出来的白色填充物，以及摇摆的插在达多尔背后半米外的剑。当其中一位斗牛助手跳过来，把剑拔出来还给斗牛士，拉斐尔洛这时深深地呼了一口气，对着达多尔大叫。

最终，公牛被杀死了，一把干净的剑插在里面，对此，观众大声喊叫"哦耶！"。公牛到处乱跑了一会，然后向一边倾斜，最后倒地，拉斐尔洛用双臂胜利的操纵这死亡袭击。虽然这并不是完美的死亡，但也不错。掌声响起，还有闪闪发光的白色手帕，拉斐尔洛戴着帽子在斗牛场快乐地跑了几圈，作为对他和达多尔的勇气的奖励。

拉斐尔洛的第二头牛约半个小时后进场了。比达多尔还重，它叫海员（Navegante）或者领航员，很好的一个名字，因为这是一头聪明的牛，三浦公牛的缩影，所谓的"困难"。显然，不同的是，海员一开始就怀疑斗牛士的披肩。没有任何美感或者激烈的斗争，接下来看到的有点像（角斗场的）车祸。数分钟后，初步用红黄粉斗篷尝试时，公牛直接忽略斗篷，直接攻击拉斐尔洛的头，通过后退躲过这一击；用右牛角撕下拉斐尔洛的斗牛服装，从腰部到膝盖。拉斐尔洛向后退时脱下衣服、帽子掉在公牛头下的沙地上。我看过拉斐尔洛接下来动作的慢镜头回放，在公牛攻击的牛角下方用后背滚动，然后在另一边重新站起来，跳起来跃过木头栅栏，就像一位马戏团杂技演员。我当时就坐在栅栏附近，当这一切发生时，我看到拉斐尔洛消失在那朱漆木头后面，然后就是公牛巨大的头。我听到一声巨响，然后发现拉斐尔洛已经翻到了观众席那边，衣服破烂，恐慌的表情持续了两三秒。更多的白色绒毛填充物，这次还有白色的内裤。斗牛士助手对海员的敌意更浓了，拉斐尔洛站在斗牛场周围用栅栏隔开的狭窄通道上，有人用宽阔的白色绷带绑在他的腰部和右腿以绑好斗牛服装，同时明显恼火的爱德华多向他走去，快速地说着什么。他重返斗牛场，看起来更像受伤的战士而不是斗牛士。高潮很短暂——这太危险了——一次或两次尝试后，拉斐尔洛直接开杀。剑深深插入公牛后背到剑柄处，但海员看起来毫发无损。取来带有木柄的刺刀，连续刺了七刀这头巨大的公牛才死，同时响起了叮当声的喇叭提示时间到了。这次，观众并没有鼓掌破坏这美好的时光，目视拉斐尔洛离开斗牛场。公牛被马匹拖出斗牛场，然后身穿蓝色工作服的工作人员带着红柄扫帚出来打扫。

　　本来第二天早上约好了和拉斐尔洛一起度过，但是早餐前收到爱德华多的短信说斗牛士拉斐尔洛对发生的一切有所动摇，天亮前就离开塞维利亚去穆尔西亚看他的医生。如果我想与他交谈，那我必须几周后再飞回塞维利亚。

＊　＊　＊

　　六月初，我们在塞维利亚一个富人郊区埃斯帕尔蒂纳斯的斗牛场见面。拉斐尔起洛和爱德华正一起在彩排，叫作斗牛沙龙。我整个早上都和他们一起待在斗牛场，我和我的翻译安东尼奥（Antonio）靠在沙地斗牛场的栅栏上休息。安东尼奥从小在塞维利亚长大，他几乎没法掩饰站在这块神圣的土地上的激动心情，尽管这仅仅是一个小小的斗牛场。他微笑着悄悄对我说，每一位塞维利亚人在没人的时候都悄悄用浴巾玩过斗牛。

拉斐尔洛和爱德华多都穿着短裤运动鞋，你可以看到他们的大腿上都有银色的长大疤痕，时刻提醒自己已经死去的公牛。拉斐尔洛的其中一位斗牛助手，高个子何塞·莫拉（José Mora）正拿着一对牛角，粘在木头上，就像自行车上的倒车把，他还慢速模仿攻击性公牛的路线。拉斐尔洛拿着一块脏的红布站在前面，演示行动；每个表情和当初在塞维利亚一样，每声恼人的"啊哈啊哈啊哈"，每一句"斗牛"都一样。整体效果很滑稽有趣，但目的很明显：再现一切，但真正斗牛过程的危险、恐惧却无法再现。

被所有人称为"大师"的爱德华多，坐在铺在沙子上面的斗篷，上面还印刷着"R-A-F-A-E-L-I-L-L-O"，时不时站起来指导一下。很快就把手上的牛角换成一种金属手推车，前面有一个塑料牛头，后面还有一捆干草模拟身体。拉斐尔洛开始练习杀戮，一次一次不断训练。

"如果你找到正确的地方，"爱德华多告诉拉斐尔洛，"那就像黄油一样。"

我看着他在接下来一个小时练习了三四十次。这让我想起了为了阿富汗战争进行军事演习的战士们。

训练在一个不真实的奇怪的私人时刻结束。现在整个斗牛场除了拉斐尔洛和爱德华空无一人，他们正努力地抓住第一套假牛角。几分钟后，他们又开始默默地训练走步。当你看到爱德华多拿着牛角在前面拖着沉重的步伐缓慢前进，你可以看到他正展示一头公牛可以多骇人。他低着头，曲着腿，缩着肩膀，英俊的脸庞变得面目狰狞，太阳穴上青筋外露。双眼凸起，下颚突出，爱德华多·达维拉·三浦发出凶狠的、兽性十足的鼻息声，就像他们家族世代养殖的动物一样。拉斐尔·鲁比奥（Rafael Rubio）以同样戏剧化的方式在彩排他将会面临的勇气是什么样的。

彩排过后，拉斐尔洛带我到附近的咖啡店，店里墙上还挂着牛头，服务员很快就认出了他，满怀崇拜之意给我们上饮料。我们坐在外面用吸管喝着冰冻的可口可乐和芬达汽水，我问起了他在塞维利亚战斗的第二头牛，海员。

"它就是一头狗崽子，"他说，"它是我整个事业生涯里杀过的牛里面最恐怖的。它真的很聪明，像人一样分析斗牛过程。它能预测到我所有想法。"

在斗牛比赛时，我并不知道拉斐尔洛的妻子已经怀孕了，比赛过后大约一周他的女儿就出生了。在出生的几个小时内，拉斐尔洛就在马德里的拉斯班塔斯斗牛场进行他整个年度最大的比赛，那是圣伊西德罗节的一部分。但是在塞维利亚与达多尔以及海员战斗过程中所发生的一切，还有荣升爸爸使得他比平时更会规避风险。一万强壮的人群，是众所周知的世界上最强大的斗牛观众，并不是去那观看怯懦的行为；他们从拉斯班塔斯斗牛场的观众席上发出阵阵嘘嘘之声。

拉斐尔突然离题转到一个痛苦的题外话：马德里"不受欢迎"的观众并不欣赏他所面临的危险并要求他去做一些"自杀性"的行为，"好比潜入一个空的游泳池，"他大声快速地说道。不过，拉斐尔仍然有一个反复经过考验的方法能够使他自己从失败的边缘站起来。

他告诉我在穆尔西亚工人阶级的童年，他是家里六个小孩中最小的。他的父亲是斗牛的狂热粉丝，所以小拉斐尔在八岁的时候就面对着他人生的第一头小牛。"她是小鹿斑比！"他大声叫喊道，然而已经被吓得尿裤子。

"但是，今天，"他补充说，唯恐反讽对我没影响，"我的名声是一位非常勇敢的斗牛士。"

他详细描述了如何从胆小鬼转变成一位勇士。他从斗牛学校的课程说起，在学校里同龄人嘲笑拉斐尔的身高以及缺乏面对真正动物的勇气。"我是一个懦夫。"他告诉我，但最后终于有机会与另外一头小牛战斗，出乎意外地，拉斐尔表演了高难度动作，就是我在塞维利亚看到的高度危险的用膝盖前进动作。

"从那一刻起，我的职业生涯就火起来了，"他说，"我设法打破了恐惧障碍。"

这种模式成为拉斐尔洛职业生涯的特点，凭借勇气质的飞跃打破僵局、克服困难。你可以看到，与恐惧交织的勇气长期以来都是拉斐尔洛的标志。

1996 年，拉斐尔洛 17 岁生日后的两个月，这位年轻的斗牛士第一次以斗牛士的身份出现在人群中。接下来几年，他成就中等，但在他 20 多岁的时候，比赛逐渐开始减少，直到 2007 年，拉斐尔洛的斗牛事业快要完蛋了。最后的一次机会是在西班牙阿里坎斗牛场与三浦公牛战斗。这是几个月来第一个重要节日的预约比赛，拉斐尔洛除了接受，别无选择。结果是惊人的、英勇的表演；他被授予了牛的耳朵。拉斐尔洛的事业再次点燃。很快，又有一场与三浦公牛的比赛预约，地点在潘普洛纳的斗牛场。一个接一个。"从那时起，"他说，"我的名字和这些难以战败的公牛就紧密相连了。大型动物，强大的动物。这些并不是最适合我想要成为的纯粹的斗牛士的称号；

但是我是一名勇敢的斗牛士，有能力控制这些恐怖的、大型公牛。经理和粉丝们把拉斐尔洛的名字与这特定的三浦公牛联系起来。"

　　我问拉斐尔洛受伤情况，尤其是被牛角顶伤或刺伤，听到这个问题他自豪地跳起来。"我可以给你展示几处伤，你看，"他说，"我有四五处。"他挽起短裤边指出大腿上的每个伤疤。"这一处伤有20厘米长。牛角穿过我的大腿。那一次我弄伤了锁骨和手腕。这一处25厘米长，我流了一升血。"展示伤口使我有点尴尬，通过观察穿着紧身裤做的所有的腹股沟动作，我已经能猜到了，这会震撼成年后的第一次看斗牛的观众。显然，这项运动或者说艺术对男性睾丸的伤害是无法用措辞表达的。

　　"这个，"拉斐尔展示完最糟糕的刺伤后说，这个伤疤是大概18个月前在厄瓜多尔的基多留下的，"是我们冒着生命危险的代价，但是后来，随着时间的推移，我感觉好多了。我对自己感到很自豪。感觉就像是一个胜利者。"他想了一下措辞，"斗牛士，更符合自己和自己的职业。你更真实，因为你知道你所做的一切都有道理。直到你第一次受伤，你开始犹豫，因为你不知道你将如何反应。受伤是勋章。"随着拉斐尔的述说，我想到了阿什克罗夫特勋爵的维多利亚十字勋章，"所以相信我，每一位斗牛士都在等待着他的第一次受伤。从那时起，你更受尊重。你明白你能够做到很多人做不到的事情。"

　　拉斐尔洛用他孩子气的嗓音列举了斗牛士所面临的危险，他说："不仅仅是刺伤，还有失败、不自信。"他喝了一口芬达。"失望。"他补充说。拉斐尔告诉我：在进入斗牛场之前，他去小的斗牛教堂祈祷。他的哥哥华金（Joaquín）五年前死于癌症，拉斐尔说他知道哥哥和其他亲人都在那，"我把自己托付给他们。"

"恐惧如影随形，"拉斐尔说，"你永远不知道你是否能从斗牛场回家。"他多次重复这句话，确定我已经理解了。"这就是我们职业的伟大之处。"他告诉我。在那些"能感受到心跳"的时刻，他说，"你必须控制自己，对自己说，这不会毁了一天。你必须与恐惧为友。"

"那么真正吓到你的是什么？"离别之前我问道。

"死亡，"拉斐尔·鲁比奥说，"与其他人一样，谁不怕死亡？当然，还有生病。我最怕的是得重病。"

我想，掌控穿着金光闪闪的服装的人（斗牛士）的死亡率是不可能的。也不会给观众留下深刻印象。

第三章

❦

勇气的内部来源：活着就是最大的勇气

物质主义观点认为：身体非附属于我，身体本身就是我。
充分理解这种观点的实质绝非一件趣事。

《名利场》，克里斯托弗·希钦斯（Christopher Hitchens）

我们先来做一个思维实验：假设你认为天使暂时存在，那么天使是否会有勇气呢？想想吧。你的答案，恐怕是"没有"。那好，如果是鬼魂呢？会有一个这样勇敢的鬼魂吗？同样，我怀疑大多数人会说"没有"。本书研究的重点问题就是，为什么没有呢？

答案在于，我们直觉认为勇气源于人体组织器官，并由组织器官感受。这种观点由来已久。希波克拉底①，更准确地说，是他的追随者们记录了他大量的思想，概述了心脏是人类体验渴望、勇敢等一系列情感的本质的、物理的核心。写于公元前五世纪的一本关于癫痫的希波克拉底册子中提到"全身各处的血管通往心脏，心脏有

---

① Hippocrates，希腊名医——译者注。

瓣膜，以便感知是否有疼痛或愉悦的情感加诸到人体。"亚里士多德（Aristotle）及之后帕加马①的伽林②都发展了这种思想。这种观点并不仅存在于西方。比希波克拉底早一个世纪的东方帝国，《道德经》就通过心脏将爱的能力和勇敢的能力联系在一起。"courage"（勇气）的词源就和心脏有关——源自诺曼法语"corage"，"corage"源自拉丁语"cor"，意思是"心脏"。换句话说，勇气是作为人体物质性和其必然弱点的理想边界而产生的。它存在于心脏或者神经，内脏或睾丸中，反过来，我们将一些微妙独特的道德观附加在每个肉体上，就像中世纪的幽默一样。

这也就是为什么我想象中的天使或假定的鬼魂都不勇敢——它们没有身体。那凡人之于勇气，有什么可失去的呢？

去年年底某个星期天的上午，我穿着好几件滑稽的氨纶衣服，手里拿着一个奇怪的中间有洞的水瓶，在人群中热身，为一场地方性的半程马拉松比赛做准备。直到现在我都不太确定我当时到底在做什么，整场比赛就像是敏捷的年轻人的某种幻想，而我第一次参加。

这场比赛，根据预计完成时间，15000 名参赛者沿着小镇中心的宽阔大道排成一队，大道的尽头就是起跑线。我和精英运动员有很大一段距离。我在队伍的后面，和胖子，穿成香蕉、大猩猩的人，以及两个穿成巨大白色泡沫厕所的人挤在一起。发令枪响之前，气氛紧张不安，人们无谓地做着伸展运动或原地慢跑，嘴里说着"好吧，就这样了"或"现在没有回头路了"之类的话。如果不是后来发令枪响，

---

① Pergamon，古希腊殖民城邦——译者注。
② Galen，西方希波克拉底后最著名的医生——译者注。

所有这些听起来都有点傻乎乎的。比赛开始后，不管天生擅长跑步，还是经过了充分的训练，每个人都尽自己最大努力去完成这十三英里的赛程。参赛者有深褐色面孔的人、有花白头发的养老金领取者、有全副武装拖着六十磅背囊的两位士兵、有带着仙女翅膀宿醉的学生、有蹦蹦跳跳的秃顶男人、有摇摇晃晃的庄重的妇女，还有一位失明的男人，背上捆着手写的牌子，客气地请路过的人给他让地方。这些人都冒着受伤或丢脸或二者皆有的风险在比赛。

很多人是为了某种崇高的事业在集资，其他人则是为了比慈善更私人更复杂的原因，当然这也比我抵触变老，这一不是特别明确的原因要高尚。这些人参与到比赛当中似乎都是为了沉思默想，即使只有片刻。另一种则是为了更深刻的身体上斗争，你不会为得到纪念勋章和免费能量饮料斗争。一位四十多岁、留着黑色短发的漂亮女士经过我身边，我看到她穿着黑色的 T 恤，前后都写着大大的白色字母"纪念我们美丽的女儿，艾丽"。之后我看到一个女孩穿着马甲，马甲上写着"以此纪念我的奶奶"。她后面有六七个年轻男女，后背上一致地贴着塑封相片，相片上一位女士在扶手椅上大笑，图题是"以此纪念乔伊斯姑姑"。接着跑过一位男士，穿着头颅损伤慈善团体的短袖外衣，上面写着"以此纪念谢恩，1979 年 7 月—2010 年 3 月"。

我意识到，这些人满载悲伤的回忆。他们是不是正试图用某种可展示的、身体上的痛苦，来回报衣服后背上那些已逝亲人的令人敬畏的、决定性的勇气？似乎健身馆已变成了 21 世纪的教堂——即使你并不常去，或下大力气才会去，成为成员仍是好的——所以这群慢跑者更像是中世纪的朝圣而非马拉松比赛。对一些人来说，这明显成了关于疾病、死亡的一种仪式。勇气超过了普通人身上其他的品质，所有的汗水和痛苦都是对勇气的献祭。

你可能会想起，几页之前，我大篇幅描述了真正的勇气（不管怎样粉饰，最终都会是）必须由自由意志支撑，要求某种程度的动态选择而非纯粹的达尔文式的权宜之举。但是，我怀疑不管小艾丽，或是谢恩，还是亲爱的乔伊斯姑姑在生命的最后时刻是否做了自由选择。

他们遭到了普世的背叛；不管是由勇敢还是懦弱支配的生命，或早或晚都会遭到这个对灵魂的古老背叛。更重要的是，如果死亡是终点，我们不要忘记死亡之前的时刻，那真的会非常糟糕。抑或没有垂死挣扎，这可能更糟。这种情况下的勇敢，遇到了和简易爆炸装置或子弹，罗特韦尔犬或斗牛都不一样的对手，这种对手陷于你无常的身体内部，你无法逃避。并且我们大多数人都必须从某种程度上来面对它。

* * *

如果我们相信激进女权主义者安德里亚·德沃金（Andrea Dworkin），那么女性日常勇气的极点听起来就是这样的。德沃金1975 年在纽约给学生做了一场题为《关于恐惧和勇气的性政治》的重要演讲。演讲中，她提到"没有阴茎英雄，不管他对自己或他人做了什么来证明他的勇敢，也比不上生孩子的女人勇敢"。当然，对很多女性来说，生孩子是最具挑战性的，这是她们成年生活中打心底害怕的经历。想想 20 世纪中期以前，百分之一的孕妇在分娩时死亡，可能就不会令人吃惊了。分娩以及产褥热害死了（列举几个例子）亨利八世的两任妻子、比顿夫人（Mrs Beeton）、爱丽丝·罗斯福（Alice Roosevelt）、泰姬陵的建造对象，甚至第一位真正的女权主义者玛丽·沃斯通克拉夫特（Mary Wollstonecraft），玛丽在生下玛丽·雪莱（Mary Shelley）十天后，也未能逃脱这个女性特有的生命终止方式。这样的例子还有很多，但关键是：虽然历史上还有其他像天花、斑疹伤寒、霍乱和结核病等恐怖的疾病和分娩一样让众多女性死亡，甚至比分娩还要严重，但是在带来新生命的过程中失去自己生命的致命诗歌似乎已经铭刻在女性的集体意识中。事实上，即使在现代装备精良的世界一流医院的防疫封锁线内，分娩对很多女性来说，仍是非常，非常，非常痛苦的。因为分娩实在太痛苦了，2011 年，英国国家健康和临床研究所宣布，深陷"分娩焦虑"的孕妇可以选择剖腹产。如今，有史以来第一次，想要做妈妈的英国女性再也无须克服夏娃的诅咒了。

新规施行的几个月前，没有合理的医疗原因，孕妇还是需要自然顺产（至少在文件上是），那时我参观了布里斯托尔 ① 的绍斯密医院（Southmead Hospital）妇产科。在英国，每年大约七十万新生儿中，十分之一在绍斯密医院出生。我三个儿子都在这里出生，但其他女性是怎样的呢？一天迎接大约十六个新生命、经常鼓励孕妇要勇敢的助产士是怎样的呢？带着这本书的写作目的，回忆着一些血淋淋的事，某天我回到了绍斯密中央接生室。

我遇到了九个助产士，其中八个是女性，还有一位手术技师和一位产科顾问，两位都是女性，还有两个新妈妈和一位正在生产的

---

① Bristol，英国英格兰西南区域的名誉郡——译者注。

孕妇。正如军队是一个男性占压倒性人数的环境，这里则由女性支配。正如军队不担心被指控沙文主义，我所建议的也不会，但同时，这里所展示的一切是如此和谐，展示了濒死状态的特定性别。这里，大多数的战士当然都是女性。有趣的是，和我交谈的许多助产士都有一个挥之不去的疑问，那就是勇敢和这些有什么关系。她们的观点似乎是，需求、常态以及总体上的愉快结果相互混杂瓦解了孕妇分娩时对勇气的需求。然而同时，每个人都承认恐惧是绝对的中心。或许这一矛盾仅仅是一种自我牺牲，而这种自我牺牲让沃斯通克拉夫特、德沃金等女权主义者愤怒不已，但同时，这也展露了勇气的性别有趣而复杂的一角。

以朱莉·诺顿为例，她已经做了近三十年助产士，但当我问到生产过程是否对孕妇有某种程度的勇气需求时，她还是会犹豫。她明确表示，应对分娩恐惧在于缓解疼痛，而非过多关注心理的细微变化。之后，我问道，为何勇气经常被看作一种男性特质时，她快速回答，"女性明显更能忍受疼痛，不是吗？我认为我们女性处理事情更加坦率，"她说，"男人总是隐瞒一切，不是吗？"这一刻，也或许正是因为这个，朱莉似乎突然对我失去了耐心，也对生孩子可能需要和勇气一样强壮的特质这个观点失去了耐心。

"这在过去是正常的，不是吗？"她突然快速地说道，"我们正使其听起来不正常。分娩是自然的，难道不是吗？你将分娩看成是不正常的、是勇敢的事。我不这样认为。我认为，如果我们想要孩子，那分娩就是一件我们不得不经历的过程。生产只是一天的事，并且生产疼痛结束后，你会得到新的生命。"

我在这里的中心地带，助产士桌子旁边的员工咖啡室，居住下来。

这个四边形的空间有十个接生室和两个手术室，这里的气氛是沉默的，鞋子在油毯上发出吱吱声，女高音的低语被电话铃声或没有上油的茶几时不时打断。孕妇偶尔压抑的尖叫或新生儿第一声低泣传来，提醒你身在何地。在咖啡室里边，身着手术服的助产士走来走去，吃东西、发短信、翻看《红秀》杂志。一面墙上，挂着一块巨大的白板，上边有每位产妇的状态，人们会站着抬头看。

"如果我能把她缝合上，那么我就能开始处理另一位女士了。"

"不，她必须继续用力。"

"她们都马上要生了。"

"我希望如此。"

一位穿着手术服的医生和几位学生走进来，开始了交谈。

"所以她们复位了鞘，"他们中的一个说道，"腹部的鞘。"

"什么？"

"那个白色的东西。否则，她会得疝气。"

房间的另一端，一位助产士在微波加热一些汤。"我昨天接生了几对可爱的双胞胎。"她对一位同事说道，俩人沉默地看着汤晃动。

接下来我遇到的两位助产士都有孕在身，她们似乎更愿意从正在生产的姐妹中确认分娩需要多大勇气。其中一个隔着手术服轻柔地抚摸着自己的肚子，说道"这些女士有太多种方式被归类为勇士"，她还粗略地过了一遍最糟糕的情况。

关于助产和保守治疗的众多心理研究发现，疼痛和恐惧之间有非常强大的联系。一些工作人员似乎仍热衷于指出，尽管由于一些医疗原因，比如说婴儿的位置，某些孕妇生产时比别人更痛苦，但如果你愿意那样说，一些孕妇只是比别人更加勇敢。

一位助产士说，"从一些接生室出来之后，我确实认为她有点懦弱。"另一位提到，有些孕妇"进到产房后只是不停尖叫，并不做任何事去应对。或者她们在宫口还没开够一厘米时就想要硬膜外麻醉，她们完全没有准备好，也没有这种自觉。"

"你认为那是缺乏勇气吗？"我问道。

我可以听到走廊尽头一位孕妇在尖叫。

她停了一下，接着说道："是的，我认为是。"

和我交谈的所有女士似乎在谈论勇气时都不那么舒服，但是有一个人认为分娩最需要勇气，那就是佩雷特·瑞奇（Ricky Perrett），他是这个团队中唯一的男性助产士，他显然很喜欢兴奋魅力的接生室生活。"我爱这份工作是因为它能使我的肾上腺素增加，"他说道，"当听到紧急铃声，我第一个冲出去。"接下来的采访大部分是关于瑞奇到达绍斯密后不久监督的一次精彩的臀位分娩，但是几分钟后，他用一首关于分娩女性的短赞歌结束了这次交谈，好像分娩所有事情都是完全自愿的。

"我摘下帽子，"他说道，"为每位勇敢的女士致敬。"

"因为，"他补充道，"男人应付不来。"

"你认为男人应付不来吗？"我说，"男人要处理很多事，不是吗？他们要去战场。"

"不，"瑞奇坚定地说，"如果男人不得不应对这事，那么他们会设计一种麻醉药，在怀孕六个月直到产后六个月一直使用。这可能有点牵强，但是，确实是这样的，如果我非常痛，我会像地板上的一洼水一样。一天一天，这些妈妈们都很勇敢。对妈妈们而言，每一天都需要极大的勇气。"

和我交谈的正在分娩的妈妈们对女性勇气的概念没那么有条理，但是想一下，刚分娩完或正在分娩的妈妈谁会那么有条理？但我还是被二十二岁的阿比·威尔特（Abi Wiltshire）感动了，她那时在分娩的早期。

"是的，我认为我必须要勇敢，"阿比说道，她枕着自己的手，粗重地呼吸。

"特别是在最难熬的时候。"她的男朋友戴夫（Dave）坐在附近的一个塑料椅子上，抖着一条腿，说道。

"之后，"阿比说，"当她生下来后，我们需要重新变得勇敢。"

事实上，如今孕妇的死亡风险已经比一个世纪以前低很多了，但是对将要出生的孩子来说，生产事实上仍然是危险的。2008年的数据显示，英国每天有大约10个新生儿是死胎——约二百分之一的概率，并且尽管这所医院信托发布的死胎率低于全国水平，但接生死胎是助产士工作的真实情况。顺便说一下，她们习惯称其为"差的"或"坏的结果"，一旦我理解了这个医学委婉语的真正含义，它指的不是高位产钳也不是严重的会阴切开术，我看到了另一种疼痛，另一种勇敢。

正如克莱夫·斯特普尔斯·刘易斯（C.S.Lewis）在《卿卿如晤》（*A Grief Observed*）开篇中写的，"从没人告诉过我悲伤和恐惧如此相似。"这种悲伤的、恐怖的遗弃需要真正的勇气，此情此境中则是没能顺利产下宝宝需要真正的勇气。基本上我见到的每个工作人员都阐明了这一点；这些是勇敢的女性。"自然有时非常残酷，"产科顾问这样解释，"尽管进行了医疗干预，糟心的事仍然发生。当事情变糟时，我为人们的勇气而震惊。我们看到过，有人的宝宝不在了，他们第二天照常起床，直面宝宝已经不在的事实……"她声音越来越小，眼神没有移开，小小地耸了下肩。

* * *

2000 年 3 月 6 日凌晨，一个新生儿和一位四十岁的腹部严重受伤的女士被用一块桌布送到了位于墨西哥南部瓦哈卡州波多埃斯孔迪多高速（Oaxaca-Puerto Escondido）东边的圣·巴布洛·惠科特派克（San Pablo Huixtepec）小镇的曼纽尔·韦拉斯科·苏亚雷斯博士（Dr. Manuel Velasco Suárez）医院。宝宝没事，但是奥诺里奥·加尔文·埃斯皮诺萨（Honorio Galvan-Espinosa）医生告诉我，很快，他和同事看到了"简易绷带"下是：已用普通的针和棉线缝合起来的一条十七厘米长的深深的刀口斜跨女人的腹部。将他们送来的乡村护士莱昂·克鲁兹（Leon Cruz）说，他们来自里约塔利亚，那是位于高山上的一个简陋聚居点，在那里，这位妇女和家人以种植辣椒为生；他将这位女士的肠子打了一或两个节塞回腹腔并进行了缝合。之后，克鲁兹告诉医生，他们驱车八个小时赶到圣·巴布洛·惠科特派克。女人名叫伊内斯·拉米雷斯·佩雷斯（Ines Ramirez Perez），她刚刚自己进行了剖腹产，这个小小的、黑头发的、正在吸她奶的宝宝就是她刚刚生下的孩子。

加尔文（Galvan）医生和他的同事杰西·加布里埃尔·古斯曼（Jesus Gabriel-Guzman）医生起初有些怀疑，但接下来手术打开女人腹部的时候，在她的子宫上发现了一道边缘不规则的切口，此时他们确信这位女士的确刚刚剖腹产子。他们"充分清洗了女士的腹部，缝合子宫以及多层腹壁"之后，实施三倍效力的抗生素疗法。六天后，她和她的小儿子出院，返回了他们位于山区的家，和其他萨巴特克的母亲和孩子一样继续生活；并且，他们的故事很快在全世界出名了。

她出院大约一个月以后，加尔文医生和一位同事徒步走进里约塔利亚与当地人证实他们的所见所闻，并与拉米雷斯又一次进行了交谈。现在确认那的确是真的——每个细节都对得上——2003年，他们在国际杂志《妇产科》上发表了题为《母子存活的自我剖腹产剖面图》的文章。

3月5日，太阳还高挂天空，拉米雷斯马上要分娩了。这是她第八个孩子，第九次怀孕。时间一分一秒过去了，夜幕降临，宫缩加快了，但是还没有生产的迹象。拉米雷斯两年前因梗阻性分娩已经失去了一个女孩儿。在只有一间卧室的小屋里，她异常疼痛，但分娩毫无进展，她开始担心这个儿子或女儿不能存活下来。附近50英里没有诊所也没有电话。她的丈夫是以前生产中唯一的助手，这次也出去喝酒了。拉米雷斯告诉加尔文医生，她清洗了一把屠宰牲畜的刀子，坐下来，从瓶子里倒了一杯外用酒精喝了。接着，她开始割开皮肤、脂肪、肌肉、腹部。第三次尝试时，她切开了子宫，拉着男宝宝的脚从子宫取了出来。宝宝马上哭了出来。加尔文医生说，拉米雷斯告诉他血离开身体就像"从软管中反冲"，她认为自己必死无疑。失去意识之前，拉米雷斯用一件针织衫裹住了腹部，并叫女儿去有车辙印的马道呼救。凌晨两三点之间，莱昂·克鲁兹到了，给她输了液体，缝合包扎，之后经过漫长的路途到达了圣·巴布洛·惠科特派克。这篇医学文章的结语是这样的"在非比寻常的情况下，保护后代的母性本能可以促使女性做出惊人的举动，甚至忽略自己的安全和生死"。

　　很快，全球多家媒体同时发表了这个故事。拉米雷斯现在出名了，她的故事让人想起这个贫穷的天主教国家对奇迹的形象比喻。正如奥诺里奥·加尔文告诉我的："我相信上帝，我认为上帝在这个故事中帮了忙。然而，从医学角度来讲，在研究了拉米雷斯之类的案例后，我充分认识到了人类的潜能，那就是母亲对孩子非凡的爱。"

　　每个新生儿都是某种奇迹，这种奇迹被称为奥兰多·鲁伊斯·拉米雷斯（Orlando Ruiz Ramirez）。当我坐在这里为这本书述说着他和他妈妈故事的启迪时，我意识到奥兰多应该快十二岁了。我百无聊赖地将他的名字输入了搜索引擎，抱着试试看的心态，希望可以透过脸书或推特里有关南墨西哥辣椒地和山石堆的信息，找到里约塔利亚。我没有找到；但我想知道，小奥兰多是否知道，有关他的新闻一版再版，他的故事也在几百个产科和助产学论坛、博客、留言板和在线医学百科全书里流传，大家异口同声，惊叹于他的出生和他母亲的勇气，甚至说是独特的、固有的勇气。

＊　＊　＊

　　这些让我想到了皇帝尼禄（The Emperor Nero）。不是因为他勇敢，亦不是因为他谦卑，而是那个时期有一种哲学流派，这种哲学流派支持这两种美德，并且与虚伪、弑母、欺骗性的狂热紧密联系。那就是斯多葛哲学（Stoicism）。然而这个词的现代用法已经偏离其哲学起源，成为某人如何完美克服"内部敌人"的简约表达——与生俱来的生理弱点已经成为每个胆小鬼最主要的敌人。

　　斯多葛学派起源于公元 3 世纪，是信奉逻辑、物理和道德的思想体系。这一学派来源于一群怪异的雅典知识分子，他们喜欢在户外彩画游廊或者"柱廊"下工作。他们核心的道德观点首先被西塞罗（Cicero）发展，之后，在衰落的公元一二世纪被罗马帝国的斯多葛学派的学者发展，他们中恰好有尼禄的童年老师亦是之后的顾问小塞内卡（Seneca the Younger）以及尼禄副官早期的一位奴隶埃皮克提图（Epictetus）。

塞内卡被认为患有肺结核，在给一个朋友的信中，他描述了长期患病的绝望："我经常会有自杀的冲动，"他写道，"但是我想到最爱的父亲已经年迈，我就打消了这种冲动。我想的不是我的死亡该有多么勇敢，而是父亲承受不住丧子之痛。因此我命令自己活下来，因为有时候活着也是一种勇敢。"

斯多葛学派的这种忍耐不仅仅是一种思想；如果你赞成埃皮克提图的《金玉良言》（Discourse），那么就不是。事实上，对那些久病的人来说，忍耐是权宜之举；是一种行得通的生活方式，也是一种慰藉。马可·奥里利乌斯（Marcus Aurelius）援引埃皮克提图的语录，"你小小的灵魂支撑着你的躯体"。这不是一种愉快的信念，但关键是：如埃皮克提图所说，活着就要充分认识到，人类暗淡的现实处境不仅仅是被动、沮丧的屈从。相反，这需要哲学家所说的意志力、动态自由意志的再次引入，以及对艰苦行动的选择和参与，并最终达到令人振奋的结果。

我会死。但是我非得呻吟着死去吗？我会被监禁。但我一定得发牢骚吗？我会遭到放逐。有人能够阻止我带着微笑、勇气与和平上路吗？……让我看看，是否有人在疾病中、在险境中、在濒死时、在放逐中，在丢脸时仍然满心欢喜……这个主题不可教吗？是可以教的。我们的能力达不到吗？不，是我们可以办到的。

不可避免的苦难可以通过选择勇敢承担得到提升，这种观点证明是无尽丰富的哲学、神学和心理学的结合。不管是托马斯·阿奎那（Thomas Aquinas）的勇气带给人"精神愉悦"，亚当·斯密（Adam Smith）提出的"自制"，还是集中营幸存者维克多·弗兰克尔（Viktor Frankl）对苦难意义的发现，这些都是将糟糕的工作做到极致的一种方式。

然而，辩论家可能会愤怒（当然了，怒斥光明的消逝），一个既定的社会协议：当一个人生病、受伤或死亡后，不管真假，夸赞他们"非常勇敢"是礼貌及合时宜的。这种礼仪从孩童时期学会，在家庭生活中盛行。我的一个孩子在玩耍时磕碰了，当他被送到急诊室时，一位护士给了他一个橘黄色的圆形贴纸，贴纸中间是一个泰迪熊，他非常宝贝这个贴纸，将其贴在了自己卧室的门上，向全世界自豪地宣布："我很勇敢。"

* * *

圣克里斯托弗临终关怀院（Christopher's Hospice）位于伦敦南部郊区一条街道旁，我拜访关怀院时，思考着贴纸这件事。关怀院里满是濒死的人，有人排队等着卡布奇诺咖啡，有人在病房和家人玩着大富翁，有人坐在运动场的圆形高背椅上跟着理疗师做呼吸训练，还有人躺在床上看着红色的双层巴士轰隆隆驶过洛瑞公园路（Lawrie Park Road）。我认为，这里的每个人都应该得到一个那样的贴纸，但是那样的贴纸从不给成年人，不是吗？

圣克里斯托弗临终关怀院由桑德斯女士（Dame Cicely Saunders）1967 年建立。桑德斯女士以前是一位护士，是临终关怀的倡导者，现在被广泛誉为世界临终关怀运动的缔造者。"这些病人需要的不是同情和迁就，"桑德斯在1965年《护理时报》的一篇文章中写道，"但是我们应该尊重他们，期待他们展现更多的勇气……这样，我们将看到非常多的快乐和轻松。"

桑德斯创建的临终关怀院经过了翻修，阳光充足、空间宽敞、环境安宁，被认为是世界上最好的现代姑息疗法之地；当你目睹过爱的人在一个死气沉沉的地方因衰老或疾病死去，再去看圣克里斯托弗关怀院时，可能会和我一样有点羡慕和悲伤。然而，虽然这里理念动人，设施完备，包容开放，员工善解人意，但正如我所说，这里充满了临终之人。

濒死对我来说并不有趣。我去圣克里斯托弗临终关怀院拜访之前的几个月，一系列中风损害了我亲爱的父亲的大脑，他已奄奄一息。在北安普顿养老院，我坐在他的床边，回想起了第一次意识到父亲也可能犯错的那个时刻，那时我五六岁，大概1978年，麦当劳刚刚在肯辛顿大街开业。爸爸说会给我们纯正的美国奶昔，我们为此去了市中心。姐姐和我等在车里，跪在人造革的后座上，透过后玻璃看着他走出商店。他一边冲我们笑，一边走回车子。他手里拿着四个奶昔，两个给我和姐姐，另两个给妈妈和他自己。他每只手拿着两个，两个是摞起来的。仔细想想，那样拿不合理。父亲走在人行道中间时，奶昔倒了，粉色和棕色的泡沫洒到了混凝土地上。我现在还能感觉到当时父亲脸上的后悔和轻微的尴尬，还有我们孩子气的失望。他返回去又买了些奶昔，并且这次以更加明智的方法拿出来，但这种不舒服的感觉伴随了我一整天，直到现在我都没有忘记。现在他躺在床上，围绕着金属护栏。他再也看不见，再也不能吞咽，或是说话了。他紧紧握着我的手，在我看来，与曾经宠爱般的拉手，或者帮助我爬上高阶时的拉手相比，更像是对自己走到生命尽头的下意识表达，像大风中抓着一张非常重要的纸片或是五十英镑的钞票。两天后他去世了。

可能是因为父亲的原因，那天我在临终关怀院和那些病人交谈后，对他们的困境才有更加强烈的感觉。

卡迪夫·斯科特（Cardiff Scott）是他们中的一个，他是一位门诊病人，刚刚五十岁，身体强壮结实。2008 年，他一位女性朋友拉着他的双腿把他从床上拽下来的时候，他说，他的脊椎就像"一包薯片"样碎成一片，这时，他发现自己得了某种严重的骨癌。卡迪夫穿着一件 T 恤，上面印着金色的夕阳、棕榈树的剪影以及牙买加（JAMAICA）字样，他跟我说了他是如何在 2000 年搬到伦敦的。我们在临终关怀院的美术室偶然遇到，那时我刚刚看十位重病患者共同完成一幅巨大的、令人欢快的拼贴画，那其中就有卡迪夫。卡迪夫的故事有些残忍得千篇一律，都是关于时间、日期、药品、病房、医生冗长的叙述，每个细节都依照发生的日期记录着，这和我们的不期而然的相遇形成了一种奇怪的对比。"周日下午大概六点之前……"他会这样说，或者，"那发生在周二早上"。当所剩时间不多时，可能这就是你测量和记录时间的方式了。最糟糕时，卡迪夫不能走路，甚至不能在床上翻身，因为他的骨盆粉碎了，他剩下的日子以周，甚至以小时计数。然而近三年过去了，他还活着，甚至可以拄着拐杖四处走动。他告诉我他没有"感觉"自己要死了，"不是今天，不是明天，不是这周，不是今年"，有医生跟他说病情不乐观时，他还会大声反驳："我说过我不希望你们告诉我我要死了。别告诉我那些。因为我相信上帝（原话如此），我不相信上帝准备好接收我了。我知道我终有一死，但是什么时候，我还不知道。一些护士跟我说，他们说我似乎不了解情况。我了解的，我知道现在是怎么一回事儿。但是如果我恐惧死亡，我会死。但是如果我不惧怕，我还是会死。所以，重点是什么？享受当下。喝杯小酒，和别人聊聊天。波莉，这就是为什么我与自己做斗争，斗争着离开轮椅，斗争着不在家里使用便器，斗争着使用厕所，斗争着学会泡茶，斗争着学会走路。斗争是对抗病魔的方式，直到死。"他在房间中厉声说出"斗争"一词。

我想起了和手持一代来复枪的士兵们一起的时候，讽刺的是，士兵不喜欢谈论"打仗"这个词——他们更喜欢将其礼貌地说成"接触"敌人，或是"运动的"事件——所有这些好战的谈论在遇上重病时，似乎都太普通，甚至有些陈腐了；当遇到"入侵者"癌症，这一内部终极敌人时，就更是如此了。

显然，斗争在这种情况下是一种形式的勇气，但打仗可不是，也不是人人都对战斗有强烈的认同。

"我不认为这本身是一种斗争。" 艾伦·霍普金斯（Alan Hopkins）温和地跟我说。艾伦 67 岁，留着狄更斯式的胡须，圆圆的脸颊，嘴巴总是在平和地微笑，你不会想到他正在苦苦坚持。"我唯一一直强调的是不要放弃。这是一场斗争，这是一场斗争，这样说毫无益处。这不是一场斗争，你只需要熬过去。"

艾伦的妻子莫林（Maureen），46 岁，因食道癌在圣克里斯托弗临终关怀院门诊救治。"如果我慌了，"他告诉我，"那么她会更糟，因此我保持积极的态度。"但他看起来不是那么积极。他补充道，"即使没有任何希望，你知道吗，你还是不得不装作积极，你必须这样做。如果不这样，那么她会崩溃。"显然，正如 C.S. 刘易斯在关于悲伤和恐惧的文章中写道，不仅仅濒死之人需要勇气。现代医学奇迹蒙蔽了我们，让我们忽视了自身身体的弱点。

想象一下，在过去，我们能更好地面对疾病以及有关的一切，这是非常诱人的，不是吗？近来，很多人对于这个社会"忘记怎样死亡"改变了看法（好像我们曾经擅长一样）。临终关怀运动就是要发现"更好"的死亡方式，一种"美好的死亡"，就如哲学家一直以来讨论的一种"美好生活"。濒死之人和家人在往后的岁月中被鼓励着抓住粗暴的医学干预，来购买病人的时间，延迟死亡时间，或者用委婉语掩饰，而非寻找一种更加平静坦率的结束方式，而临终关怀运动给出的是合理的回应方式。所以这些拒绝社会福利机构显然是懦弱的表现，埃皮克提图和塞内加毫不犹豫同意了我们在这点上的期望调整。

可是我忍不住想，不管我们现在能多大程度上免于衰老的痛苦，人类始终都惧怕濒死时刻。现在人类的寿命比过去延长了，但最终还是死；这一点没有变过。

如果你愿意，现在让我们想一下莎士比亚写于一百年前的以牙还牙（Measure for Measure）中完美的小演讲。里面有一位叫作克劳迪奥（Claudio）的年轻人，他在维也纳的死因房遭受折磨，哀叹道："是的，可是死了，人不知去向。"英国文学对死后世界的描述有恐怖也有空白，在进入最生动的描述之前，你是什么也不知道的。他总结道：

相对于我们对死亡的恐惧，
年龄、疼痛、贫穷以及监禁
带来的最令人疲惫、令人厌恶的
尘世生活就是天堂。

他马上请求他的妹妹，一个修女，去和判他死刑的人做爱，以换取他的缓刑。好吧，克劳迪奥毫无勇气或美德可言，但是你不得不看到他对死亡的观点。

"我认为人类的天性就是活下去，不是吗？"圣克里斯托弗临终关怀院的维持疗法主任奈杰尔·哈特利（Nigel Hartley）这样说道。奈杰尔说，在他二十五年的从业生涯中，当坏事发生时（比如你要死了），他所给出的最好的建议，有时也是唯一能做的事，就是"下一件事"。他接着说，"不管下一件事是什么，除了下一件事，实际上你做不了别的，你不可能穿越到几个月之后。你只需要迈出下一步，也许这就是人们在濒死时的生活方式了。做下一件事。就是这么普通。这就是生活。因为下一件事可能就一步。下一件事就是呼吸下一口空气，直到突然没有下一次呼吸。"

如果你问我怎样看待他的高论，我会说这是对人类勇气冲动一个极好的、微观的定义。

奈杰尔和我坐在病房楼下他的办公室里。他办公桌上面的墙面挂满了图片、传单、照片、私人物品，都与临终关怀无关。谈话结束时，奈杰尔指着墙中间钉着的一张猩猩图片。

接下来他跟我讲了一位女士的故事。这位女士几年前第一次来临终关怀院时，才四十五岁，患有慢性阻塞性肺病，这种病会导致肺部气道收缩。她坐在轮椅里，一直吸着氧气。一大早她就来了，但"人们无法让她进入关怀院，"奈杰尔这样告诉我。他解释道，对于很多人来说，踏入临终关怀院就意味着"承认了某些事情"。这位女士最终停在了停车场，我们的员工最后劝她进了花园，她在那里一直待到下午两点。一位护士给奈杰尔打了电话，"听着，我们和这位女士坐了一整天，还有半个小时她的出租车就要到了，你能过来和她坐一会儿吗？"奈杰尔出去了，他看到那位女士"疲惫不堪，吸着氧气瓶，艰难地呼吸。"奈杰尔说，她非常沮丧，"呜咽"着，对奈杰尔说，"你一定看过人死，死亡是什么感觉？当我呼吸最后一口气时是什么样的？我今天会死吗？"她一整天都在问这些问题。奈杰尔最初不知所措，但过了一会儿，他微微前倾，抚摸她的胳膊，说道：

"可以停下听我说说吗？"

空气突然安静了。

接下来，我听见自己这样跟她说，"什么能让你笑？"说完我就想，天啊！我跟她说这些干吗？跟一位痛苦的女士说这些太可笑了。

但很快，她回复我了。

"红毛猩猩。"她说。

奈杰尔停顿了一下。"好的，猴子，黑猩猩，"他顺着说下去，"在我看来它们都一样，红毛猩猩有什么不同吗？"

"它们很有趣。"她说。

女人继续解释，她有一个八岁的儿子，她俩独自住在一起。她说，她和儿子在一个猴子公园收养了一只猩猩，每个月寄去一些钱，同样每个月会收到关于这个猩猩的照片和趣事。"它们真的很有趣。"

她继续说了一会儿后突然停了下来。

"当然了，猩猩会抛弃自己的孩子，"她说，"怎么能抛弃自己的孩子呢？"她又回到绝望之中。

她的司机不久后到了，奈杰尔和她道了别。

"我以为我不会再见到她了。"他说，但几天后，一位护士说，"有人要见你。"

"然后我去了门诊中心，那位女士就在那里，朝我挥手。"

奈杰尔走过去，她说："我有东西忘记给你了。"

她从包里拿出一个信封递给他。

"我可以打开吗？"

她说："可以，打开吧。"

里面是一张猩猩的照片。

"昨晚，我和儿子在网上花了好几个小时，想找到一张好的猩猩照片。"

"谢谢，"奈杰尔说，"真是太客气了。"

"我们在网上搜的时候"，她说，"我意识到即使猩猩抛弃自己的孩子，它们的孩子也能活下来。"

奈杰尔告诉我，"当她说'好'，放过自己时，是不凡的时刻之一。实际上，没有什么比意识到可以对自己的孩子放手了更需要勇气。两天后她去世了。"

* * *

放手，还是不放手：这是个问题。我一直认为有人之前写过类似的话，但这仍是人类最古老、最根本的困境之一。接下来我将要采访的人以一个笑话开始他的对抗病魔之路。

一位男士去看医生，检查化验之后，医生说："抱歉，你得了不治之症。"

"那太糟了！"男人说道，"我还有多长时间？"

"十。"医生说。

"十？这是什么答案？十个月？十年？十什么？"

医生看着自己的手表。"九。"

这就是美国计算机学家哈尔·芬尼（Hal Finney）在 2009 年的一条学术社区博客上的开场白，这条博客里，他告诉人们他也刚刚被诊断得了绝症。

对于那些了解他的人来说，这真的非常哈尔，低调、滑稽、直切要害；但是诊断结果本身绝非笑话。事实上，没有什么比这更糟了。哈尔·芬尼得了退行性运动神经 ALS（元疾病肌萎缩性侧索硬化症），或叫肌萎缩性脊髓侧索硬化症。这种病是致命的，最初会对身体造成病痛，最终是毁灭性的。

哈尔·芬尼这个名字在一般情况下不为人所知，但是在硅谷的行家等人心中，这个名字备受尊敬。他为免费互联网的支柱之一写了大量的代码。技术革命改变了世界，他则是幕后的顶尖高手之一。

哈尔在 20 世纪 70 年代中期于加州理工学院学习计算机科学，大一期间，他遇到了大三的弗兰（Fran），弗兰瘦瘦小小、皮肤黝黑、漂亮，总是包容地微笑。1979 年毕业后他们就结婚了，生了两个孩子，之后搬到了圣芭芭拉分校。生活很美好。哈尔是一名程序员，随着职业生涯不断发展，他进入了密码学领域，为完美隐私（PGD）这一开创性的开源加密软件写了很多代码。完美隐私成为一个大公司时，哈尔有了不错的工作。看起来，哈尔那时处于事业的巅峰时期。

2007年，哈尔五十岁了，工作之余，他开始注重个人健康。他开始长跑，建立了一个技术极客的训练项目，做了很多关于他跑步速度、距离等数据的图解分析。"突然，事情开始不妙了。"2011年春天我遇到芬尼夫妇时，弗兰这样跟我说。

几乎一夜之间，哈尔的图解变得奇怪了，运动进步的速度突然下降。那是在2009年初，开始医生说这样的停止是衰老的一部分。但直到三月时，他讲话变得模糊不清，因此他们又去看了医生，开始了身体检查。那是六月，一位神经学家朋友提到了运动神经元疾病和三个字母"A""L""S"，哈尔之前从未听说过这三个字母组成的缩略词。朋友说，这是"最坏的情况"。八月做了更多的检查，确诊为ALS。病情还处于早期——哈尔仍旧工作、跑步——但是医生告诉哈尔，这是一种疾病，疾病是不会停下来的。

ALS，有时被称作卢伽雷氏症（Lou Gehrig's disease），1939年著名的纽约洋基队运动员得此病死亡，会导致神经损伤，并且致使进行性肌肉快速萎缩、瘫痪，最终呼吸衰竭。病患以惊人的速度失去走路、说话、移动、吃饭最终呼吸的能力。大多数病患在两到三年内死去。但同时，ALS不影响更高级的大脑功能，思考、推理和情感能力不受影响，也感觉不到什么疼痛，这样就使患者处于一种独特的哲学处境。正如另一位著名的ALS患者，历史学家托尼·朱特（Tony Judt）在2010年去世前七个月时告诉记者："我只是一堆能够思考的坏死的肌肉。"意识清醒而肢体死亡，这种情况被描述为"活埋"一点儿也不夸张。我回想起，一位在圣克里斯托弗临终关怀院长期工作的一位护士说，运动神经元疾病是"最坏的疾病"，并且她总是认为 ALS 病人是最勇敢的病人。

但凡事总有"例外"，患病是不幸的，但较幸运的病患病情发展"缓慢"。为了成为较幸运的一员，2009 年 9 月，确诊的一个月之后，哈尔和弗林一起跑了圣芭芭拉半程马拉松赛，希望能达成心中所愿。

然而，这场比赛中，和哈尔赛跑的就是他自己。

弗林给我看了一张照片，照片上他俩一起越过终点线。他们微笑着，大汗淋漓，脸颊红扑扑的，头如释重负般地向后仰着，手牵着手胜利地向上举起。"但是，这并不是胜利，"弗林说，"对哈尔来说，一次半程马拉松在过去不算什么，但是这次，真的付出太多了。当时我不知道，但是那是他人生中最后一次长跑了，"她停了一下，让自己走出思绪，然后指着照片上的人说，"因此我在那儿，说，'太棒了！我们成功了！'"然后哈尔接着说，'这太难了。我真不敢相信这么难。'"

哈尔插话说，因为当时我正和他们两位聊天。我对他们做了两次采访，分别在 2011 年的 3 月和 4 月，相差六个星期。在第一次采访中，哈尔仅仅能发出一些我听不懂的咕哝和呻吟，弗林站在他身后，半倚在他的肩膀上，半拥抱着他，替他"翻译"。这种交谈上的障碍使得哈尔对我的问题回答得都很简略，但他的眼睛是我从未见过的。虽然第一次采访是通过网络摄像头进行的，但即使这样，他的眼睛闪动着温暖、能量和生机。就好像命运精心设计建造了一堵墙，想要把他隔离在外边，而他正从墙上向里偷看——顽皮又完全地对抗规则。但是不幸的是他不太能够这样做。

"我再没从这场比赛中恢复过来。"他这样说，眼睛睁得更大，来强调这次转变有多糟糕。弗林解释说，比赛的当天晚上，哈尔的肌肉发僵，动不了了。一个星期之后，他才又能一瘸一拐地走路。好像一天内他无意中浪费了某种有限的身体资源。"我想念跑步，真是突然又意想不到的损失。"他情绪失控了一会儿，之后就自己振作起来了。

"但是只要知道我的适应能力很强，就很好理解我的反应了。一旦我不能跑了，我将其视为人生一个篇章的终结。就好像你一直住在一个舒服的地区，但是不得不搬走了。你后悔，但是你之后会继续想办法在新环境下享受生活。"所以跑步变成了走路，之后变成了拐杖，之后是轮椅，再之后电动轮椅。他现在不怎么出去了。

比赛之后的一个月，哈尔写了那条以医生笑话开头的博客，并对外宣布他患有 ALS。这条博客命名为"外部死亡"，同时他的身体也开始快速垮掉："即使我的身体正在死亡，"他写道，"但内心是活的。"这既是一种威胁也是一种承诺，因为在他的博客上，哈尔用最简洁的语言发誓，他会去做百分之九十的 ALS 患者不会做的事：选择生存。用医学术语表述，就是在呼吸衰竭来临之前，哈尔会选择事先安排气管造口术和机械呼吸来生存。用这样的方式，在 ALS 下长期存活下来变成了可能，斯蒂芬·霍金就这样活了四十多年。哈尔写道：

似乎，把 ALS 称作致命疾病过于简单化了。ALS 夺走了你的身体，但是夺不走你的思想，如果你意志坚定并且幸运，它也不一定会夺走你的生命。……我希望当那一刻来临时，我会选择生存……我甚至可能还可以写代码，我的梦想就是促成开源软件项目，即使我的身体不能动了。那将是非常值得的生活。

哈尔说，沟通的力量，是失去后最难适应的事情之一。"幸运的是，弗林大多数时间是可以理解我的。"他说，然后弗林为我翻译了这句话。然后弗林解释说，现在哈尔想要突然解释一件不很重要、不合逻辑的思想，没有上下文她是很难理解的，因此最近他尝试用不同的方式表达自己。

我问道，是不是有时像打仗一样。

"我把打仗的权利交给了弗林。"哈尔微笑着说。

"是的，我感觉是，"弗林说，"是一场战争。哈尔适应。我战斗然后哈尔适应。你两者都需要，但是我曾沮丧过，因为在这场战斗中我并不是非常成功。过去，只要我努力尝试、努力斗争、努力工作，我会得到我想要的，但是似乎这次更艰难些。"

我问关于勇气的事，她的勇气以及他的勇气。

"对于勇不勇敢，我没的选，"弗林说。"我必须那样做。"

哈尔补充说，"我并不真的认为自己勇敢，我只想活下去。"但是弗林提到了他有争议地活下去的决心，那意味着人工呼吸，是大多数 ALS 患者的底线。

"我认为选择活下去是需要勇气的，并且我很高兴哈尔持有这样的态度，因为，"弗林的声音开始颤动，"如果他选择离去，我现在没有面对的勇气。我很害怕，我希望他在我身边。"

当然，这一决定需要几个月甚至几年完成。也许那正是采访结束不到一个星期时哈尔和弗林所想。但突然，哈尔开始呼吸困难，他的病症一个个显现，4 月 18 日，他做了选择性气造口术。这种高强度的侵入式治疗手段，就是在喉咙前部开了一个洞，和呼吸机相连，是增加生存机会的手段之一。但是缺点也是多方面的、明显的：不能说话、不能进食、可怕的不适。

"短期内糟糕透了。"哈尔出院八天后我探病时,弗林满脸疲惫,勉强笑着说。

芬尼甚至允许我来到他们在圣巴巴拉的家,这证明了他们是多么体面、开放的人。那周,是我在加州为此书做采访的时候,当然毫无疑问,我必须按照计划过去看看他们。当我到那儿的时候,那儿就像地狱一样。房子在一个漂亮的郊区,是一座开放式单层别墅,现在堆满了医疗器材,家具都被堆到了墙边。哈尔醒着,穿着整齐,坐在轮椅里,但是显然他很不舒服。不时地,弗林得用一个小装置从哈尔喉咙的开口处吸一下黏液,哈尔自己不能操作,他的眼睛有时看起来有些绝望。一个自动机器几秒钟打一下点。一阵糟糕的令人窒息的咳嗽后,系在哈尔喉咙前的白色法兰绒布染上了点点血迹。现在哈尔完全不能说话了,布满皱纹的手不舒服地握着一个短小、尖尖的黑色小棍。他想说什么,就会敲入 iPad 屏幕里。

"这次手术之后,"哈尔一字一字写道,"我怀疑死亡是不是更简单一些。"然后,他按了一个按钮,这个句子被自动读了出来。弗林补充说,哈尔说话之后的第一件事是他一直在努力克制咳嗽的冲动,"他不能动,他整个的存在就是抑制咳嗽。"哈尔用棍子戳了一下屏幕,抬起头看我。"我的喉咙里有一根塑料管,总是刺激得我想要咳嗽。"iPad 读道。

夫妻两个明显还都没从打击中缓过来,"一年前我们不知道事情会变成这样,"弗林说,"一年前哈尔可以用拐杖走路。"

哈尔又在打字,我们等着他打完。

"我没想到我会这么彻底地丧失语言功能。我基本上已经哑了两个星期。"

"很可怕吧？"我问。

"比起害怕，更加沮丧，"哈尔打字说，"当犯错了或是某人伤害我，而我不能发出声音，我确实感到害怕。但是我无法让自己长期害怕，我认为一切会变好的。"

"哈尔非常确信，"弗林说，她的眼睛神采奕奕，"当我得知哈尔得了 ALS 时，我特别惊慌，但是哈尔的反应是，'别担心，别担心，我们还有时间'，我们确实又过了一段时间。"她笑道，"没有我预期的那么长，但是我们有了一年半的时间。显然我仍不能考虑长远，波莉，因为那让我害怕，所以我会让哈尔将他的勇气分给我一些。"

我坐在那里，意识到他们身上的两种勇气是共生的。这是一种基于婚姻的集体勇气的缩影，没有一方，另一方的勇气是不可能存在的——弗林斗争，哈尔适应，弗林关怀，哈尔忍耐。这似乎就是他们都本能地抓住了环境中的某些选择因素，那些选择是他们单独不会做出的。

哈尔又在打字。"生活就是关于接受现实，并随遇而安，"他的电脑声音说，"我们出生时都被判了死刑。专注于那些你可以做，可以控制的事情。"他看着我，电脑声音重复着他的话。

"我希望可以再有两或三年的时间，"他说，"再多就是恩赐了。"

我没有从他们身上看到一点点愤怒或者对不公的控诉，我这样说。

"有时，我们在外面开车时我会愤怒，"他打字，我们等待，他咧着嘴笑，"但不是对命运。"

我最后问了关于随着 ALS 而来的不凡的生存姿态，他的倒下没有因为任何损失或者心理清醒而减缓。

"我们不希望他的倒下减缓！"弗林快速说道。

哈尔一直在打字。

"直到最后我都是我。"语音说道。

"哦，哈尔没有扔掉任何东西，"弗林笑道，"他只是在调整。他努力适应形势，形势变化，他适应新的形势。他审视可选项，并做出自己的选择。当选项改变时，他做出新的选择。"

我问："那和你写代码有共同点吗？"

他继续打字。"有点儿，我喜欢写小但整洁的代码。"

弗林补充道："哈尔过去常常写简洁的代码。"

* * *

我拜访过后，哈尔的 ALS 病情"戏剧化地"发展，他在 2012 年中期给我的信中这样写道。"病情一直在持续恶化，但是速度很慢，足够我们适应。"弗林告诉我，哈尔再也不能控制面部表情，不能发出任何声音，也不能使用手了。他需要用胃管进食，晚上使用呼吸机。

"我没有像以前那样寻找心理挑战，"他写道，"活下去的念头拿走了我所有的精力。"

这次交谈以及其他哈尔可进行的交谈片段，弗林说，包括他的那些"笑话"是在一种人眼软件的帮助下进行的。"但是生活仍然美好，"她说，"尽管我不喜欢看长远，还是未来还有很多美好时光。"

"因为你们在一起？"我问到。

对于这个问题，他们的回答都是："是的。"

第四章

~~~~~~

对生活有所敬畏，而又无畏

如果人们认为自然是他们的朋友，那他们肯定不需要敌人。

《给下一代的一封警告信》，库尔特·冯内古特

你坐得舒服吗？那我就开始讲了。

从前有一个农夫，他有两个儿子，一个聪明能干，一个又笨又懒。聪明能干的是哥哥，尽管他经常帮着父亲干活，但即便如此，如果需要他晚上去做什么事情，或者有可能经过阴森的墓地或其他阴暗的地方，他就会说："啊，父亲，我可不想去那个地方，那里让我毛骨悚然！"

胆小的哥哥，有个又蠢又懒的弟弟，他对于哥哥的胆怯深感迷惑。无论是听自他哥哥之口，还是其他村民所讲，他始终不明白到底什么是"毛骨悚然的感觉"。因此，有一天，他把自己的困惑告诉了父亲。父亲正在斥责他不要整日无所事事，认为小儿子确实应该学点东西了。

"是的，父亲，我愿意去学习一些新事物。我想去学习什么是恐惧，这是我以前从不知道的。"小儿子说。

于是，人们的冷嘲热讽似乎仍在耳边回响，这个男孩却已离开家踏上寻找恐惧的路了。《离家寻找恐惧的男孩》属于格林童话故事中一个不为现代人所熟知的寓言故事。它并不像传统的说教性童话故事那样，带给人道德启示。其故事情节离奇可怕，充满了被绞死的人们，女巫以及各种断臂残肢从高处跌落等场景。但无论卷入什么样奇异吓人的暴力争斗之中，这个男孩都没有恐惧感觉。最后，他的勇敢赢得了一位公主的芳心，她在他熟睡时，把一桶小鱼倾倒在他身上。男孩惊醒后嚷道："噢，我会恐惧了！我知道恐惧了！现在我终于明白什么是恐惧了！"

《离家寻找恐惧的男孩》这则怪异的寓言故事，以不同形式在格利童话故事里出现了三次。尽管它不是一个纯粹寓教于乐的小故事，本身比较反叛，但仍然代表着人类部分生生不息的传统精神：它涉及对恐惧本身的理解（以及如何征服恐惧），这种精神无关生死，却与凌乱无序，成长中的荷尔蒙分泌等因素相关。测试年轻人勇气所经历的成人礼，同样促进了人类历史发展的进程。从巴布亚新几内亚部落里到酒红色的爱琴海中，从亚马孙流域里到洛杉矶中南部的街道上，世界各地，自古至今，男孩们一直通过离家寻找恐惧的方式来证明自己是否勇敢；不仅如此，肯定有一些大胆的女孩们也这样做过。

一个多世纪以来，心理科学研究都在为童年时期起伏变化的恐惧，创建一个标准化发展模式，试图以此来找出恐惧产生的普遍原因、恐惧程度以及克服恐惧的方法，并通过该模式，来筛选出那些成长过程中非同寻常又对人有害的恐惧。对于年少时期的恐惧，人们通过各种各样的研究途径，已经取得了数百种研究成果。有一些研究关注年龄或性别，有一些则侧重于社会经济因素或文化差异方面。研究报告显示，幼年时期一种恐惧让位于另一种时，会存在一些特定的阈值；男孩女孩在成长过程中的恐惧存在显著差异（普遍认为这是社会环境造成的），整个研究中，这些认知贯穿始终。最近，鹿特丹伊拉斯谟大学的一个心理学团队发表了一篇论文，这次他们并没有去观察童年时期勇气是如何发展的，而是进行了反向研究。该团队形容这篇论文"你可能属于格兰芬多（《哈利·波特》格兰芬多学院）"（下一句歌词是"那里有埋藏在心底的勇敢"，可别让哈利波特的分院帽歌声从身边飘过）。

　　为了测试性格类型和基本焦虑程度，以及检测定制自我报告量值，这项研究对 327 名 8 至 13 岁的荷兰学童进行了一系列问卷调查。其中包括一份名为儿童勇气衡量（CM-C）的定制表，要求孩子们填写自己的各项数值，并对一系列虚拟的勇气进行排列。最后，研究者请孩子们描述他们曾做过什么最勇敢的事情。超过 70% 的孩子认为，他们迄今为止短暂的人生经历中，确实做了一些勇敢的事情。有个孩子曾在晚上穿过幽暗的森林骑自行车回家，另一个从妈妈的钱包里偷了钱，还有一个则从游泳池里钓了一个小弟弟出来。最重要的是，如果不挑剔其细微差别，这些认为自己做过勇敢事情的孩子们，他们这个群体已经活在勇气的理想世界中。特别是那些男孩和天生较少焦虑的孩子们，他们渴望勇敢行动起来。

　　因此，随着时间流逝，孩子们往往会引导着自己婴儿时期那最初的恐惧，慢慢认识到，这个世界远大于自己的房间，远大于家里的房子，远大于房子所在的街区，远大于街区所属的城镇，等等。这种敢于越过自己鼻尖看向辽阔世界的胆略，也许有几分自负的意味，但这就是种成长，这就是在学习变得勇敢。由此可知，这一特殊的成长过程，因为有勇气相伴，在面对最狂野、最鲁莽、最粗暴和最原始的广袤世界时，可以使人生达到某种高潮与精彩。我们看到了"内部敌人"，这是"外部敌人"？是的，胆小鬼们，我真希望你们带了足够结实的鞋子，因为我所讲的，是大地惊厥，狂风呼啸，沧海桑田，刀山火海——以及把这些自然元素当作一个渺小之人来对待。

* * *

早在我幼年记事起，就经常做一个梦，或者说是反复出现的噩梦。故事和情节，每次做梦都不一样，但其中一个片段一直保持不变，困扰了我三十多年。梦境刚开始，是舒适自在的，我悠然地看了眼身后或窗外，瞥见远处山头，或者几团乌云挂在天边。然后我又转身看了看，这时候噩梦开始了。不是山丘也不是云团了，我看到一股巨浪，以前所未有的速度朝着我奔涌而来。有时候梦到这里我就会醒来，而有时候则不行，非要等到这股翻涌着泡沫的黑色巨浪咆哮着吞没我，而我挣扎得筋疲力尽，感觉快要窒息时，才会浑身汗湿，抱着羽绒被惊醒过来。我不知道为什么会对这些情节记得这么清楚，但这个噩梦让我最恐惧。这个噩梦令我在现场观看 2011 年春季举办的 Billabong 全球超大波浪奖颁奖礼（Billabong XXL Global Big Wave

Awards）^①时感到紧张不安。这天是冲浪史上值得纪念的大日子。我几个月前设法弄到了门票，想看看是什么样的男人和女人们，可以越过五十、六十，甚至七十英尺高的海浪，他们的勇敢行为也许能启迪胆小的人们。我甚至专程飞往洛杉矶去参加这个典礼。但我并没有准备好面对场内媒体面前大的电影屏幕，震耳的配乐使我的噩梦也一次次重现脑海。尽管我面带微笑地看着屏幕，希望自己看起来像正在欣赏冲浪手的精彩表现，但我紧紧握着手中的记事笔，这个屏幕甚至已经令我没法与同事们和谐融洽地交流了。

我有点神经紧张，像个从英国偷渡来美国的人似的。除此以外，我认为全球超大波浪奖是一场创意新颖的颁奖盛典。举办地距洛杉矶不到一小时路程，位于橘子郡阿纳海姆（Anaheim, Orange County）的一条大街上。现场有很多豪华轿车，铺着长长的红地毯，来了成群的摄影记者，激光灯闪烁着，安保人员戴着耳机，用金黄色的绳索隔开成不同的贵宾区域，他们像牲畜集市上用绳索牵着牛的贩子。那晚的纪念品，"2011年度最佳冲浪手"（有点类似奥斯卡最佳影片）摆放在迎宾口的奖座上，周围是穿着恨天高的身材丰满的美女。即使已经落山了，人群中好多人还在不顾形象地研究它，摸摸衬衫裤子、鞋子以及雷朋眼镜。

共计13万美元的奖金，在仪式上分别奖给了最勇冲浪者和最佳冲浪者。现场有两千多人一起观看冲浪者在世界上最大风暴潮中冲浪的影片，这样的画面形成了一道奇观。冲浪是项小众运动，自20世纪80年代后期以来，呈指数趋势发展。影片中可以看到，地球上

① Billabong是澳大利亚极限冲浪休闲品牌，全球500强第20位品牌。

那几片海域，在每年特定的几天里，会掀起滔天巨浪，而个别海浪的高度，简直令人难以置信。它们各有特色，冲浪界为它们取了相对应的名字——比如塔斯马尼亚（Tasmania）Shipstern 断崖（Shipstern Bluff），斐济冲云破雾浪（Cloudbreak），爱尔兰水域徘徊者浪（Prowlers）以及秘鲁碧奥托（高峰）浪（Pico Alto）。颁奖礼现场的观众们对每个浪都反应强烈。其中一个名为下巴（Jaws）的巨浪，位于夏威夷毛伊岛，拍打珊瑚礁会发出雷鸣般的响声，它最受现场观众青睐，人们交头接耳，吹着口哨，为它欢呼雀跃。当冲浪者消失在一波巨浪中，其实是故意把画面剪辑成这样，但坦白讲，看起来简直就像世界末日来临，观众席就会发出一阵长长的惊叹声。有一个特别的镜头是冲浪者陷入下巴这个巨浪的漩涡中，我只是感觉心里有些不舒服，但有一些观众已经难过得哭了出来。几分钟后，《花花公子》四月份玩伴女郎摇曳生姿地上台，请出了大名鼎鼎的冲浪者谢恩·道林（Shane Dorian），并为他颁发了怪物管状浪勋章（浪峰涌动时与海风作用力形成的拱形空心浪）；谢恩·道林亦是一名演员，如果作为好莱坞明星，他应该在获奖时感谢他的经纪人或母亲，然而他这次的获奖感言却感谢海浪（又是"下巴"浪）。下一位是法国人本杰明·桑奇斯（Benjamin Sanchis），他获得了年度巨浪奖。他告诉观众，"其实每个冲浪的人都会害怕，但没有人会把它表现出来。"说完，他笑容满面地向观众挥舞着手中一万五千美元支票的大牌子。然后主持人开始介绍另一位大浪奖得主格雷格·朗（Greg Long），在 2009 年仅 25 岁时他就在冲浪界享有盛誉。此刻他微笑着走上舞台，露出珍珠般光洁的牙齿。主持人打趣道："朗总是微笑着直面黑暗与恐惧，这就是我喜爱他的原因！"观众们也跟着欢呼雀跃起来。

接下来发生了一件不寻常的事。人们全体起立，挥舞着手臂，一起向六周前刚刚去世的冲浪手西翁·米洛斯基致敬，他英勇无畏，名气很大。他在令人闻风丧胆的加利福尼亚海域冲浪，波涛汹涌的巨浪已经耗尽了他的体力，然后两个大浪袭来，米洛斯基溺水而亡了。如果排山倒海的巨浪想要吞噬一个人，它就会像对待米洛斯基一样对待那人。然后我们坐了下来，一起观看西翁冲浪生涯汇编。影片里充满了他冲浪时滑到摄影机前的慢镜头画面，肌肉晒成了古铜色，迷人的微笑，时而开怀大笑。随后他冲进了波涛翻滚的巨浪里，再也没有出现。视频结尾以满屏打出"像西翁那样活着"的字幕，我身边所有的人，不管男女，都在擦着眼泪。接着米洛斯基美丽的妻子，神情凄婉地双臂搂着他们的两个金发小女儿来到舞台上，接受她丈夫荣获的 2011 年度最佳整体表现奖。不像她的丈夫，米洛斯基太太脸上没有笑容。

有那么一瞬间，我在想"活得像西翁一样"到底是不是给现场这些观众最好的忠告，西翁很勇敢，然而他却被自己热爱的海浪吞没了，但现场似乎没有人因这个讽刺而困扰。没时间思索太多，嘻哈音乐响起，一扫上一刻还悲伤的气氛，下一位获奖者登场了。来自巴西的达尼洛·科托（Danilo Couto），在摄影机前晃动着另一个大额奖金支票牌。然后他停顿了一下，向他以前一起冲浪的兄弟西翁致敬，并说西翁是一个真正的人，一个真正的男子汉。而后他再次举了举牌子，颁奖典礼继续进行着。

* * *

在美国著名剧作家尤金·奥尼尔（Eugene O'Neill's）的《悲悼》一书中，有一位船长喃喃地说"大海憎恶懦夫"。的确，海洋占了地球总面积的十分之七，这片无垠的荒野区域拥有无穷的力量，这个船长并不是唯一一个有此观念的人。英国作家约瑟夫·康拉德（Joseph Conrad）曾写道"不负责任的权力意识"，美国作家赫尔曼·梅尔维尔（Herman Melville）则描述为"一些隐藏的灵魂"；法国的导演和制片人雅克·库斯托（Jacques Cousteau）甚至吹嘘我"爱上了它"。

当然，我们知道海洋自己并不会真的能思考，意图或渴望做什么，但让人难以接受的是海洋永不停歇、瞬息万变这个阴冷潮湿的本质。几百年前，年轻小伙子会奔向海洋，与力量强大的海洋做斗争。这真是一件既危险又浪漫的举动，如果幸存下来，这人就成了真正的男子汉。正如《白鲸》的作者，美国作家赫尔曼·梅尔维尔在一封信里写道的那样："一个家伙从海里出来了，那时在这方面，咸咸的海水对他来说简直就像红酒。"

自然，在当今飞机票也许只需要 50 美分，货运轮船可以像一座城镇那么大，交通运输如此发达的时代里，年轻人徒手与海洋做斗争这样的成人礼，失去了诗情画意。所以反过来诞生了新型且大胆的海洋极限运动，比如未佩戴护膝装备的自由潜水、海洋划艇等。那天晚上我在阿纳海姆的颁奖礼上所见到的，那些冲浪者们如此英勇无畏，这是对古老的"海之恋"在当今时代最生动的诠释。

在颁奖典礼开始之前，为了避免到时候颁奖现场到处充斥着"令人兴奋的""让人窒息的""棒极了的"等肯定会用到的夸张词语，我花了一天时间驾车在太平洋高速公路上来来回回，拜访两位冲浪活动中重要的启蒙者。我想知道那些运动者们所具有的这些奇特勇气，是否可算作一种成人礼。

当下最佳冲浪地是人们称为"巨人杀手"的巨浪，早餐过后，我和格雷格·朗一起来到这边。他父母有所房子在圣克莱门特（San Clemente），他暂住这里。这里位于洛杉矶和圣地亚哥之间的交界地区，现在给有钱玩冲浪的人们住。他是当地救生员的儿子，自小在这里长大。我们背对着花园，坐在塑料椅子上晒太阳，一边探讨着一个来自南加州富裕家庭的小男孩，用格林兄弟童话故事中的词语来形容，是如何学会恐惧的。

"冲上大浪，这是最根本、最主要的。"格雷格说，脸上露出虔诚的微笑，"那些小浪和大浪根本没法比，每次冲浪时，其实都会感到恐惧，但这也是冲浪的部分动力，因此这种恐惧感必不可少。"

格雷格·朗第一次体验冲浪是在1999年他15岁去夏威夷旅行时，用他自己的话说，"深深地爱上了冲浪"。还记得西班牙大名鼎鼎的斗牛士拉斐尔洛吗？他面对进攻中的公牛时，技巧确实不错，但他并不是因为这个原因而家喻户晓的；他在缪拉斯（Miuras）斗牛场与最危险的公牛搏斗才使他赫赫有名起来。如果浅显地从格雷格·朗作为职业冲浪运动员早期的表现来看，他无疑是温和的。至少在这方面，格雷格倒有点像让声名远扬的斗牛士拉斐尔洛面对海浪时那样。但如果他想出类拔萃，有所作为，就必须百分百地热爱、全身心地投入冲浪运动，去征服那些犹如缪拉斯斗牛场中公牛一般排山倒海、变幻莫测、极其危险的巨浪。

对于年轻人来说，冷酷无情的海洋带来的亲和力，绝对不应该轻敌或当作儿戏。迈克·帕森斯（Mike Parsons）比格雷格年长了近二十岁，是大浪里表现最为精彩卓越的冲浪高手。迈克征服了迄今为止最著名的大浪，这并不是他征服过的最高的浪，虽然在我们见面时他仍是冲浪官方世界纪录保持者，但这个大浪却无疑是最广为人知的。这个冲浪视频在网络上可以看到，自 2003 年以来，就像病毒一样迅速蔓延开来，到现在已经有数百万人次点击观看。这归功于各式各样的冲浪者和浪潮，以及冲浪高手所遇到的所有大浪潮，然而事实上只有迈克一个人，可以在夏威夷的大白鲨①冲到六十四英尺的巨浪上。浪尖上方有一架直升机惊险地拖着迈克，并进行跟踪拍摄。可以看到迈克的第八十二次完美冲浪，从一面异常高大的浪墙上一跃而下。我反复欣赏着这个不可思议的视频，发觉自己变成了迈克的粉丝，却有些被吓呆了。

在圣克莱门特我们见面的果汁酒吧里，迈克喝着牛奶果昔，简洁地说道："是啊，这种冲浪大概也是冲人生之浪吧。"看过了迈克的冲浪视频后，我情不自禁地想象他一定是那种感觉志得意满的人，但见面之后，我却发现迈克本人原来如此平和谦逊，彬彬有礼，并且相当敬业。他告诉我，在 20 世纪 80 年代他年仅二十几岁的时候，他是如何在南加州广阔的海岸边，开拓当时尚不为人知的冲浪海域的。

"在滔天巨浪袭来的时刻，"他讲道，"我会感觉失重，仿佛在做自由落体运动。心想这个浪马上要拍过来了，然而成功越过了它之后，整个人开始变得疯狂兴奋起来，这种冲浪的成就感简直太不可思议了。心想，天哪，我非常想再来一次，再次追逐那种刺激感。

---

① 世界级冲浪圣地。

我几乎在用我的整个余生来追寻它，享受冲浪的惊险刺激。"

在我与格雷格·朗和迈克·帕森斯两人的交谈中，他们就像这样，妙语连珠的言谈贯穿聊天始终。格雷格谈到肾上腺素的化学成分是冲浪运动的"致瘾因素"。"这种因素是种毒药。"他说。迈克笑了笑，补充说道："百分百让人上瘾。"随后在谈到如果不去危险海域冲浪会如何时，他们描述为，就像要让人"突然戒断毒瘾"一样不可能做到。很显然，对于胆怯的人来说，冲浪这种惊险刺激不可自拔的运动，也许会令他们增加勇气，甚至迷上这项勇敢者的运动。

然而，对于像格雷格和迈克这样的大浪冲浪手来说，冲浪绝不仅仅意味着追逐刺激这么简单。每年冬季，仅有六天时间才有可能出现史诗般的海浪，这就意味着提前预测海浪至关重要。在没有实际练习的情况下，每次冲浪时，心理准备就成了成功的关键，甚至决定着能否幸存下来。就拿年岁尚轻的格雷格·朗来说，即使提前精密地计算，也还存在一定程度的风险。绝不像武士守则里说的深吸一口气这么容易，而是要深刻省察内心，预想到每一种可能出现的好的以及糟糕的结果，来为下海冲浪这场战役做好充足的思想准备。

"那如果出差错了怎么办？"我语调轻快地问。

"一切都有可能发生。"格雷格·朗笑着回答道。

迈克·帕森斯则一脸严肃地告诉我，他曾遭遇过一次有生以来最糟糕的冲浪，严重到几乎要了他的命。

"我仰面跌倒了，浪尖把我压了下去，我真的认为自己要淹死了，"他说，"海浪把我挤压在下面，翻滚着，拖过来拽过去，随意撕扯着。就像把身体扔进了搅拌机里一样。随后暂停了五秒，紧接着又开始了。这二十秒在海浪上面，下五秒又被压下去了，然后又有二十秒把我抽到浪尖上，接下来的五秒压下去，就这样上上下下，上上下下，反复如此。我的肺部损伤严重，非常痛苦。我迫切需要呼吸到空气，当终于可以呼吸一口空气时，简直飘飘欲仙，身上也没那么痛了。但很快就再次被海浪裹挟着浮浮沉沉起来——这时候真的非常需要空气呼吸——我想当时可能已经非常接近'断点'（blacking out）了。"

"保持呼吸是人类最原始的本能。"格雷格说道，他能够屏息长达四分钟之久。"没有水我们可以活几天，没有食物我们可以活几星期，但是如果不呼吸，我们是坚持不了几分钟的。学会让头脑树立某个特殊时间段，我可以在屏住呼吸也没关系的意念，这对人们在大浪里冲浪来说是非常重要的一部分。"

坦白讲，我没想到会从一个年仅 27 岁的冲浪老将那里，听到对勇气有着禅宗意味的深刻理解。

"但是也会有一些曲线存在，"年纪大些的迈克说，"当你冲上了浪峰，深信自己可以征服它们并安然无恙，你就会努力去这么做，然后意外发生，你才意识到现实是多么残酷。"

"我曾把一个溺亡的朋友从海里拉出来，从那时起，我的想法有些改变了，我意识到不可能每次在大浪里冲浪都会活着上岸。"

"在我看来，"格雷格说，"如果冲浪这项运动进行的时间足够久，而还要继续勉强自己拼尽全力去冲浪的话，就会发现，迟早有一天会被这些诡异的海浪带走。"

我发现，如果迈克·帕森斯和格雷格·朗在他们青少年时期就开始玩冲浪，即使分开二十年，犹如格林童话里《离家寻找恐惧的男孩》中那个追寻肾上腺素的男孩那样，他们会最终找到恐惧，不得不以最严格的方式长大成人。把迈克倒回到 1994 年 12 月 23 日这一天，他和他的朋友马克·福（Mark Foo）一起，在恶名昭彰的加利福尼亚海域冲浪。他们一起钻进了一个大浪了，随后迈克冲了出来，但是马克却被海浪吞噬了。迈克把他死去的朋友拖上岸送回了家。

"我那时候三十岁，"迈克说道，"对我来说，我吓坏了，把我的朋友从大浪里带上来，大概是我做过最勇敢的事了。此后我用了大约一年的时间才恢复勇气到以前那样。回归冲浪后，刚开始那几次面对大浪，我会做噩梦，那段时间我过得很艰难。"

对格雷格来说，恐惧来得要晚得多。那是 2010 年年末，距离我们相遇，以及他荣获两枚世界级大浪冲浪奖章不足一年时间，这是冲浪爱好者所遇到过的海浪最大、最佳的一个冬季。格雷格是在半路上告诉我这些的，他描述着受厄尔尼诺风暴潮的影响，那时的海浪是多么的令人惊叹，突然地，他面色沉重起来。

"那完全是……"他清了清嗓子，"我的意思是，基本上我的信心……"他再次停住了，鼓鼓勇气继续，"老实说，不好的是，自从我朋友去世那天开始，我对冲浪所有的自信全部消失了。"

这个名叫诺埃尔·罗宾逊（Noel Robinson）的冲浪手，2010 年 5 月和格雷格一起在墨西哥南部的埃斯孔迪多港①冲浪，和迈克一样，格雷格发现了他朋友罗宾逊的尸体。

"那是——"格雷格停顿了一下——"那可能是我人生中最悲伤的一天。我完全惊慌失措了，在去年一年里，甚至一直到现在，我仍有某种程度上的心理障碍。我想继续在大浪里冲浪，但才到惊

---

① 又名隐士之港，因每年 5 月至 7 月的管状浪而闻名。

涛骇浪的边缘，我精神上充满信心，刚开始对自己说"嘿，你知道的，我的身心都已做好准备，我完全可以做到的"，然后我就自我迷失了。即使如此，我现在已经树立了小心谨慎，这种朋友出事前我完全缺失的安全意识。

也许如果这些冲浪手们在这时候选择退出，不再进行大浪冲浪，那么，像马克·福和诺埃尔·罗宾逊这些人的死亡就没有意义了。"自马克去世后，我必须继续在大浪里驰骋，但我花了很长时间才重新回归，"迈克插话进来，"我征服着所遇到的一个个滔天巨浪，但从那以后，我会提前准备，计划周全再开始。这也是一种成长，并且我意识到生命中除了乘风破浪，还有许多值得我为之奋斗的东西。"

一年后，我在伦敦一个温暖又干燥的桌子上看大浪赛日程表时，再次见到了格雷格·朗的名字出现在上面，他要向每一个狂风恶浪发起冲击。他继续参加一场场冲浪比赛，征服着一个又一个滔天巨浪。2012年秋季，他赢得了在墨西哥埃斯孔迪多港举办的重大的夏季大浪赛，他朋友恰恰就是在这片海域身亡的。我回想起他说过的这些话，"在波涛汹涌的大浪里随波逐流，我感到很快乐。在海洋里，一切都是那么美丽，那么壮观。人们时常会困扰于日常琐碎之事，但我认为，来到这片海域的冲浪手们，都是非常了不起，非常伟大的。"

我和迈克·帕森斯再次相遇的时候，是个春日，他已经四十六岁，是冲浪界的老牌战士了。他已经完成了成为男子汉的成人礼，也可以看出非常睿智了。"我已经越过了自己的人生曲线，"他在我们午餐快要结束时，对我这么说道，"我觉得自己已经不需要再去证明什么了。但现在面对海洋，我仍然怀着谦卑之心。你知道吗？这是唯一一个我曾经征服过，但仍然需要遵循它的自然规律的地方，感觉就是一个微笑的冒险者。在海洋里，我们必须心存敬畏，我的意思是，冲浪时必须牢记这样的理念。我认为，如果世界上人人都冲浪，并从中学会谦卑，学会心怀敬畏，也许就不会有斗争，不会相互打来打去了。我真的深信这一点。"接着他喝完了他的牛奶果昔，给了我一个带着加州式的拥抱，随后我们在阳光下道别，各自走上不同的道路。

＊　＊　＊

蒙田曾写过："如果你不知道怎么死亡，不要麻烦自己。大自然会一下子完全足够地告诉你该如何做；她会非常完美地为你把这件事做好，所以不必为此烦心。"

选择用一种也许是最危险，最致命的方式接纳自然母亲，以此来驱赶走内心的孩子气和胆怯。

古代犹太戒条尊重生命是一条神圣的戒条，被刻在《塔木德》里，该书提出的这条戒条是一则早于甚至凌驾于安息日之上的律法[1]。我们没必要对此戒条毕恭毕敬，打算必须要彻底执行，去辽阔世界每个角落拯救每一个有危险的人。这是根本不可能完成的任务。还记得《犹太法典》告诫我们的话吗？拯救了一个人，就等于拯救了世界。

当迈克尔·伦克尔（Michael Runkel）从梦中惊醒后，他和旅伴露丝·米林顿（Ruth Millington）他在梦中，正处于海洋中间，陷入了一个滔天巨浪之中。在黑暗里他突然睁开了双眼，感觉房间似乎有点颤抖；啊不，确实在颤抖；现在开始摇晃了，剧烈震动了，突

---

[1] 犹太教古老的典籍。

然一下子又上下起伏着。

　　迈克尔用双手握着露丝的脚踝，用震耳欲聋的声音把睡袋里睡觉的露丝叫醒，然后把她拖出睡袋。当时的情形就像她自己描述的"好似有二十辆运行中的火车在地下轰鸣着，咆哮着，相互挤压着，传出不断碎裂的声音"。

　　迈克尔大叫起来："地震了！"

　　露丝是一位来自英国的律师，迈克尔则是一位来自德国的摄影师，他们经常一起结伴旅行。伊朗巴姆古城，联合国教科文组织世界文化遗产之城，有一座古丝绸之路时期建造的城堡，已有两千多年历史。这里纵横交错着迷宫般由泥砖砌成的小街巷。2003 年圣诞节过后第二天夜里，当时他们住在一家名叫阿克巴尔（Akbar）的宾馆里，这家宾馆就位于巴姆古城一条街道上。2003 年初，露丝 33 岁，她辞去了在伦敦市一家投资银行非常有发展前途的工作，"这工作让我筋疲力尽"她说。于是她开始去世界各地旅行，重新找回自我，也成长起来，并了解她所谓的"真实的世界"。露丝和迈克尔约定圣诞节到伊朗，进行背包探险。

　　当露丝赶到伊朗的阿克巴尔宾馆时，天已经黑了，旅途劳累，她和迈克尔匆匆吃过晚餐后，露丝就回到他们共住的房间，早早躺下休息了。巴姆古城繁杂错综的街巷美景就等到明天早上再去欣赏吧。那天夜里大约十一点左右，露丝正在打瞌睡，感觉大地出现了一阵轻微的晃动。迈克尔则告诉她，整个下午都不时有轻微的颤动，他还从门口探出头去，告诉站在宾馆院子里的人们不要担心。

　　"那好吧。"露丝说道。毕竟她也有着丰富的旅行经验，这种情况也遇到过的。于是她很快就睡着了。

　　凌晨五点二十六分时，地震开始了。几秒钟后，迈克尔把露丝从熟睡中猛然拉醒了。

　　露丝对我说："你想象一下，好比是正睡得香甜，突然从一个正在旋转着、漆黑一片的洗衣机里被弄醒，伸手不见五指，什么也看不见。我站了起来，试图脱掉身上的睡袋。我能强烈地感觉到脚下的地面在上下跳跃着，迈克尔用尽力气大声对我说，'我们必须离开这里！'可是由于地面在轰隆作响，金属质的房顶一直往下掉落，以及玻璃咔嚓破碎的声音，我都感觉身处的这栋建筑完全要土崩瓦解了，因此我根本听清楚他在说什么。接着被摔在相隔十五英尺的另一张床上，突然，整个房间压了下来。我能感觉到砖块砸在我头上然后碎裂开来，我躺在那里，心想'要是我现在不动，就死定了'。这个意念非常清晰，就像是面临生存或者死亡的抉择，我选择要活下去。突然一切都变成了慢镜头，我特别清楚地记得，当我慢慢把手从黑暗当中伸到面外后，是迈克尔，用双手把我拖了出来。"

　　作为人类，在陆地上应该是安全的，完全舒适自在的，但今晚不一样。今晚这一切都显得虚幻又恐怖。他们一起用门来抵挡四处飞舞的碎瓦砾，来到外面后，露丝告诉我，她立马用双手去推墙上的碎砖石，发现瓦砾和碎片堆得比她还高，于是她爬上去了。

　　"突然间，一切都安静下来了。"露丝点了点她的手指，"完全是这样，彻底寂静了。"只剩下白色烟尘在我身边飞旋着，我仍清晰地记得，我转头问迈克尔，"这家酒店哪里去了？"迈克尔说，"酒店已经不存在了。"

　　紧接着悲恸的哭号声开始了。"有点像嗡嗡声，但实际上，再听，就会发现是一种非常低非常小声的哀泣声，这种声音在整座城市的各个角落响起。这是我听过的最骇人的声音，充斥在空气里，持续了一整天。"

在这短短两分钟的时间里，巴姆古城有四万三千居民，其中两万五千人，一半的人口都在这次地震中遇难了，绝大多数的幸存者失去亲人，无家可归，他们几乎都在地震中受伤了，很多人还伤势严重。这次地震震级为里氏6.3级，虽然震级不算高，但由于巴姆古城许多建筑都是好多世纪之前，用泥砖建造的，这次地震几乎把整个古城都夷为平地，许多人都是在睡觉时被倒塌的建筑掩埋或者窒息而亡的。

还记得《荒原》里那一条含义模糊的诗句，"我要指给你恐惧是在一撮尘土里"吗？巴姆古城地震这天，恐惧真的就在一撮尘土里。好吧，但是那里许多或者可以说绝大部分人都被这突如其来的残酷境况困住了。露丝·米林顿，有点专横，好奇心强，是位有着一头卷发的律师，她离家寻找……如果不是寻找恐惧，我们可以说，她必定是想寻找人生。现在，对她来讲恐惧没有了，反而激励着她。因为地震发生后的九个小时里，她和迈克尔·伦克尔一起，徒手从废墟里挖出了九个人，拯救了七个人的生命。

救人行动始于露丝注意到几米远的地方，一个比利时男人弯着腰，大声喊着"娜塔莉！娜塔莉！"然后露丝这样描述她看到的场景"是我今生所见过的最惊悚的画面之一"：只有头顶、头发和血，身体余下的部分全被埋在瓦砾下面。露丝说"我能听到娜塔莉艰难的呼吸声"，露丝倒吸了一口气。"有那么一两秒钟我吓呆了，然后我心想，要把她拉出来。于是我径直走到她那里，屈膝跪下来，然后我们就像小狗一样爬过去找娜塔莉的脸。"

露丝在银行工作时，几年前曾参加过一次急救培训课，但她也没有受过多少正规的急救训练。而现在她蜷缩着，赤着脚，只穿着睡衣，开始意识到，还有那么多的人，也许只有天晓得具体有多少，还被埋在废墟里。因此露丝请这个年轻人继续挖下去，把他刚刚获救，但仍困在废墟里的女朋友完全救上来，并向他承诺她还会回来查看他们。

这时候还不到六点钟，要到八点钟天才会亮，当地人在暗夜里的瓦砾堆上疾声呼喊着，随后传来低沉的回应声，但是因为看不到，只从回应的声音中根本没办法确定人具体在哪里，是不是正站在他们头顶上方。"我从未如此恳切地祈求光亮"，这是露丝说的。

最终，大地发泄完了它的愤怒，开始变得正常起来。地轴重新转动，天，终于亮了。

即使在主路上，也还没有看到有组织援助，露丝和迈克尔这两个好友把碎石堆拨开，从废墟里幸存者的两边分别向中间开挖。此时，目光所及之处，尽是黄褐色的土堆，太阳开始照在这些土丘上。一道阿克巴尔宾馆墙体，高高的，装饰成波斯风格，恰巧就屹立在迈克尔和露丝站立的废墟前面，周围散落着煤气瓶、电线、空调机组以及窗棂架子。露丝说，她终于知道了他们曾经是"何其幸运"（bloody lucky），她回忆到，其中有一个窗棂看起来特别像十字架，竖立在这片满目疮痍的地方。随着太阳升起，路上开始挤满了汽车和摩托车，这些人从邻近村镇奔过来寻找自己的亲友。交通拥堵严重，轰鸣着的发动机声，交织着人们的哀泣悲鸣声，在巴姆这座深遭不幸的古城回响着。

有光，意味着露丝和迈克尔可以真正开始工作了，可以把人们从废墟下面挖出来。露丝接下来所描述的，尽是奇异恐怖的场景：从碎石堆里伸出了两个还在咳嗽着的脑袋，被一个金属床架拴在了一起，就像雅努斯（古罗马的两面神，译者注）的两张脸指向相反的方向；一个年轻女人戴着黑色头巾，一边来回摇晃着怀里的婴儿，一边悲泣着；一个德国人，头倒立在残壁断垣中，尖叫着，只有双脚露在外面；用露丝自己的话说，她"管理着"一支团队协助她挖人，这支队伍都是招募过来的本地人，我想象着就像一个初级律师带领一支团队去进行一次大型收购项目那样；余震致使埋在墙下的床架抖动着，露丝的直觉告诉她"这下面有人，但头部到哪里去了？"；接着映入眼帘的是土堆砂石里乱成一团的头发；有两个男人，紧紧抱成一团，慢慢把他们的脖子分开，腰部也分开，等他们双手也自由之后，他们开始不可抑制地惊声尖叫起来；把能用的床单找来将伤者运送到路边；到处都是啊，到处都是毯子裹起来的尸体，孩子们的，成年人的，露丝说，"成百成百的尸体"。

随着时间一点点过去，露丝一次又一次从废墟下挖掘出幸存者的一张脸或者一个头，擦去他们口鼻中的砂石，并告诉他们"我绝对不会丢下你不管的"然后继续挖下一个，一直到她确认没有人全身被掩埋在废墟中了。

露丝说："这就好像是在做交易，我非常冷静。很巧合的是，我和迈克尔总是在微妙地竞争着，我们在心里悄悄比赛看谁挖掘出的人更多，而这也确实促进我们成功地救了更多的人。听起来也许有点奇怪，但的确提高了挖掘效率。"

一直到下午三点钟左右，迈克尔和露丝停止了挖掘工作，确定对阿克巴尔酒店所有人，不管幸存的还是已经遇难的，都进行了登记之后，他们要带着伤者去约两百公里外，克尔曼市①的医院治疗。十天后，露丝，以及她和迈克尔救下的那些人，从克尔曼转到德黑兰，全部平安回家了。

我问露丝如何衡量外界评价她挖掘救人是多么英勇，在面对大自然自由意志力时人们所能迸发出的勇敢，我以前对此怀有的所有单纯的认知，都被她的回答给进一步颠覆了。

她答道："我从来没有认为这是一种选择，这只是我自动自发去做的事情。我明白这种举动是勇敢的，然而——"她停顿了一下——"我们总是觉得某个人很勇敢，但我却在想着有些事情是我必须要去做的，我甚至没有注意到我做事情的方式是否恰当适度。我在想，如果再次遇到那样的情形，我希望仍旧会那么做。如果这叫作勇敢，那就是勇敢吧，但我从来没有刻意去量化它。"

那会不会困扰纠结于没有救出更多的人呢？我向露丝提出了自己的疑问。

"如果你指的是不能救下巴姆全城的受灾者，那我对此不感到愧疚。"她这么肯定地说，倒让我吃了一惊。"我必须看清现实，当时几乎没有什么可用物资，好吧，也不是完全没有，至少我们还有一把铁铲，我们用一把铁铲以及双手，尽了最大努力，并且我救的那些人也存活下来了。我对此感到非常自豪。"

* * *

在《圣经·旧约》里，一旦耶和华的子民狂妄自大起来，或者

---

① 伊朗省会城市，考古名城。——译者注

在《可兰经》中，当真主阿拉不高兴了，上帝就会给人间带来山崩地裂、野火蔓延，以此来纠正世人。当然了，人类也一直在苦苦寻找，试图弄清楚为什么上帝要如此愤怒，并找到地球上浩劫不断的原因。

在巴姆地震过后，2005 年，伊朗德黑兰健康科学研究所的一组研究人员发表了一份研究报告，他们跟踪调查了灾难后人们的心理创伤情况。严重的精神错乱和抑郁困扰着灾后幸存下来的人们，他们也变得非常胆怯。研究人员访问了将近一千名幸存者，发现这些人中 58% 有严重的心理疾病。两年后，克尔曼大学的心理学家们发表了第二份研究报告[①]，指出有三分之二的巴姆幸存者陷入了所谓的"复杂性悲伤（complicated grief）"，他们会在某种程度上放大恐惧和悲痛，这其实是很常见的。许多人利用鸦片寻找慰藉，有新闻媒体就报道过，地震过后这些年，毁坏的城市街道上，有相当多吸食鸦片的人。这种流行病般的形势，阻碍了巴姆城的灾后重建以及巴姆人的心理创伤愈合。但这又能责怪谁呢？

* * *

在我代表本书对勇敢的元素所进行的一系列调查中，每个故事都是主人公的必经之路（each one a rite of passage），但弗勒·伦巴蒂（Fleur Lombard）的故事，却是最引人注目的。她的勇敢元素里不需要荒野汪洋，不需要预测气象条件，也不需要地壳板块移动这样真实存在的敌人。这个故事也许会使胆小鬼公社那些胆小鬼们感兴趣，有关弗勒的悲伤故事，发生在一家超市里。但是现在还不能

---

① 加法里·内贾德（Ghaffari-Nejad）等，2007。

放松下来，因为害怕和勇敢就藏在最意想不到的地方。

　　1996 年 2 月 4 日，是个星期天。21 岁的英国姑娘弗勒·伦巴蒂已经在布里斯托尔[①]的斯碧威尔消防站工作两年了，她所在的队叫作"蓝色手表"队。刚过中午十二点半，这里忽然传来了火灾警报声。一般早晨过后，清洗消防车车库，检查消防设备，接下来用钢丝绳串成一个网，穿过院子，然后在冬日暖阳下打排球。他们每个周末都是这么度过的。弗勒是蓝色手表消防队唯一的女消防员，她喜欢和男消防员们一起工作，她伶牙俐齿，经常和同事们开玩笑，喜欢竞争。有些消防员的妻子可能会暗暗想，弗勒这个漂亮的金发姑娘，肯定是个第三者。

　　罗杰和简·伦巴蒂是弗勒的父母，住在德比[②]。我去拜访了这对受人尊敬的夫妇，心想他们女儿决定要做一名消防员，当时他们肯定很不高兴吧。而弗勒的父亲则告诉我，当时问她认为新工作好在哪里，她就说，"走在暗夜的街道上，耳边传来人们的恸哭声，蓝光从商店橱窗里一闪而过，这简直太令人兴奋了！"我相信绝大多数的消防员们都会有同感。弗勒和她的父母都比较看重平等待人，而没有认为弗勒作为一个女孩，就一定要娇养着，不能做消防员。

　　"我觉得我也有个顾虑，"她的父亲罗杰说，"这就是她把自己陷入一个结果失控的情势下，她最终比她应该做到的，坚持的时间更长，只是为了证明她可以做到。"

　　史泰博山（Staples Hill）有一家名叫里奥的超市，距离斯碧威尔

---

　　① 英国西部一港口城市。
　　② 英国英格兰中部城市。

五分钟车程，周日中午那个火灾警报就是从这里发出的。因为没办法预估灾情，所以一开始只派了一台消防车和四五个消防员从车上下来，十分钟后，第二个电话打进了消防局，警报声再次响起，警报灯再次亮了，消防人员再次急匆匆赶到里奥超市。

罗伯·希曼（Rob Seaman）是一位经验丰富的消防员，他也是弗勒在斯碧威尔实习时的指导老师，他们两个带着分配到的呼吸面具一起参加这次行动。前面已经有五个穿着消防服和消防靴，全副武装的消防员进入了火场里，等第二辆消防车冲进院子后，弗勒和罗伯也迅速穿好了他们的消防装备。

距离那次火灾十五年后，我在塞文河岸边一个小型的遗留下来的消防站见到了罗伯·希曼，我们来到楼上一间空教室里，坐着喝浓茶。

他告诉我："我们离开消防站赶往史泰博山火灾现场的路上，当消防车刚开了一分钟左右后，我们就看到了大股大股的黑色浓烟，心想，这下太糟糕了，这么大的火啊。而当时是周末，超市正在营业，里面可能还有人被困。"

这时，弗勒转身看着罗伯，诙谐地说："啊，天哪，原本多么美好的一天，我应该请个病假什么的。"接着他们都大笑起来。回忆到这一段，罗伯停住了，转头看了一会儿窗外。

超市的那些通道和冷柜都建在一个维多利亚时期的仓库中，原本从超市后面一个储藏室开始燃烧的大火，等他们赶到火灾现场时，已经窜上房顶了，一辆消防车正在用圆弧形的水泵抽水后往熊熊火焰中喷射。

第一拨消防队向消防站领导简单汇报后，一个警察走到罗伯面前，说："超市经理刚才和我说，他不能肯定是否所有超市员工都出来了。"事件的动态在那一刻发生了变化。现在罗伯和弗勒接到任务，需要进火场里，到超市最里面去放置一条细细的，六十米长的绳子当作逃生指示路线，绳子上有标签，可以系在腰部高的位置。在能见度很低或者为零的时候指示进出的路线。弗勒将背着袋子，从那里将标识线放出，袋子里还装着与火场外的消防团队保持联络的通信设备。而罗伯的工作时，跟在弗勒身后，把标识线解开铺好。理想情况下，还应该会有一个用软管喷水的小队跟在他们身边，帮他们扑灭一些火焰。但这次任务指示非常简短，软管喷水小队还在超市另一个方向工作。

于是弗勒和罗伯直接进入了这栋燃烧着的建筑里，开始摸索着走在左手边的通道里，经过了手推车停放区域，穿过了红酒白酒摆放区。开始他们还能相互对话，但随着越往里走，大火燃烧的声响越大，物品烧碎，裂开以及噼啪爆破着，后来他们的交流需要大声喊才能听到。来到起火点，那里大团的黑色浓烟让他们更加热，光线变得更暗了。

"我们来到了超市一个角落，这里有一个大型冰箱，应该是装着牛奶、黄油。冰箱里所有的东西都在融化，糊成一堆。我大声地对弗勒喊道：'这里实在太热了，我们没有一点水，我们必须考虑离开这里。'弗勒回答说'好吧。'"但我仍然在铺解着绳子，觉得我们必须完成任务，这样其他小队才能进来并找到它。

突然，我听到弗勒大声呼喊着："撤离！撤离！"

他们向门口跑去，这时候火焰咆哮着席卷过来，天花板的瓷砖往下掉落。

"黑色，黑色的浓烟。"罗伯讲道，两团明显的火苗从上面砸下来，令人法忍受的炽热包围了他们，电路开始闪燃。

罗伯在我的笔记本上画了一个火苗的图，正是这个房间里的这个火苗，将空气中的可燃气体全都点燃了，致使整个房间开始熊熊燃烧起来。空气中充斥着烧焦的气味，罗伯和弗勒弯下腰，抓着对方腰间的绳索，摸索着尽快撤向来时放置酒精的通道。

"这一天，我认为有一分钟，我是无法回想的。"罗伯说道，他低头看着自己的大手，这是一双曾经历过无数危急状况的手。"除非我不去刻意记住这一分钟发生的事。我不知道，不知道。我只记得最后我脸朝下扑倒在了通道的地板上。我的束腰上衣拱了上去，周身的一切都在燃烧着，"他给我看手腕上的伤疤，"我的耳朵也被烧伤了。当时我的第一个念头是'发生什么了？弗勒在哪里'，我慢慢爬到了弗勒身边，感觉头脑稍微清醒了一点，然后我就被几个消防员抓着拖出了火场。"

"你们把弗勒带出来了吗？"我问他们。

"没有，她还没有出来。"

罗伯随手抓起一个消防软管，并直接把它架在一个名叫帕特·佛利（Pat Foley）的消防员身上，再次冲进火场找弗勒。

"并没有花费太长时间，进去大概三四十秒左右，我看到她了。在我看到她的一瞬间，我就明白她已经死了。她一动不动。她的头盔不见了，她的呼吸面罩也掉了，她消防包里的东西散落得到处都是。"罗伯指了指他的肩膀，又指了指腰部——"已经完全烧没了。几乎可以看到她裸露的胸部。我以前曾见过在大火中丧生的人，不是消防员，他们的嘴巴看起来他们试图呼吸，但弗勒的嘴巴，那些超热的气体从她的嘴巴里进去，瞬间将她杀害。"

弗勒蜷缩着，额头抵着墙。罗伯从背后把她抱起来，她的呼吸器掉落了，绳子已经烧穿了。他和帕特·佛利把她抬出火场，盖住她的尸身后，罗伯崩溃了。

"就在那一刻，我的整个世界坍塌了。"罗伯说，然后他停顿了很长时间，"因为我知道弗勒已经死了。直到今天我仍然对此有深切的感受。我认为我应该为她的牺牲负责。一来因为她是一个女孩，二来我比她年长，她的人生如此短暂。我们都听过消防员殉职的事情，但这是一份工作，想着下班后就可以回家了，但没想到再也回不了家了。"

罗伯·希曼由于那天的英勇表现，被授予乔治勋章。作为首位也是唯一一位执行任务时殉职的英国女消防员，弗勒·伦巴蒂被追嘉皇后英勇勋章（Queen's Gallantry Medal）。而那个失火的超市里，后来发现当时并没有店员被困在里面。

在史泰博山超市火灾之后，调查发现杀死弗勒·伦巴蒂的这场大火竟然是超市新来的保安故意纵火造成的。审判时人们发现这个保安在以前的工作中也干过同样的事。他自己纵火，然后装作勇敢地扑灭了火灾，埃文郡消防局还曾为此赞扬过他。这次，这个年轻人试图再次伪造一场火灾，通过自己"英勇救火"而获得像弗勒·伦巴蒂和罗伯·希曼这种，消防员才能得到的勇气嘉奖。但火势太大，失去他的控制了。他因为纵火罪被判刑七年监禁。我想，这大概就是他的成人礼吧。

和其他任何一个失去了孩子的父母一样，虽然这么多年过去了，但对于罗杰和简·伦巴蒂来说，丧女之痛并没有消减多少。"你看得出来，我们的悲痛并没有埋藏得太深。"罗杰不止一次地对我说这句话。我们三人坐在一家古朴的餐厅里，喝着咖啡，吃着摆放整齐的三明治，他们夫妇没有情绪失控，或者眼泪夺眶而出，但我能很明显地感受到他们两人的哀痛之情。他们告诉我，警局的领导过来家里看望他们了；弗勒殉职的消息还没有在广播里播出，她妹妹已经通过电话知道了；大批媒体蜂拥而至；他们说着，他们明白弗勒有多么热爱自己的工作，他们是多么为她骄傲；说着在德比大教堂为弗勒举行葬礼时，有上千名群众赶来，弗勒的棺木被安放在大教堂一个旋转楼梯内。

与伦巴蒂夫妇交谈后，我终于意识到，他们并没有离开家出去寻找恐惧，也没有遇到愤怒的海洋，恐怖的地震，人间地狱等，没有经历过这些自然力的恐吓。他们也不再是未成年人，但他们现在比以前任何时候都更加需要勇气。回忆到他们当时获悉女儿去世的消息时所发生的事情，罗杰转过头看着简，"当时警察走了，我问你，你还好吗？然后你说，是的，你还好吗？接着我也回答，我还好。"

接着他对她露出了微笑，但只笑到一半就戛然而止，并补充道："我们都在撒谎。"

第五章

～✦～

当你成为焦点：不怯场的秘密

> 那个观众令我害怕。他的呼吸令我窒息，他好奇的窥
> 视令我酸软无力，所有那些陌生的脸庞令我有口难言。
>
> 弗里德里克·肖邦，25 岁，写给弗兰茨·李斯特

我拜访弗勒·伦巴蒂父母的那天晚上，他的父亲罗杰给我发了一封邮件，添加了些白天因他太生气而没能述说的事情。

"我想也许我做过的最难的事情，"他写道，"而且我衷心地希望它永远是我所做的最难的事情，是在宿醉后面对着屋外的一大群记者。"我记得自己想"好吧，很明显我们有个非常勇敢的女儿，如今我也该竭力做好这件事让女儿看看我也同样勇敢，我得用她想要的方式说她想要我说的话，可不能像个哭啼啼的傻瓜或是毫无情感的僵尸"，从车上走下来付诸行动。我现在也不知道我是如何做到的。我说这是"最难的事"，但我认为，经过再三考虑和冒着表现不庄重的危险，这也是我所做过最勇敢的事情，也许是因为想到了你。

事实上，我曾考虑过在面对真正的危险如子弹、公牛、肿瘤、暴动、火灾时人们的勇气和面对由环境导致的其实并未有任何危及生命和伤害肢体的恐惧时人们的勇气有何不同。我们都同意对胆小的人来说在面对一定程度的恐惧，或至少是意识到了这种恐惧时还能隐隐的放松其实是一种莫大的勇气。即便是亚里士多德，他将自己赞赏的勇气当作一种个性特征，就如同行为需要毅力一样，已知的恐惧就如同磁铁的北极，也正是其相对的勇气所生的地方。他所秉持的中庸之道使其将勇气的美德（andreia）置于恐惧（phobos）和信心（tharsos）中间，坚持正义之人既不轻率也不怯懦。然而真实情况如果是任何实际的甚至道德上所必需的勇敢也被剥除，唯余需要克服的恐惧情绪该如何？

回想一下，如果你能够回到1942年，回到西部73号街的那个冰冷的1月份；回忆那些颤抖的钢琴家，以及那些加入他们的演员歌手，他们一起组成了伯纳德·加布里尔（Bernard Gabriel）的胆小鬼公社。并无危险，胆小鬼们和与他们一样选择成为众人焦点的人所感受勇气，就如同一枚恐惧本身的华丽糖果。诸多演出者每天必须克服的严重的恐惧无疑是整个团队最"真实"的部分：勇敢地面对走出人群的危险，这本身就已经相当可怕了，因为你也许会表现得相当滑稽、可笑，有时你急需你的某项才能时它却消失无踪。

害怕当众出丑如此根深蒂固，然而，与它也许是一种疾病不同，它是内心深处的另一强敌。无论是歌剧演唱家还是办公室工作者，是芭蕾舞者还是建设者，很少有人能对此无动于衷。人们感到恐惧的历史也算源远流长了，19世纪的语言学家弗兰德雷克·艾尔沃西（Frederick Elworthy）推断在古代演员们之所以戴面具，是为了保护他们免受观众们邪恶眼神的荼毒。两千年过去了，这种恐惧依然存在，正如哲学家沙夫茨伯里伯爵三世在 1708 年评论，"当我们在思想上过于懦弱，恐惧于承受嘲笑时该如何去解决？"在该句出处的文章中，沙夫茨伯里的主要观点是人们将嘲讽当作政治上有异议时的武器，但尤为有趣的是他所认为的恐惧长廊（fearscape），对任何一个表演者而言，无论他是业余的还是专业的，艺术家还是运动员，从事的是高雅艺术还是低俗事务，住在这条恐惧长廊里是一个日常事实。当然得需要拿出勇气或者类似勇气的东西来面对诸多做事失败令自己出丑的窘境。

大获成功，然后，胆小鬼们。演出时间到了！

* * *

"无物可依托，在你和观众之间也无所障碍。另一件事就是我们实际上是直面观众，而大多数乐师则更多地关注于他们的乐器。而指挥呢，他看着的是他指挥的合唱团"。世界著名女高音歌手蕾妮·弗莱明（Renée Fleming）试图向我解释作为一名歌手特别怕的东西。

"歌唱无疑是更个性化的，"她说，"你知道，我们不可能替换一个新的乐器。因为乐器就是我们，我们的声音就在我们的身体里，因此每个声音都是独一无二的，正如同我们每个人一样。"

弗莱明不是我遇到的唯一一个通过免责声明例证他们所从事艺术独特弱点的表演者。确实，表演艺术里的每一位微小的支持者似乎本能地暗示着有令表演者觉得特别可怕的东西。长笛演奏者告诉我说因为她必须安静地坐在乐队演奏处，不可能通过在台上奔跑来缓解紧张。演员告诉我说他必须通过情绪外放来塑造他的角色。双簧管演奏者说他的问题存在于双簧片的变化莫测。喇叭演奏者说因为喇叭声音太高了，在合奏时根本无所遁形。芭蕾舞女演员则说如果舞者搞砸了编舞，那他们不光会看起来很傻，还会承受疼痛以及危及职业生涯伤害的危险。诸如此类的，他们所说的当然是对的，但似乎，有点类似爱情，总会有特别怯场的经历，无论你是大都会的领衔主演，还是地方乐团中闷闷不乐的一员，怯场都会令你有一种你是世界上唯一知道何为人间炼狱之人。也会有一种羞愧的感觉似乎与怯场相伴而来，令每个受害者都想去寻觅为什么是他们要屈服于紧张，而他们的同事很明显能非常平静地或唱或做或演或跳。

蕾妮·弗莱明几年前的自传中坦白地写了在 20 世纪 90 年代突如其来困扰她的怯场经历，那时她正处于事业的高峰。数月来，因婚姻破裂和沉重的工作压力紧张情绪不断攀升，在 1998 年米兰的斯卡拉剧院达到顶点，弗莱明那时是多尼采蒂（Donizetti）的《鲁克蕾西亚·波吉亚》的领衔主唱。在许多意大利歌剧院，部分观众更像西班牙斗牛场的狂热人群，其狂热度甚或超过了伦敦或纽约的文化狂热分子，没有一个地方的歌剧院比斯卡拉更接近于血腥运动场了。这里有一个相当可怕的小团体叫作"刁民"，他们坐在最上端的旁听席，给那些达不到他们兴奋标准的歌手嘘声或是喝倒彩。以对所有曲目的专业知识以及激烈的批评闻名于世，"刁民"曾经对许多名人群起而攻，甚至帕瓦罗蒂也因明显在国外居留过长时间而被嘘。蕾妮·弗莱明所受的冒犯并不明显，不过很显然她演鲁克蕾西亚的开场夜并没有呈现最佳的表演。在最后一刻男高音退出且被取代。指挥在弗莱明第一个咏叹调结束时咚的一声晕倒了。最终，在她最后的华彩乐章（有点偏离了斯卡拉的惯例）的末尾，上帝们爆发了，弗莱明被唏嘘声逼至金色格子纹的橡间。嘘声持续了她的整个闭幕，之后，她写道："我开始颤抖，而且颤抖了好几天。"

随后的一年她都极度的怯场。弗莱明即便在彩排中也从未错失过这么多，但她的回忆录里充满着卡夫卡式的形象来描述内心的混乱：当她发觉自己要"进入隧道""汗出如浆""恐惧之至"时，她称之为她的"灵魂的黑夜"。"我身体里的每个细胞都在叫喊：不，我做不了。"她写道，"你觉得你就要死了。"

很难理解。甚至，很有歌剧效果。

然而当我亲自和蕾妮·弗莱明交谈时，每次都感觉创伤已愈合或者有时也需要倾诉一些减弱了的强烈情感，因为她的表述从某种程度上更慎重，更成熟。

"那只是一段困难时光，"她说，"你知道，脑子只能装这么多，然后它会说：我不想再做这件事了，压力太大。"

我们谈了当事业腾飞时压力是如何增加，一旦你成为名人别人的厚望会有多沉重，对你弱点的批评会多么的公开；在你身边有"贵人"是多么的重要。

"在最糟的那段时间，"她告诉我，"我的声乐教师站在我的化妆间陪我去台前。谢天谢地，因为回想起来，如果我那时候想过放弃或者说：这超出了我的能力范围，我需要休息一段时间。如果我真那么做了，我不确定什么时候要如何才能回来。"

我问了当你是蕾妮·弗莱明一样的名人时，必定有与怯场相伴而生的耻辱感，你是如何隐藏这种恐惧感的呢？

"不，你需要做的就是好好唱，"她说，"这才是所有人都关注的。

但我当时也不谈论这些。直到我能再次控制我的情绪，我已不在意此事时我才谈论。"

蕾妮·弗莱明的前经纪人起了别号叫"沙胆大娘"，对一个只会唱歌的人来说，这可真是个伟大的称号，但毫无疑问弗莱明不得不教会自己某种程度的勇敢。因为就是在犹豫，在最初胆怯的那一刻，才可以最清楚地看清一个表演者的勇气是什么。除此之外，我自己相当荣幸蕾妮·弗莱明成为我们胆小鬼中的一员。

"那你现在还感到紧张吗？"我问。

"嗯，当然了。还是有压力很大的时候，他们结束时我就会很开心，"她说，然后补充说："我总是一旦上台就会放松。一般演出前一两周或是前三天我的压力很大。我总是用这套奇怪的心理应对机制，一定意义上说是对我自己的一种管理，若我提前承担足够压力，那么我就会出色演出。"

这个，当然，是艺术生活中主要的神话般的老生常谈了，但它也恰恰是"艺术家"的定义。这个单词的语源在17世纪意为用许多"有效的"小时来使自己精通音乐。"virtue"甚至还有一个久被废弃的用法，可追溯到13世纪的诺曼法语，它将"vertu"来表示"valour（勇猛）"，而单词 "vertueux"意为艺术家的勇气。很显然，无论多么久远的艺术家和勇士，都会有一些原始的共有的DNA。

采访尾声的时候，蕾妮·弗莱明指出了那些与我们同在的"真正的"和感知到的危险之间的不同。我们谈论到20世纪80年代在伦敦进行的有关歌剧演唱家的心理研究，该研究发现在高音领域的演唱家（女高音和男高音）间存在着非常严重的演出焦虑。是技巧还是性格问题，我深感疑惑。

"不，"蕾妮·弗莱明说，"我想是风险级别的问题。我们唱高音的承担着巨大的风险，男高音首先是因为其音域主要是高技巧的高 C 和高技巧高音调。而女高音也得承受同样的压力，只不过程度略微小些。但是，你知道，每种声域都有'难点'——'难点'是我迄今为止得出的弗莱明对于恐惧的委婉说法之一——我发现的其中一件事，"她总结说，"就是任何一个感知到他出于压力之下的人做事都会比未感知到的人困难。"

无论你正在炮火下穿越敌人领地还是在唱多尼采蒂，毫无例外地，恐惧都非常的主观化，而勇敢亦是如此。

＊　＊　＊

怯场患者的名单不断地增加，再增加。对我们观众而言，发现我们的文化骑士也是胆小鬼真是让人长舒口气。它将那些不可触摸的，闪光的浮华削弱殆尽。

所有这一切令人惊讶地证明说服这些人是非常困难的，因此就怯场（舞台恐惧）饶舌几句，如果你愿意，咱们来谈论下它的对立面——舞台勇气。虽说这是本书的精神本源，但立即拒绝这个主题采访的演员，歌手还有音乐家数量是惊人的多。我发现跳伞运动员不介意谈论勇气，斗牛士也是（天知道）。士兵也不介意，还有癌症病人，但部分表演者给我的印象却截然不同，他们不敢做出任何声明来说自己勇敢，好像这会背弃某些虚荣心。没有真正危险的恐惧似乎是某些耻辱之源，好似召唤任何勇气就能克服它，它就会消失。

一位英国著名的资深演员——你肯定知道他——尽力设法给我打电话解释。

"你知道的，"他说，"很多人会说演员就是那些童年没有得到足够关注的孩子，所以他们要穿戴别人的衣服在夜晚大喊。他们说的部分是对的。我想虽说我们也为社会做了一定的贡献，但我不想站在一名消防员或是灾难幸存者身边声称我们勇敢。"

他祝我好运，这事到此结束。

* * *

一个人为他自己，或者说为他的心灵之门决定何为大事当然是对的。如果愿意，请为《一个关于两个胆小鬼的故事》静静祈祷。

2008 年 10 月份在英国一个洒满微弱阳光的周二清晨，一位 28 岁名叫比利·克罗斯（Billy Cross）的人驱车前往中部地区塔姆沃思镇中心附近的一个公园边缘。5000 多公里以外，几周之后，另一位同样年龄的年轻人，同样苍白但有点过于瘦削，名字叫作塞斯·何贝（Seth Herbey），离开了他位于加利福尼亚州纳帕谷郊区的家，开车几个街区到他当地的杂货店。两人都在他们的手机上拍摄了接下来发生的事。

"我有一种感觉，在这期间我会非常紧张。"比利说，坐在车上，不安地向车窗外扫视。接着他步行了。你可看到的全是他的毫无表情的、苍白的脸以及穿着红白色夹克的肩膀，画面是由他手里拿的拍照手机从下面拍的；在他直发之上是无边的蓝天。

塞斯的拍摄也是始于车上的驾驶座。"好了，"他说，听起来有点强行爽朗，"好，我准备进杂货店了。我不准备买东西。我就是想走进去，看看我在那里感觉如何。你知道的，从我能进杂货店至今，已有数月了，因此——从这——开始。"他对着镜头微笑，其中的一个微笑更像是调配合适的肌肉到合适的位置而非微笑。

比利·克罗斯刚点了一根烟。他正穿过公园朝向塔姆沃思的主辖区，你能听到他脚下树叶嘎吱嘎吱的声音还有孩子们在远处的玩闹声。"我觉得有一点不舒服，"他说，"我真的觉得危险。"画面到此戛然而止。

塞斯将相机挂在脖子上以免吸引注意，因此随之在杂货店的影片镜头拍的画面有些混乱。充满着焦点的不合理的缺失以及猛烈的摇晃运动。你会听到管乐背景音乐以及冰箱的嘈杂声，和前景中塞斯衣服大声的咔嚓声，地板上运动鞋的吱吱声，以及他的呼吸声，噩梦般近在耳边。

"哇哦。"比利返回车上，用力拉出点燃另一根烟。"如今可出乎意料了，"他说，"这么快就觉得情形这么糟。我几乎瞬间就想转身走掉。主要是该死的有个特别可怕的想法。"镜头再次切断。

塞斯·何贝在一些硬糖块架子前停下了。"我感觉还好，"他嘶哑地低语，然后继续前行，经过橘子汁、鸡蛋、意大利面。店里的扩音系统听起来有些模糊不清。

若你期望这里会发生些什么事，比如有人拔枪啦，炸弹要爆炸啦，比利和塞斯会遇见一些戏剧性的重大事件啦，我劝你还是不要再等下去了。因为什么也不会发生。没事发生，除了您是两个真正的胆小鬼教自己勇敢的实时目击者。因为比利和塞斯，他们两个患有广场恐惧症，通常认为，相比较于过度焦虑或者极度恐慌会发生的环境以及难以"逃出"，难忍的窘迫不可避免的环境，这种恐惧在空旷空间会小一些。单词"广场恐惧症（agoraphobia）"来自于希腊语表示市场，集会，以及恐惧的单词。因此，现代大型消费者体验——

商场、多影厅影院、停车场、快餐娱乐场所——自然而然就成为 21
世纪广场恐惧症的支点。这种恐惧，其症状是头晕，呼吸急促及忧
虑，典型情况是发展成为一种复杂的回避行为，它可以导致患者（就
如比利和塞斯 2008 年那样）足不出户，失业以及不能就业。

你也许想知道这些和焦点和舞台恐惧有什么关系，但还是跟着
我的节奏走吧。

比利的影片继续播放，用普鲁士语对着他的拍照手机喃喃叙说。
犹豫不决最终让位于一个小的顿悟——"妈的"，他说——然后他
走了五分钟去向塔姆沃思镇主要的多层停车场。而塞斯，在他低语"我
觉得有点焦虑"之前已经通过了几排冰柜，但随之，他急促地跑出
了商店。

比利·克罗斯和塞斯·何贝都上传了这些"暴露疗法"的视频
以及十数个类似的视频到优酷上。这种网络现象，在那时相对新鲜，
现如今已呈指数级发展了——因为部分自白，部分励志，这是一种
可自我掌控的、公共的、即时的压力免疫。它的医疗效果也许很难
检测，但它与胆小鬼技巧相似之处却不止一点。事实就是这种行为
在某种程度上是"表演的"，这似乎是它之所以起作用的一个关键
部分。"我确实考虑过你们看这些视频的人，"比利一度说，"我
想象着你们跟我在一起。"似乎是"表现"勇敢最终可以自我满足；
旁观者的凝视，一旦你能够克服，那你就得到了救赎。

因此我们该如何权衡"真正的"或"感知到的"恐惧与"真正
的"或"感知到的"勇气的不同？正如克尔凯郭尔（Kierkegaard）在
1841 年他的大学毕业论文（该论文使得了他成为第一个伟大的存在
主义哲学家）中所发现的："我们需要的勇气不是使人屈服于那些

满怀绝望的机智怜悯的忠告，这些忠告会诱导人失去生机；但这不能推断出每一个声称自己自信十足的人比那些屈服于绝望的人有更多的勇气。"或者，正如叶芝六十年后在一篇未发表的演讲中所问的："为什么我们要尊崇那些亡于战场之人？一个人在走进自己心底的深渊时也会显示出无畏的勇气。"

* * *

我曾经查看纽约市的历史档案馆，没发现有提及伯纳德·加布里埃尔的"胆小鬼公社"的。我只发现了一本模糊的、绝版的回忆录，它的作者是一名小提琴家也是一名富有的艺术赞助者，她在回忆录中提到了伯纳德·加布里埃尔当年是如何"治愈"她这个紧张的年轻音乐家的。胆小鬼们最初聚会的建筑，位于 73 号街道的西 106 号的谢尔曼广场工作室，似乎也没有保存相关记忆。它后来成为一群来自世界各地的音乐家的家或者工作场所，包括雷昂那多·伯恩斯坦（Leonard Bernstein），金吉·罗杰斯（Ginger Rogers），莱莎·明奈利（Liza Minelli），芭芭拉·史翠珊（Barbra Streisand）和罗特·莲娜（Lotte Lenya）等，这份名单星光熠熠，但对于胆小鬼没有进一步的提及。伯纳德·加布里埃尔自己也开拓新的事业了，他继续了一项生机勃勃的事业就是在各种冒险项目旁独奏，比如周一晚上排练新节目的尝试俱乐部。1951 年，他甚至建立了一个新的怯场俱乐部"表演者预演"，但是它似乎从未达到珍珠港事件后那几个月里"胆小鬼公社"那样的共鸣度。最后，加布里埃尔进军广播界，主持了 20 世纪 70 年代一个广受欢迎的经典广播音乐节目。

胆小鬼公社在相关领域至少也是有点回响的，那就是有关怯场或者像临床医生所定义的"演出焦虑"的心理文学。

　　根据哈佛医学院的临床心理学家鲍威尔所言，大约 2% 的美国人遭遇演出焦虑，两种类别的精神错乱诊断分类，ICD-10-chapterV 和 DSM-IV 都没有将它列入社交恐惧症和社交焦虑障碍（比如比利·克罗斯和塞斯·何贝所经历的）。这种演出焦虑折磨的可不只是表演者，也包括那些在课堂或会议上不能大声发言，不能介绍他们的工作的人们，或是那些参加专业考试不能完成论文或是报告的人，他们对自己的表现感到窘迫从而引起恐惧使工作无法进行。对他们大约 1/3 的人来说，都有广泛性焦虑症或抑郁症的症状，另外的 2/3 除了表演焦虑外别的一切都好。说得更明白些，出现恶心不舒服的症状对那些曾有过在婚礼上发言或在工作中做讲座的人而言，肯定是常态。这简直该死的成了现代第一世界的普遍恐惧。

　　这就是为何我发现自己快速地浏览国际演讲会（"领导人诞生地"）的宣传资料的原因。在此，我发现许多相貌好的拥有一口贝齿的人的很棒的高光相片，他们都自信地微笑着面对着镜头。若你不知道这个组织拥有涵盖全世界 113 个国家的，超过 250000 成员的 12000 多个俱乐部——他们每个人都致力于克服公开演讲的恐惧——那么你将此作为一个牙医广告还是可以原谅的。他们的阵容如此鼓舞人心——如此放松，如此欢乐——你会迫不及待地加入他们的俱乐部，从而使自己变得更像他们一些。

　　但这些并没有使我准备好参观当地的演讲俱乐部——威尔士之声，这个俱乐部每隔一周的周四在厄斯克的一个威尔士小镇聚会。这里的每个人跟公共照片上的都大不一样。他们有的穿颜色柔和的开衫毛衣，几个笨拙的牙医，三两个穿着廉价的颜色鲜艳的运动服，有的还画着奇怪的眼影。在一个桌上，放着一大盆乳蛋糕乳脂还有一缸茶。

我被告知我会参与一个非常特别的晚会，因为它标志着"威尔士之声"一个总裁任期的结束，另一个总裁任期的开始。会有许多别的演讲俱乐部的显要人物以及地方和地区长官来参加。我敢肯定除了通常的演讲和即兴演说，一定会有诸多排场和仪式。"你来了一定来找我，"即将上任的总裁前一晚给我发邮件说，"我肯定会很紧张，给别人留下毫无领导者风范的胆小鬼形象。"

在金色7月的一个夜晚我来到了会议厅，那里白天是厄斯克镇议会所在地。那个满布书籍的小屋是会议即将举行的地方，布满了尘光点点的光柱。一面巨大的黄色演说者旗帜插在远处墙上的两个孔里，在它前面是木制的讲台然后是成排的塑料椅子。我们大约来了30人，各个年龄层的都有。我与之交谈的每个人都加入了"威尔士之声"因为他们都害怕公共演讲，有一些个人的或是专业的原因来克服胆怯。我环顾四周；没错，这是个胆小鬼公社，虽说每个人在志趣相投的人之间都显得很开心，但微笑是僵硬的，你几乎可以品出肾上腺素的味道。

他们给了我一份演出次序，按照这个次序整个晚上被分成了一分钟，两分钟，三分钟和五分钟的片段，会议按照这个严格执行。随着这些片段逐一完成，我渐渐理解这个协议是唯一能使激烈的恐惧得以控制的方法。"警卫官"发出了"要求遵守秩序"的指令，任何不拘礼节的行为都被禁止——这需要花费2分钟完成，确实花了2分钟。然后是"欢迎仪式"，这需要5分钟。然后是前总裁与现总裁的权利交接，后者随之发表 "就职演讲"，各自花了5分钟和 7 分钟，然后聚会继续进行。总裁们，包括即将离职的和即将就任的，发表了一些关于 "直面挑战" 的令人振奋的感言并将有蓝色套瓷 "T" 装饰的奖章挂在脖子上。蓝色的小奖杯被分发给各个领域的杰出人士，掌声雷动。27 分钟的时候，一位所谓的文法学者，名字叫安迪。他穿着灰色工作服，站了起来，向大家做了 3 分钟的关于 "当今世界" 的介绍。他说他曾非常振奋，从芝麻街到当今世界的前景，我们学到了所有以 "v" 开头的单词，但 "very" 不包括在内，他摇着指头说。几个演讲者笑得歇斯底里。

接着是地方长官，一位名叫夏洛特的妇女使我想起了有关狄利亚·史密斯的一些事情，她用自己 60 秒的时间介绍了当晚的三个主要发言人。当晚会有三个精心准备的演讲，每个占时 7 分钟，每个都是通往一名优秀演讲者之路上的里程碑。这段旅程以数周内的十个演讲为标志，根据一套严格以国际标准制定的指南，你可以根据字母和他们名牌上的数字（从 CC1 一直到 CC10）区别出每位发言者在旅途中的何处。在那之后，便天高任鸟飞。若你愿意，你可以变成一名 "高级沟通者"，或者一名 "杰出领导人" 以及别的什么，直到你成为一名优秀的演讲家，一名 DTM，这有点类似于拥有了一枚优异服务勋章。

"你必须，" 夏洛特告诉他们，"完成每个演讲的目标，控制住你可能感受到的紧张情绪。"

首先，是一个能言善辩的妇女滔滔不绝地谈她在拉美资助过的一个孩子。另一个则责难太空旅行浪费钱。第三位指出为什么不能凭第一印象对人产生偏见很重要。每个发言者上台前都会冷静地跟上一名发言者握手；每一个开始他们的演讲都伴以灿烂的笑容和正式的称呼，"主持人，主持人女士，亲爱的客人，朋友。"每次，我发现我都跟其余听众一样屏住呼吸，这样的时刻正如《角斗士》里罗素·克劳（Russell Crowe）在罗马大剧院的沙子里伸出手一样。然后一个接一个，他们开始做演讲。每个人在讲台上都充满研究者的权威，即便他们的眼睛看起来还有点胆怯。每个人都开始反复地在舞台上徘徊，因为他们曾被告知，使用许多那些手势——通过举起靠近身体的上臂然后从肘部放松来做那些手势。我想这应该看起来权威而放松的——渐渐地，真的开始如此了。我记起几个月前一位军队的陆战队官员向他训练的士兵大吼，"加油！向我展示你的战争脸！"我想起假装勇敢的部分实际上是如何看起来真正勇敢的。在"威尔士之声"更像是"向我展示你的西塞罗（古罗马雄辩家）脸"。

然后我们休息了一会儿，吃了点饼干喝了点果汁，在此期间每个人都被要求给那些在预先印好，每个演讲都有打孔部分的"国际演讲家"投票纸上的演讲者投票。在休息的最后，在介绍了对这三个演讲的评价（1分钟），以及演讲者自我评价（每个3分钟）之后，是另一轮的 "要求遵守秩序"（2分钟）。这些通常都是温和和鼓励性的——"眼神接触很好"，"当你说到蓝宝石般的大洋时，我非常喜爱"——对于提高表现会有一两点建议——诸如"不要将你的手扣在一起"等。

然后大家被邀请评估我们打孔投票纸上的评价。在还有更多的评价以及计时员，"AH计数者"（他清点每位演讲者发"呃"和"啊"的次数）和文法学者的报告之前，与会者就"即席问答"的即兴演讲所引起的短暂的恐怖将肾上腺素再次上抛。

"向安迪道歉，"一位有智慧的演讲者说，"因为是在他的评估中弹出的。我必须得拜访一下。这是你的另一个 'v'！"人人都大笑起来，很明显地如释重负，我们都挺过来了。

然后更多的掌声响起来，在约定的时候，大家都分散走进厄斯克微明的街道，比他们两个小时前要勇敢一点了。

* * *

在经过了那些不愿意接受采访的演员和歌手之后，对于劝说他们的治疗师同意谈话有多难我变得不再那么惊奇。因为在伦敦、纽约、洛杉矶以及别的创意产业云集的城市，有非常多专注从事治疗表演焦虑，舞台恐惧及相关的烟酒依赖的个人诊所和治疗室。很明显作为一名精神病医生，这里有钱可赚而且可以"自行裁量"，采用的保密层级更适合于间谍而非娱乐，似乎也是他们卖点的很大一部分。

最终，我说服了其中的一位治疗师跟我会面，条件是我不能打印出它的名字和性别。在报道这样一个会面时，避开某个时间的细节或是任何可能危及病人隐私的事情是很正常的，但很明显即便在伦敦地区他/她开这么一个诊所也是会因为太热门而不好管理。这个采访——我是在工作日开始以前早上很早就匆匆而来，匆匆而去——最终成为无伤大雅的关于儿童压力和完美主义，一种自恋的渴望关注以及对那种关注的恐惧，正如一位老演员曾经所说的那样。随后是一些关于失去勇气的耻辱感的报告——这大概可以解释我们所遇到的那些鬼鬼祟祟的行事方式——最后，我们谈了一些苏菲派的呼吸技巧。

这件事的确令人意外，然而这仅是我发现的许多件事中的一部分。治疗师告诉我说他/她治疗过各种表演者，但是绝大多数他/她的病人是管弦乐音乐家。此外，根据介绍，他们每个人都曾服用过 β - 阻滞剂来控制自己的焦虑。

"我不可能真的说过。"关于这一点他 / 她说，我们很快结束了谈话。

根据研究，罹患严重的表演焦虑的管弦乐音乐家概率有所不同，从 16% 到 21%，到一份有两千多个管弦乐音乐家参加的研究，该研究发现那些有严重表演焦虑经历的管弦乐音乐家竟然达到了惊人的 24%。一项有 56 个管弦乐队参与的研究发现 70% 曾经经历过或正在经历着严重程度足以破坏其表演质量的演出焦虑。而 16% 的人，这种焦虑一周会发生多次。

这的确是恐惧，我没曾想在这一领域会发现恐惧。若我多考虑一下，我也许会假设背景礼仪还有表演剧院的特点多少会加深恐惧，然而这些最近的数据，根据任何标准，都是蔓延性的比例。

这就讲得通为什么高水平的镇静药的使用这么多，部分原因是管弦乐音乐家需要支撑他们的勇气。忘记康复中心的摇滚乐星吧，看看乐池中的人们。

似乎是在 1966 年悄然兴起的，那时《柳叶刀》发表了一项研究关于 β - 阻滞剂治疗焦虑的发现。在这篇文章中第一次推荐使用药物，那些典型的心脏或者高血压的处方药，也可以用来治疗舞台恐惧。你吞下这个药片可以减轻身体上的恐惧症状——恶心，头晕，出汗，喘不动气、颤动——以它们摧毁性的作用加诸在那些演奏乐器所需的精细运动控制上，然而它不同于酒精或是镇静剂（它们以前是紧张的音乐家们所依赖的），它很明显会使你的智力保持清醒而你的演奏不受影响。这种特别的 β - 阻滞剂就是普萘洛尔（propranolol），在市场上销售的名字是心得安（Inderal）。20多年之后，国际交响乐团的一项调查披露27%的音乐家都曾用过心得安来缓解舞台恐惧。一项针对澳大利亚8个首映乐团357名音乐家的至今未公开的研究（在戴安娜·肯尼教授在其最近关于音乐表演焦虑的著作中引用过）则将这一数字提高到近30%，他们使用普萘洛尔管理演出焦虑。

"我希望我会拥有那种愉悦的感觉，不用药物在公众面前也能享受演奏的乐趣"，肯恩·米尔金（Ken Mirkin）——纽约乐团的一位文雅、浓眉的中提琴演奏者说，此时我们正坐在离林肯中心几个街区的他的公寓。

"我也不知道为什么演奏时我会有恐慌的感觉，"他说。"我曾经数年进行心理治疗以及行为修正，做了生物反馈、催眠、呼吸锻炼、瑜伽、形象化，所有可能的方法都用了，说白了，唯一对我真正有帮助的就是心得安。"

肯恩是我见过的通过服用普萘洛尔来稳定自己情绪的四名专业管弦乐演奏者之一，他们中的一位横笛吹奏者说："就像自慰一样正常——如果你说你不会做，那你肯定在撒谎。"另一个，是一位双簧管演奏者，他说："许多人鄙视服这种药，但他并不是提升表演力的药，它是一种使你能表演的药。它不会提升你的表演档次。它只是帮你发挥出应有的演奏水平。"第三个，是一位法国号的声部首席，说："如果演奏正确的曲调是欺骗，那我就做个骗子。"然后他大笑起来。

他们四个，都50多岁，从事其职业都有25年左右。四个当中，普萘洛尔对肯恩·米尔金的作用是最重要、最通用的。当我问到上次吃药是什么时候，他说："啊，也许是几周之前。"

　　肯恩·米尔金经历第一次可怕的舞台恐惧是在 15 岁的时候。被一个非常有名的夏季音乐节目录取，肯思参与了一个有一名非常有名的大提琴演奏者的进修班。"我把弓放在弦上，但它却穿过弦反弹了回来，我说'对不起'然后我停了下来屏住气说：'好了，我要重新开始了'。然而我又搞砸了。我记得我开始哭了一会儿，所有一切都开始旋转好像我就要晕过去了。我之前从未经历过焦虑。对我而言，这件事引发了整个的雪球效应。在那个进修班发生的一切太羞耻了，我是太害怕每次演奏时都发生同样的事情了，它就成了我一件自我实现的事情。从那刻开始，我开始了跟舞台恐惧长达一生的战争。"

　　还在他青少年时期，肯恩开始每次试演都吃安定，包括给他在美国最好的艺术学校，位于纽约的茱莉亚学院赢得一席之地的那次。

　　肯恩向我描述了发生这事的周期。它以耻辱感开始，随之是对耻辱的恐惧，随之是对恐惧的恐惧——"人们会以为我疯了"——随之是一种不健康的感觉，认为观众不知怎么会想看你失败或是崩溃，就好像马戏团的观众看吞火者烧了自己或是走绳索的人掉了下去——"我总是觉得我在走绳索。"肯恩说。

　　肯恩的父亲因心脏病吃心得安，一个同学提到过这种药对舞台恐惧有效。随着茱莉亚学院毕业的来临，肯恩，用他自己的话说就是"挣扎"，他下决心尝试一下这种药。那个夏天他带了他父亲的四片药到了在科罗拉多举行的阿斯本音乐节，做了他从未做过，正常状态下绝不会的事。他参加了协奏曲比赛。他练习得很努力然后在演出之前一个小时吃了 10 毫克心得安。

　　"从我孩童时代起，那是第一次，"他说，"我拥有了绝对的冷静，我开始演奏，而我的弓一点也没有弹起——我赢了。"

那个秋天，旧金山交响乐团和纽约交响乐团的试演前后而至。肯恩吃了心得安，他得到了这两份工作。在旧金山待了一阵子后，他选择了纽约的工作。对一个潦倒的布鲁克林区的孩子而言，这就是实现梦想了。"喜欢给美国人演奏。"肯恩说。

我问他有没有告诉别人有关这粉色小药片的事。

"没有人，除了我父母，"他回答，"我想在那时，人们看待这件事就好像看待在棒球比赛中使用违禁药一样。心得安不会让你比你应有水平演奏得更好。它跟类固醇不同，但人们不知道它是什么也不知道它如何起作用，我想他们也许会认为我没有那么好。我想作为演奏者本身能为人们接受，而心得安帮助我激发我的潜能来发挥，它不会使我比我的潜能演奏得更好，我不想人们因为我使用心得安而否定我。因此，我谁都没告诉。"

那是30年前，此后，肯恩·米尔金就一直待在纽约交响乐团，但他从未克服对于演奏的恐惧。即便这些年后，如果某段剧目特别有挑战性，肯恩还是服用心得安。他告诉我他期望在他整个职业生涯中偶尔服用这种药。

"我再也不想吃这种药了。"他说。

"你认为可能吗？"我问。

"当我死的时候！"他回答，笑得有点太响亮。

稍晚些，我问他真正怕的是什么。

"我不确定自己是否弄清了，"他说，"也许仅仅是一种我觉得自己不够好的感觉。我想我从不曾真的有信心认为自己真的有资格成为特别的存在。"

"难道这跟在世界最棒的管弦乐团之一工作不能取得平衡吗？"我问。

"不，不能，"他摇头，"它不能，不。"

"难道在世界最好的管弦乐团之一反而使恐惧加剧吗？"

"也许。"肯恩说。

许多引人注目的音乐家——奈吉尔·肯尼迪（Nigel Kennedy）就是一个例子——曾公开反对在演员休息室使用 β - 阻滞剂，他说这会使表演失去活力。在奥运会上，这种药的确是一种禁品，在箭术或射击中使用就构成作弊。然而很明显在表演环境中用它不算"作弊"，因为并没有回避它是属"酒后之勇"一类的事实。最有说服力的就是那些服用心得安的人倾向于希望他们没有服用过。我跟他谈过话的那位双簧管演奏者将它比作定期服用艾德维尔来治疗头痛。理想中你不想这样，但你确实需要。"你做你必须要做的。"另一位冷酷地说。在所有这些说法中，有一种合理的论据，是关于恐惧如何成为害怕失去工作的理性的恐惧的，但是毫无一丝道歉的迹象，这种无危险的恐惧可不是仅凭意志力就可以引导的。

然而，克服舞台恐惧所需要的勇气机制必须跟下一类别一样真实而实在。采访快结束时，肯恩·米尔金非常起劲地说："这真需要非常多的勇气，因为每次你出去时都将你的灵魂和名声置于危险之中。"这几乎跟几天之前还使我深感疑虑的史黛拉·艾德勒线一模一样，但现在听起来是真的。"不仅是你的技能还有你做过的练习，"他继续说，"演出也是整个情感部分需要参与的。因此每次你表演时都将自己置于一个极端脆弱的境地。就我而言，的确需要大量勇气。"他说。

* * *

1995 年，拉格比世界杯前夕，纳尔逊·曼德拉（Nelson Mandela）给南非队的队长佛朗索瓦·皮纳尔（Francois Pienaar）一份美国前总统西奥多·罗斯福《竞技场上拼搏的人》的选段——该选段是典型的对于勇气的劝告书，从中你会想起"胆小鬼"的最初起源。这是一个对勇气知之甚深的人，而这勇气泛着神圣光彩能令一个国家的运动员有如此崇高的美德。这是全世界运动迷们的辩护，长期以来，他们将他们的偶像看作是英雄中的英雄，就像格斗者一样。

当然，运动的对抗天性很清楚地阐明勇气生于反对和压力，国际的团体赛比如足球或者拉格比世界杯小规模的定义了所有的爱国的英勇战争（讨厌的点除外）。然而运动勇气的另一部分在于最引人注目的运动员必须能忍耐聚光灯的恐怖冲击。若说客满的林肯中心和斯卡拉听起来恐怖，那你试想一下十万喧闹的，狂叫的人群，他们中的半数积极地希望你搞砸，另外一半则将他们的每一分希望放在看你获胜。加上四面八方成堆的摄像机，在高分辨率下拍摄你的每个动作以便大群的解说员能够进行逐秒分析，更不要说你的老板了；啊，是的，如果这是你更重要的比赛之一，全球的亿万电视观众都会观赏。你因为参加比赛得到的多得不可思议的钱必须不表现得烦躁不安。

这就是我决定追访一位能够缓解这种恐惧的人的原因。他是英国足球界比较神秘的人物之一，一位意大利的"精神力"训练师，名字叫作克里斯蒂安·拉坦奇奥（Christian Lattanzio），如今是曼城足球俱乐部教练团队的一员。当人们发现他在法比奥·卡佩罗（当时的英格兰主帅）的随从中时，拉坦奇奥的名字在 2010 年世界杯期间成为新闻头条。头条大喊大叫的宣扬在某种加强队员勇气的"精神力训练"方面，英国队最后屈从了其前主帅赛文·戈尔曼·埃里克森（Sven Goran Eriksson）的要求。英方官员声明说拉坦齐奥仅仅是担任卡佩罗的翻译而已，但疯狂的推测随后到了他在更衣室灌输深奥的思想艺术的程度。

　　当我跟他相遇的时候，拉坦奇奥先生——一位短小精悍，拥有一口洁白牙齿和谨慎学者气派的 40 多岁中年人，似乎热衷于贬低英格兰队的精神力训练。

　　"我想受到尽可能低的关注，真的。"他说。这首先让我想起的是也许是因为他大多采用"精神力"（或者用它的另一个名字"勇气"）的方法教英国队非常明显是失败的——考虑到他们在世界杯中是如何在怒吼声中被打败从而失去勇气。然而，拉坦奇奥向我保证他真的是给"老板"法比奥·卡佩罗做翻译去了，因此所谓的精神力教练，他说："非常不值一提。"他指的是就这个话题给英国队做过的一个演讲，但又说没有一个队员是被迫参加精神力训练的。"老板"拉坦奇奥用他浓重的意大利腔说，"信奉给队员们自由，让他们自己决定是否想进一步询问。如果他们不想，很好，如果他们想，我每时每刻都随他们支配。"

　　拉坦奇奥对进一步的细节含糊带过——也许是契约要求他如此——我也不清楚为什么，答应了他的采访，他有点花言巧语，然后他突然说，"我非常谨慎，因为我认为关于这类工作有许多误解。"然后他注视着我的眼睛。

　　这让我理解拉坦奇奥的谨慎也许对于公众对其工作的看法要少

一些，对于英超团体尤其是运动员们的看法则多些。他最不想做的事就是别人将它视为从头改变"精神力"的人。

"我相信，"他说，"能力的定义肯定多少包括精神力，因为我曾见过有些运动员，技术上和体质上都非常非常有天赋，绝对有能力在比赛中取胜，但他们却从未做到过因为他们存在精神问题。我在这里谈论的并非是临床问题，谈的是训练和协调他们的动作。但才能的定义，在许多国家，包括在英国也是，是关于你能用你脚下的球做出什么，而不是拥有精神力。"他看起来对此有些感伤。

关于这个话题，克里斯蒂安·拉坦奇奥并非是孤家寡人——卡尔洛·安切洛蒂（Carlo Ancelotti），最受欢迎的运动经理人和切尔西足球俱乐部的前经理，他在切尔西任职期间将一名心理学家任命为他的二把手——但是关注运动员脑袋里的内部工作确实逆潮流而上。

这也许可以多少解释一下为什么我们的会议，会在曼城足球俱乐部训练场媒体中心后面的一个有吸尘器的小储藏间几近偷摸地举行。该中心远离主训练区，后者位于停满了昂贵汽车的停车场中间，偶尔会有一些带着劳力士表的身材强壮的大个子漫步而至开走一辆车。一度，一个汽车送洗服务搭了个帐篷闹哄哄地喷射冲洗一辆完全熄火的梅赛德斯，而这正好就在我们的小窗下。似乎没人注意到我们在那，也许我们明显的隐秘性使得拉坦奇奥放松了一些，因为他开始谈论池睿，一种跟建议人用这种最富男子汉气概的运动来学习勇气联系在一起的耻辱。

"在心理学上有个概念叫锚定，"他说，"我非常迷惑在介绍运动心理时，锚定是如何被以消极方式使用的。感觉就是你从外边来，你穿着与众不同，那你就不属于这里，好像你来这里就是为了解决问题。"——我注意到拉坦奇奥带着标准的蓝黑色曼城足球训练包——"现在，运动员们趋向于锚定问题解决者的形象，因此，他们认为'我不想被看作是个问题，因此我不想跟那家伙谈话'，因此我想如果你是内部的而且你承担着更多的教练角色，无论怎样你都会被看作属于这里的人，那么我想你可以更好地提供那种支持。但我去一些研讨会的第一件事仍然是'啊，我想请你谈谈我在俱乐部的那几个疯子。'"——他大笑——"而我总是说'啊，也许我不是你找的那个人。我想跟那些做得好的人一起工作'。就像体能训练，你只有在受伤时才不训练，否则你得天天训练。"

我越来越接近克里斯蒂安·拉坦奇奥工作细则的真相，因此我们转而谈论足球运动员实际上可能怎样训练他们的意志力来承受表演的骇人的严格。

"我们可以有意识地只关注相当有限数量的事情。"拉坦奇奥说，"但如果你开始考虑有数以亿计的人在观看，媒体是如何写你的以及你的对手如何对待你，那么你就使用了你不能用于表演的频道。人们说你必须被关注，但我想是不能不被关注。我想是大脑总用我们关注的方式运转；我们也许就不能关注到正确的事情了。因此你需要有个计划，简单的计划即可，它可以使你精神正常。"

"我经常执行的一个公式是表演（performance）＝准备＋比赛中你可以达到的状态。"拉坦奇奥在桌上用指头画了一个虚构的图解，"准备常常是他们训练的方式，吃的方式，休息的方式，生活的方式。有趣的是当裁判员吹哨时，唯一你能控制的就是你的精神和身体状态，因为你不能按照你所准备的方式做事了。在高压状态下改变你的精神状态很困难因为事情发展太快，但通过改变精神状态，肌张力和呼吸的生理指标或者想象一个正面的体验就有可能做到，虽说毫无疑问这需要训练。"

　　这又是老花样了，我曾在一个自称是厄斯克演讲家的身上发现过，还有一个圣克莱门特的大冲浪者以及许多别的人——那就是如果你能表现出沉着的样子，每个动作都平静镇定，那无论你是来自南威尔士的年长的图书管理员还是一个全球闻名的足球明星，看起来勇敢，你就在勇敢路上成功了一半。就如同堂吉诃德（Don Quixote）模仿英勇的古代骑士，攻击风车和羊群，冒险并承受来自各方的嘲笑，然而表现出来的仍然是一个勇敢的人。因此，表演这项奇怪的业务指明了一条通往勇气之路。没有危险，就没有勇气的自动判定，但如果有危险到来，仍然需要真正的勇气来战胜它。

第六章

〰〰〰

生活虽不可控，勇敢却是一种选择

我活下来了。

当问及 AbbéSieyès 法国大革命期间他做了些什么时，

他如是说。

想象一下，这时候的你站立在沙漠之中，是名 18 岁的战士。三年前几乎还是个孩子的时候你便入伍了，然而，这次你却要参加你人生中的第一场战争。现在你身着作战服，衣服上打满了补丁，而对手戴着面具，全副武装。在上次的战争中，也是在这片沙漠上，你所在国家的部队与他们进行了较量。那会你才只有 6 岁。就在离这里交战不远的地方，你已经在沙漠的战争营里度过了最后一个月，一边接受着训练，一边等待着战争的到来，这时你们国家的领导人在卫星电视上还在宣扬着这场战争。每隔几天，你便结伴而行，驱车前往沙漠里那片两国的交界地带，然后再驱车返回。你们之中，有人戏称这是去度假。然而，某个周五，你和上千名战士一起，穿过了那片交界。一夜之间，你们便成了侵略军。星期一，你所在的部队接到了任务，要到老兵们称为"无人涉足的领地"去搜查敌方的装甲师。这周的白天，在这条又长又直的沙漠之路上，你来回巡视，注视着是否有人或别的东西朝你射击开枪。偶尔，你和其他战士换换岗。晚上，你和你的伙伴们便回到停放车的场子里，躺在上面的沙子里休息。这里很热，你抽了好多香烟，还尝了好多蒸煮袋包装的汉堡，但是，你还是没有真正地体验过战争。

直到这时，战争爆发。这又是一个星期五，这是你在这里待的第八天了。和之前一样，你站立在同一片沙漠之中。然而，这时，这里却是战火硝烟弥漫，双方嘶吼尖叫，流血不止。这天，是战火的开始，也是结束。

* * *

人们总是习惯美化那场充满肮脏和血腥的战争，抑或在整个战争中寻求秩序、意义和高尚的东西。然而实际上，这些东西在整个过程中几乎没有甚至完全不存在。为了避免造成误导，在我要继续讲下去时，我得顺便提一下，要写下来或是将整个事情描述出来是多么不易。恰巧，个人勇气在这里发挥了神奇的力量，那一刻，在人类的所作所为中，其鲜活而又真实；而又不过是一个想法和一个偶然，甚至可以说是一场游戏或者一个谎言。

在约翰·斯坦贝克（John Steinbeck）伟大的小说《伊甸园之东》中，对于战争的表述堪称无可辩驳。该小说是以一位父亲为不愿意应征入伍的儿子而准备的鼓励之言的形式展开的。

我想告诉你，一个士兵为了得到回馈，放弃了很多东西。为了保护自己的生命，从出生开始，他便被每一次情况、每一条法律条例和正确的言行所教化。他以强烈的本能来行事，而且每件事都强化其所认可的东西。接着，他成了战士，他必须学着违背他所接受的一切——在没有失去理智的情况下，他必须残酷地将自己置身于失去自我生命的境地。如果你可以做到这个——请注意，有些人做不到，那么这样你将获得世界上最好的礼物。"儿子，"塞勒斯（Cyrus）说，"几乎所有的男人都感到害怕，他们甚至不知道是什么导致了他们的恐惧——内心的阴影和困惑以及无可名状的各种危险以及对无名的死亡的恐惧。但如果你能面对真正的死亡——那以子弹抑或军刀、箭头或长矛来形容和认可的死亡，而不是那些阴影，那你便永远都不用再害怕了，至少不会像之前那样总是那么畏惧了。这样你将成为一个和他人不同的男人，你会变得稳健谨慎，而不是像其他人一样，哭哭啼啼，害怕哆嗦。这是伟大的回报，也许这是唯一的回报。也许这是最后纯粹的地方，虽然自始至终都伴随着肮脏污秽。"

当然了，这些话有点难以理解。塞勒斯·查斯克（Cyrus Trask）讲这些话时俨然一副圣者的语气，其实是在骗他的儿子，因为当他参加那场战争的时候，和我们那会在沙漠中的青少年一样，只是一场颇具毁灭性的交战。然而，正如我观察到的，塞勒斯与我们青少年也有所不同，他的生活建立在他军人般的智慧与他对他经历的多次战争的渴望之上。查斯克的这段谎言是否会对其所称的富有诗意和智慧之语有所影响还不得而知。对勇气有所关注的，应尤其注意那句"也许这是最后纯粹的地方，虽然自始至终都伴随着肮脏污秽"，因为他所说的当然就是指勇气了。

因此，这次当我再次从个人角度而不是整体的角度来考虑战争时，我在想，是否这种"纯粹"掺杂了勇气与冲突。又或者其只是一个幻想家的一种幻想，而这种幻想支撑起了一部古老的小说，以至于很多人都信以为真。这关乎"纯粹的"勇气，还是只是怯懦的人为了生存不得已而为之呢？

* * *

去年春天，我驱车行驶在大道上，这条路又长又直，经过片片旷野，通向英格兰的最西北角，到达克里斯托弗·芬尼.GC（Christopher Finney GC）家里。我们在一个小型明亮的客厅里品雀巢咖啡时，他的小女儿在地板上嘟囔着一些很大的橡胶字母，后来便脸朝下躺在她父亲的怀里睡着了。当他说到这些可怕的事时，她随着她父亲的呼吸，身体也来回起伏。克里斯托弗·芬尼便是那个在沙漠中的男孩，他是英国皇家骑兵卫队 D 中队的一名年轻的装甲车司机。那一年是2003 年，而那片沙漠位于伊拉克南部。

从穿越科威特边境一周后，由五个装甲侦察车护卫队组成的克里斯的队伍开始对另外一支军队给予帮助，而这支军队在巴士拉西北处发现了失踪的伊拉克第六装甲师。18 岁的克里斯托弗当时受困于短弯刀号（Scimitar）。在路上，他们这支队伍步伐慢了下来，几乎到了停下的地步，他们一直想着，是否在岸边和靠近水道后面的泥浆房子里会有人住在里面，然后冒出来。

"然后，突然冒出来，"克里斯托弗说道，"有史以来最大的爆炸。我是通过我的驾驶员瞄准具看到的，这个瞄准具有信箱大小，除了一团巨大的火花和火焰，我什么也看不到。当时，我不知道发生了什么事。接着，艾伦——他是个枪手，也是代理下士，全名是艾伦·图德鲍尔（Alan Tudball）——我的耳机里听到他的尖叫声。我想我们被 RPG（火箭推进榴弹）射到了，艾伦基本上吓坏了。" 克里斯托弗说着这些时笑了起来，"所以我当时想到的是血腥般的地狱，不说了好吗？"

实际上，这枚炸弹是 30 毫米的一个圆形物，通过炮塔顶部发射，穿过艾伦的左大腿和那片地方。克里斯说，幸亏当时短弯刀号那里没有发射配有装甲标准式反水雷，不然，这枚炸弹早在四处炸开了。

克里斯托弗的耳机里传来"掉头！掉头！掉头！"的命令，他服从了命令，不经意间将这个传达命令的东西从车的顶部抛到了沙子里，这一下将这个军官的耳机打掉了，他们之间的对话便中断了。当克里斯袭击后面的车辆时，又有一声巨响来了。

"我想，哦，不，他们已经从前方包抄了我们，从后方又把我们切断了。现在我们只有死路一条了，"他说，"因此，我把天窗打开，把头伸了出去。我看到有三个人从我们的队伍中穿过河流逃跑着，我便确定他们是敌军（圣战者）。因此我想得没错，他们正在包抄我们。"

克里斯托弗急忙弯下身从司机座背后的支架上一把抓起他的步枪，但是这些支架太硬了，而小屋后面那里装满了弹药，也燃起了团团火焰。他放弃了，这时候倒霉的是，这三个人竟是后面这辆车的司机、他的长官（他已经离开了短弯刀号）和整个部队的首长，他们都逃跑着，四处逃窜。

克里斯托弗的头盔与汽车收音机拴在一起，所以他拿掉了头盔，爬了出来，站在短弯刀号的顶部站了一会，那时的他没有头盔，没有枪，他的防弹衣为了防热也敞开着。

"当时我只是在寻找方向。因为那会我太小了。下级军官和整个骑兵团都是孩子，而有点资历的都是成年人，这就是当时的情况。小伙伴们甚至会说：嘿，那些成年人来了，把你的香烟拿出来。如果你想要那么做的话，他们这些年长一点的会照顾我们，没什么不好。我只是照着他们说的去做，还好。直到我们真正遭到攻击时，我才想到这简直是充满血腥的地域，没有人告诉我该怎么做了。"

当意识到自己暴露得太明显时，克里斯托弗跳了下来，看到艾伦正努力地从天窗上往外爬。他爬上这辆熊熊燃烧的车辆，斜靠着给艾伦搭把手，帮着他出来，老实说，"当时我们正盘算着下一步该干什么的时候，这总算让我有点事可干了。"艾伦当时跌跌撞撞的，抱着自己的头，然后他跌倒了。

"艾伦，"克里斯托弗说道，"发生什么事了，老兄怎么啦？"

"吗啡，"不等他说完，艾伦说道，"给我吗啡。"

克里斯托弗没有意识到艾伦头部也受了伤，这意味着每个作战士兵装在右腿口袋里的吗啡都可能要了他们的命。因此他看到一架飞机忽然出现在上方时，他想着该如何既拿到艾伦的吗啡，又在脏兮兮的路上别拽坏了他受伤的腿。"那时我才知道飞机早就来了。"克里斯说道。飞机开火了。

"我以前在电脑上玩过一个游戏，"克里斯托弗告诉我，"这个游戏叫M1TP2（M1坦克战Ⅱ），当时我觉得这些声音都很糟糕，完全不真实。"但我可以告诉你，它们就是A10的声音，我知道只有美国有A10。飞机一开火，我就想到了那个游戏。飞机位置很低，你都可以看到飞行员、他的头和他的头盔。我只是觉得我完了。

此时艾伦不省人事，克里斯托弗死死地抓着艾伦，使劲地想把他从火线中拉出来。

"然后我的整个右臂都抖动起来，而有东西拽着我，我只能跪着，"克里斯托弗说，"我以为我会伤害到艾伦，但他伸出手拽住我的腿来阻止我，所以我站起来，转过身来。艾伦当时一团糟。他的头和胳膊和胸部都中枪了，耳朵和嘴巴不住地流血，而他的一条腿也毁了。我以为他已经死了，没有人会管这个了，"——克里斯摇了摇头，显然觉得这个很难令人相信——"因此我挨着他躺下来，用胳膊搂着他，我说'嘿，老兄，醒醒'，他没有动弹，我抽泣了一下，然后站了起来，低头看着我的靴子，想着我要遭遇麻烦了，因为你不会加入皇家骑兵团，所以便只想赶紧丢掉这双脏兮兮的靴子，我当时一下意识到，原来是血把靴子弄脏了，我想着这些血是从哪里来的呢。"

克里斯托弗的臀部早就被击中了，血流不止。在山坡上，他看到了表示友军炮火的彩色烟雾。然后他看到艾伦的耳机挂在了短弯刀号的一边。

整个事情的官方阐述称，芬尼队（Trooper Finney）当时"通过无线电平静而简洁地发送了一份清晰的情况报告"。他告诉我的原话是，"你好，哪位该死的。我是克里斯托弗，艾伦死了，我也被击中了，过来找我们吧。蠢货们，挂了。"

他假笑了一下。"我不知道你对广播了解多少，这样做不是去发誓或者说出名字之类。想想看，这最糟糕的无线电信息。事实上，方圆十英里内的每个人都知道发生了什么事。我知道我没必要说出来，但在那一刻我觉得我不得不那么做。"

后面的短弯刀号也熊熊燃烧着，克里斯托弗能听到里面有人。

克里斯意识到那是个炮手，也是另一个好朋友马蒂·赫尔（Matty Hull），因此他爬上车顶，试着把他救出来。

"你可以听到周围的子弹爆炸的声音，然后在里面砰砰地发出声响，太可怕了"。他停顿了一下，然后平静地对我说，当时一个士兵从后面的车里出来，劝他爬回去。

"我想是的，你可能是对的，刚刚实在太蠢了。" 克里斯托弗朝窗外看了一会儿。"所以我们便下车了，我轻拍了一下车的一侧，然后说'哈，马蒂'。事情就是这样。

他说最后这句话的时候很快，我一开始就没跟上，我便让他重复了一遍，他又逐字逐句地告诉我，然后便是很长时间的沉默。

这就是克里斯·芬尼所经历的整个战争的始终，尽管这样事件本身将变得臭名昭著。急救人员后来赶到了现场，克里斯托弗和艾伦被带到一辆沿道路行驶的救护车上。就在第二天，在医院的船上，他发现艾伦·图德鲍尔幸存了下来。马蒂·赫尔直到第二天才苏醒过来。据报道，两名挥舞着巨大白旗的伊拉克平民也被A10射杀身亡。

2003年3月28日发生一切使得克里斯托弗·芬尼成为有史以来被授予乔治十字勋章最年轻的人。当然，本来应该授予维多利亚十字勋章（乔治十字勋章和这个勋章地位相当），如果攻击是来自于敌人的炮火的话。

我问克里斯托弗是否因为在他青年时期发生的事抑或当时阅历尚浅促使他那样行事。

"大概。"他只回答了这么一个词。

"是否当时更有经验的战士会和其他人一起穿过战场逃跑呢？"

"或许吧，"他低头望着他的小女儿，她的女儿正开始在她父亲的怀里翻动，"同样，她会去玩火，但我不会，因为我知道这会伤害到我。也许吧。"

最负盛名的战争勋章似乎往往与那个时代整个事情的发展出现偏差极具关联性。至于克里斯托弗·芬尼，他似乎把过失解读为战争的现实。

我不希望歪曲他——他并不刻薄，他当然对战争或军事都不反对，对所发生的事他也并没有去责备谁，他说——"我想说，就发生了那些鸟事。"他说。对于他那天的行为，他表示"内心平静"，他也对自己拿到勋章感到"非常自豪"，尽管有一些人怀疑他所做的是否真的勇敢——"皇家骑兵团擅长写引证的东西"，他是这么说的。即便如此，芬尼对那天的整个叙述还是深深地（或许是不自觉地）掺杂了叙述上的过失。

这似乎是他的感觉：从没有盔甲的情况下阻止第一轮 A10 的扫射（这次扫射可能会将整个车子里的人都击毙）到尴尬的步枪架（这使得克里斯托弗没能杀掉自己人）；从第二次袭击（这次袭击使得他没能给脑部受伤的朋友拿给使他致命的吗啡）到堵塞的炮塔口（这将马蒂·赫尔困在了里面）。

到处都是碎裂的头盔和扭断的耳机，而空中的飞行员也备受错误的信息和混乱的无线电频率的困扰。人们跌倒了，当他们应该保持不动的时候他们却跑了，而他们在应该跑的时候却又待着不动了。就在上次海湾战争时，克里斯托弗用旧英国军队的俚语把它称为"糟糕的一次行动"。然而，他自己却表现得无比勇敢，尤其是因为他在最为残忍的困境中，有着持久而本能的人性。

也许，正是那枚奖章对于芬尼充满勇气的认可才对整个事件有所挽回，如果读者和斯坦贝克①想的一样的话，芬尼的勇气脱离了肮脏污秽，是一种纯粹的勇气，也许正是这股纯洁的勇气结束了他的军事生涯。他告诉我，对于和乔治十字勋章享有同样声誉奖章的种种期待成了一种负担，对于此他绝不能辜负，同样的行为他不能再来一次。"我不是演员，可以在另一个电影再次饰演。我也不是作家，可以不停地出版最新的小说，且利用自己的技能不断地写下去。那件事也基本上是在沙漠的8年前度过的几分钟而已。这并不意味着我是一名好战士，但我可以称得上是一个好朋友。也许有点愚蠢。我不希望我的一生根据此来评定。"

这就是2009年克里斯托弗·芬尼离开英国军队的原因。他现在经营着我认为在西方（英国）最漂亮的花园中心。尽管发生这么多的事，但在他和他的小女儿从后门向我挥手告别时，他给我的印象还是一个充满快乐的人。

* * *

显然你可以谎冒英勇行为，不断地蹂躏它，以偷盗的名义获取它。然而，只要不诚实的种子在你的心中荡漾，我还是要警告你，不要涉足这种特殊的欺诈行为，因为在美国，这样的话会让你至少在监狱里蹲一年。

泽维尔·阿尔瓦雷斯（Xavier Alvarez）习惯捏造事实，这个习惯实则不幸，他可不是简单的人物。这个人被大家称之为撒谎的巨人，先是与一位墨西哥的电影明星结婚，后来为底特律红翼冰球俱乐部

---

① 约翰·斯坦贝克著有《伊甸园之东》《愤怒的葡萄》。——译者注

打曲棍球，他甚至声称在伊朗人质危机事件中拯救过一位美国大使。然而，他的最大的错误就是告知位于洛杉矶县的三峡市政给水管理区的董事会。2007 年，他当选董事会成员，因为他称自己是一名退役海军，还获得过全国军事最高奖的荣誉勋章。"之前我在同一个家伙上栽过几次，屡次受伤，"阿尔瓦雷斯在公开会议上声称，"但我活下来了。"

这个故事纯属捏造。当真相大白之时，阿尔瓦雷斯遭到当地媒体的诋毁并且被董事会的驱赶。《禁止谎冒英勇行为法》由乔治·布什于 2006 年年底签署，然后正式生效，正因为此，他的这种行为不再仅仅是令人悲哀或是侮辱性的腐化事件了，而是违法行为。这一立法扩大了现有联邦法律禁止未经授权而佩戴、制造或销售的奖章和美国军队的勋章的范围。现在，声称收到了美国军方的奖章或勋章也成为一种犯罪行为。此外，如果吹牛恰好谈及荣誉勋章，那么处罚会加倍，从 6 个月的监禁增加到了一年。

这一切听起来有点滑稽，但显然人们将荣誉勋章看成了惹祸的东西，而由欲望驱使的怯懦的人在绝望之时则将此看作是勇敢的象征。

至于阿尔瓦雷斯的案件，人们对于第一修正案自由和谎言的本质及其关系存在争论，使得整个上诉一直从 2010 年开始，又拖至 2011 年，直至 2012 年。有人声称，只要不涉及欺诈、诽谤或煽动，美国公民当然拥有宪法权利去做相关哄骗他人的事。相反，如果允许各种各样的骗子来对其虚假的言论做出美德上的探讨，那么政府怎么可以将英勇的美德认为毫无价值呢？"配偶不忠该如何呢？"一方大声地抗议。对"对大屠杀否认又如何呢？"另一方大声地如是说。

最终，在一些人表示失望的情况下，最高法院判定阿尔瓦雷斯有罪，就是这样——你可以对你的妻子就办公室里漂亮女孩的事撒谎，也可以为了完成一份简历尽可能地美化事实。但是，涉及英勇，尤其是军事方面的英勇，作为一种道德，则不能损害其价值。如果允许的话，类似阿尔瓦雷斯之辈就到处信口开河了。其隐含的内容似乎在于，没有一种至高标准来维护神圣的荣誉勋章的话，真不知道对于英勇的解读会变成什么。很难想象一种美德会被给予法律上的定义，不容侵犯；同样，很难去想到这种美德时，还有人会急于撒谎。

然而，你一定会乐意听说十年前最畅销的第一人称射击游戏可以与荣誉勋章相提并论。是的，就是这样。

＊　＊　＊

第一步兵营的陆战士官之一切普斯托（Chepstow）谈到了荣誉勋章游戏（以阿富汗为背景的最新版本）。在2011年早期他和我所遇到的其他士兵从赫尔曼德省回来后，我们交流了几个星期。他们的战队包括来自其他地区的陆军和海军的各种军团，在Nahr e-Saraj（阿富汗的一个地区）曾有10名战士阵亡，有大约80人伤亡严重，只能乘飞机回国，他们中有十分之一的人患有"足以改变其人生的伤病"，包括三名双侧截肢者。他们的指挥官将此称之为"一次持久的消耗战"。我曾经问过陆战队士官，倘若一名士兵受伤抑或在作战时战场上牺牲，是否只要通过他们在那里作战和冒险的事实便可以授以英勇的称号。

"是的，你是一个平民，"他说，"然后进入一个职业办公室。没有人强迫你去那个办公室。你做完以后便不再感到烦恼。你知道你能够从事什么。我的意思是，处在这个时代和这个年龄，身边可以接触到荣誉勋章游戏和交叉盒子游戏，还有所有媒体的报道，如果你自己不知道你将从事什么，那么你是个傻子，不是吗？没什么是勇敢的东西。你只是玩自己的心理游戏，我想并这样做。我想要得到那份东西。我想参与其中。你也知道后果如何。"

这次谈话是我在 Beachley Barracks（一英国军事基地）度过的两天时进行的，和之前一样是在发黄的教室里，在这些步兵们上战场之前，我同他们在 3 月份时进行了——对话，他们的队伍有男性也有女性。是的，感谢上帝，我见过的这些步兵都回来了，虽然当我在那里以普通人的方式在那里度过了三个月时，像老话说的，很多步兵死里逃生。

士兵和他们的指挥官告诉我，灼热的天气气温高达50℃，这可以称之为所谓的"360°战场"，让人惶恐不安，因为四面八方都有敌军，也没有明确的战线。时值盛夏，农作物到处都是，高过士兵们的头要 4 英尺或 5 英尺。简易爆炸装置（IEDs）仍然是敌人的首选武器，尽管他们已经渐渐地不再使用几乎没有金属含量的设备，但这破坏了那些用金属探测器进行多次演练的演习效果。新的训练就地迅速开展。陆战队少校说，他估计他们在引爆前发现的简易爆炸装置，大约有80%是由"地面迹象"发现的。一名全能指挥官告诉我，只要他眼睛扫到一些草不是正常地堆在其他草上面的时候，他就可以在那里找到炸弹。另外一名指挥官则讲到了24瓶塑料可乐瓶，每瓶可乐瓶里都装着自制的炸药，上面贴着一个压力板，每一个压力板都装有电池组，上面会显示瓦隆读数，这些会埋在几米之外。离特定的检查站几米开外的时候，这个部件会给一个瓦隆的读数。所有这些瓶子都会被埋在一个特定的检查站几百米之内。

在 4 月到 10 月的作战期间中，有 1 到 100 人被部署在海滩上，在这 5 个营的牺牲战士中，其中 4 人为简易爆炸装置致死。但每个地点的创伤情况并不一样。在他的第一次作战部署中，一年轻的步枪兵设法完成了所有的事情，但在现场却没有看到任何血腥的东西。在他的第三次阿富汗之旅中，另一名经验丰富的 Colour Serjeant（一陆战队士官），显然被他亲眼所见过的"严酷"的事情所震撼，因为有三次截肢手术时他有两次在现场——"看到他们受伤的样子，你想到的只有上帝，他怎么还活着？"说着，他闭上了眼睛。

对于在 Nahr e-Saraj 那个夏天的事叙述了好多，这为我们提供了其他的视角：指挥官在堡垒营的医院里为受伤最严重的战士刷牙；一陆战队士官由于一个朋友在前一个晚上牺牲，便填补了其位置得以晋升；现在，他在他所负责的区域巡逻时在一洪水沟里发现了一枚手榴弹——他将它扔掉以后安全爆炸了。接着他们继续巡逻（Cutterham 执事将会为此得到特殊勇敢十字勋章的嘉奖）。一位年轻准下士打开从家里发过来的水气球包裹时，在检查站整个炎热的下午，大家打起了欢乐的水战；一个下士在他二十年的军旅生涯的最后一场战争中站在巡逻基地的一个角落，打开一个老朋友要寄回家里的尸体盒子，而现在，这个老朋友变成了新的离世的朋友；还有一名更为年长的战士在返乡之时得到晋升，这使其感到悲伤，而这将会将他从前线所有富有意义和生死攸关的一切都带走。

我很确定你在游戏机上得不到这方面的东西。

在绿色区域之外，这是几个月以来的重大新闻：奥萨马·本·拉登（Osama bin Laden）被枪杀；奥巴马总统宣布美军于2014年（在阿富汗）撤军；战争的十周年纪念来临，但也已经过去了。这些宏观事件虽然明显在高层中有一定的意义，但似乎并没有在作战的步兵中留下痕迹。他们的目标很集中，他们关注下一次巡逻，他们的同伴，到R&R（两个星期的时间，每个士兵都要去旅行）来临时，可以出去旅行的次数，或者看可以回家的"比色图表"的倒计时；换言之，生存的时间。

准下士海莉·里奇韦（Hayley Ridgeway）是名娇小的23岁的医生，她曾和妈妈送给她的一只幸运的泰迪和弟弟送给她的一个漂亮的包装器参加过战场。她的作战经历异常艰难，从长官们到新兵，所有人都对她致以尊敬，为她的"巾帼不让须眉"而钦佩。

"这次有好多东西要告诉你。"她拿下她的贝雷帽坐下后对我说。

海莉所在的作战基地位于Nahr e-Saraj南部的一个检查站，Nahr e-Saraj被称作Shaparak，是由25名男子组成的八野战排C（8 Platoon C Company）的一基地。海莉是他们队的医生。这个地方本身并不大，那里的条件也不太好，只有非常基础的设施。他们轮流巡逻，一天三四次，每次外出，他们都带着他们唯一的医生海莉和他们一起去。

夏季的战斗正在进行时，一次重大的国际安全援助部队对北部的进攻似乎触发了敌人的战术的改变。CP Shaparak之前一直都没有动静，而现在，就在其门外，成了简易爆炸装置大战的主要焦点。几十个事先准备好的可乐瓶子都是他们的，其他的还有更多。"这里布满了简易爆炸装置。"海莉表示。7月下旬，一个排的战士和他只有 19 岁的好朋友都失去了双腿和一只胳膊。这之后，大家的心情便沉了下来。

"我知道，我们本来想说'嘿，我们做得没错呀。'"海莉说，"但是每个人都提不起精神来，当然大家会这样了。每次我们走出大门的时候，我们都感到害怕。太可怕了。"

8 月 12 日，大约在下午茶时间时，天变得凉快起来，平常巡逻的兵便蓄势待发，走出大门，走向附近的 Dactran 村庄。当发生大的爆炸时，九个战士排成的一队和海莉就在离检查站 150 米的地方。这种情况是海莉最害怕的，所以在前往那里之前她告诉我——诊治自己的朋友（是最不愿意面对的）。当时忽然一枚炸弹出现在尘埃中，他的一只胳膊炸没了，只听到尖叫声不断。

当检查完他时，她听到一个声音叫："海莉，海莉，医生，医生。"当她奋力地过去时，一块岩石似乎在爆炸中击中了她的膝盖，她继续工作着，在她经过这个队列时，检查着每一位战士。当走到这个队伍的指挥官那里时，24 岁的中尉丹·克莱克（Dan Clack）——海莉称他为"头儿"——她看到他的一只腿弯向了一边。在没有人看到前，她把他的腿弄直，给他进行了检查。"他已经没有了呼吸，"她说，"他的脉搏停止跳动了，我想我得做些什么。"

海莉用了骨腔滴液来治疗，这是用于最严重的创伤疗法，然后她听到有其他人在尖叫。将丹·克莱克留给他们中的三个战士来照顾后，海莉循着叫喊声走过去。她的朋友罗伊（Lowy）的身上早已布满了球轴承，在压垮之前，他本能地跑向最近的一排树那边。透过烟雾和灰尘，海莉找到了他，给了他吗啡，并从他的脖子上拿走了三个球轴承。其余的巡逻战士伤亡则不那么严重了。现在，他们一起将丹·克莱克抬到了四轮摩托车上，这辆车之前早已从检查站出发，接着，他们送回去以后又骑着摩托返回来了。海莉说她能记得在摩托车后面追跑的过程，她跟不上。她意识到，她当时一瘸一拐的，但"我没有打算去检查了。"她说。

回到 Shaparak，海莉知道救护直升机不会再在那里再待 20 分钟了，她看着这位"头儿"。

"我们要启动心肺复苏术了。"

"什么，他死了吗？"其中一人问道。

"没关系，"海莉说，"我们得让他醒过来。"

一会儿，她确实让丹·克莱克醒过来了。丹开始感觉不舒服。海莉从他嘴里取出气管，在他耳边低声说："当我把它放回你嘴里时，我要你把它夹在上面。"他照她说的做了，海莉说，"所以我知道他在听我说话。"他的脉搏开始跳动，她叫他握紧她的手时，他也这么做了。

"我唯一想做的事情就是让每个人都对他说些话，这样如果他不能活过来的话，至少他知道他的朋友在他身边。"因为他不是头儿，他是我们的朋友。所以我让他手下的步兵战士排队，我说，"对他说点什么，说什么都行。"所以他们开始和他说话，类似"加油，头儿。你已经坚持这么久了，你可以做到的"。或者他们只是在太阳下喊他的名字，说"不要做黄鼠狼"。我们过去叫他"粉红狮"，因为他睡觉时占的地方特别大。大家便只是对他大喊："哦，加油，你还有很多时间睡觉。你现在不可以睡觉。"海莉低头看了看，摆弄着自己的制服。"每个小伙子都对他说了些什么。"

当直升机来了的时候，他们还在进行心肺复苏术。五个受伤的战士中，包括丹·克莱克在内的四名战士被抬到了飞机上。

"当我们把他安置到飞机上的时候，"海莉说，"说实话，我想我已经尽力了。"我想，如果我能让他醒过来，他会活下来的。海莉停了一会儿，"我真的以为我们已经让他醒过来了。"

丹·克莱克死在了直升机上。堡垒营的外科医生说，他没办法活下来，他的颈静脉被一个球轴承从爆炸中分离出来。严格意义上讲，海莉根本不应该让他复活。"好吧，我向你保证，"她说，"我并没有捏造事实。"

在这个过程中，海莉自己一直都身受重伤，这是这次勇敢事件的后话了。一个球轴承把她的膝盖骨劈开了，金属卡在那里，很深，有医生当时认为她的这条腿必须截肢。那天晚上她从 CP Shaparak 被转移出来，三天后又回到了英国。她动了三次手术，除去了球轴承并保住了她的膝盖。在 2011 年 8 月 18 日，丹·克莱克的尸体最后一个被转移到英国皇家空军的诺顿空军基地。2012 年 3 月，海莉·瑞吉因丹·克莱克去世那天的所作所为而在新闻中受到表彰。

"当时是 8 月 20 日，"最后她对我说，"是我人生中最糟糕的一天。"

在我离开海滨军营之前，我问了每个人，是什么让这些勇敢、忠诚和耐力变得富有意义，我得到的答案千奇百怪。海莉和更年轻的士兵无一例外是因为他们对友谊的坚守。指挥官也表示同意，他补充道，这次战斗证明了这一点，但他也表示，要让一名记者在英国写一篇关于国际安全援助部队正在进行的战术进展的文章是多么困难。

该营的另一位高级官员说："我认为这值得去死吗？我无法想

象与你开诚布公地聊事情。我认为，为了阿富汗的事业，并不值得
去丧命。当然了，我认为这还不值三到四百美元，这些钱目前我们
已经花在上面了。但是，我要注意现在我所说的——我认为并不值
得搭上性命，但我认为他们是勇敢地死去，并做了一些他们热爱的
事情，也是他们愿意从事的事业。我们为他们举行了一个完整的军
事葬礼，他们是以一种令人尊敬的方式离开。"

我想这可能是一种"最后的纯粹"吧。

* * *

在伦理学上有一个著名的思想实验叫作"电车问题"。这是
20 世纪晚期牛津的两位最杰出的女伦理哲学家的智慧结晶，一位
是我们之前遇到过的牛津大学的费丽帕·福德（Philippa Foot），
另一位是麻省理工学院的朱迪思·贾维斯·汤姆森（Judith Jarvis
Thomson）。电车问题严格意义上与军事上的勇气不是直接相关，但
是却具有很大的关系。美国军队确实围绕这个问题来教导刚入伍的
士兵。

福德的电车问题（第一个版本）是这样的：一辆失控的电车或
是火车驶来，而有五个人在这条线上无法逃避。幸运的是，可以让
车开到另一条附近的轨道上。那么司机爱德华（Edward）若是将车
子开到另一条轨道上时，便可以挽救五个人的生命。但不幸的是，
另外一个人被绑在了这条轨道上。那么，爱德华是否要变动轨道呢？

第二个版本（汤姆森的版本）是这样的：和上面讲的一样，有
一辆失控的电车。在其轨道上，有五个可怜的人在上面。这时候，
一名叫作乔治（George）的男子就在这辆电车经过的桥底下。乔治可

以让车停下来，但只有将一名恰好站在他旁边的胖男子推到轨道上才可以，因为他很重，可以让电车停下来，这样便挽救了五个人单却要牺牲这名男子。乔治应该这么做吗？

正如汤姆森所写的那样，这是"一个可爱却令人讨厌的难题"。电车问题已经被不同的思想家反复地思考过，其核心的矛盾在于对纯粹功利主义的局限性的持续论证——"最大的好处在于挽救的人数多""好事情总是比坏事情要好"如此等等。如果采用功利主义的方法，那么当然了，爱德华应该开到另外一条轨道，而乔治也应该推那名男子。然而，许多心理学对于我们关于生死直觉的研究一直表明，他们潜在地牺牲掉一名绑在一条轨道上的人，（或者进行特定的伤害比较）也觉得不应该主动地去杀人，不管是那名胖男子还是其他任何人。他们道德上的小心翼翼对于伤害他人的意向程度息息相关。

这使得我又回到勇气这个话题。因为虽然在理论上可能会为道德和具体的勇气（而勇气是一种受人青睐的美德）行为计算出一条清晰的路线。有时候，符合伦理且具有勇气的事便是不去采取行为。而且，在战争的"迷雾"中，这样的矛盾可能更加不能明确如何去判断。这就是问题的关键所在。这就是其"可爱但又令人讨厌的难题"，而实际上，很多战士在生命和道德方面会在这个十字路口进行分离。

* * *

一通电话打了过来。

——喂？

——我是托尼（Tony）。

——阿尔德森（Alderson）吗？

——你不会相信，完了，我一条腿没了。

——别胡闹了。

——我不是在胡闹。我不会因为这个跟你瞎扯的。

——别扯了好吗。

——托尼，我告诉你，我真的失去了一只腿。

[一声巨响传来]

——啊，天哪。

[通话中断]

2005 年 3 月 6 日，阿尔德森（Alderson）军士在拆弹方面工作了 24 年后离开了英国军队。2005 年 3 月 9 日，阿尔德森抵达阿富汗，为一个参与清除旧苏联军需品的援助组织工作，在接下来的 18 个月里，以他的话来说，他"每周要清掉 60 吨"。

次年 9 月底，大卫·阿尔德森（David Alderson）与受雇于一家大型私人保安公司"装甲集团"，这家私人保安公司与联合国进行了签约。这一次的任务是清理在以色列和真主党之间短暂而残酷的黎巴嫩战争之后留下的直接残骸。在黎巴嫩南部，以色列的集束炸弹在很大的区域里留下了大量的子母弹，数百万颗炸弹的大小相当于一个火柴盒的大小，这些炸弹就留在他们掉下来的地方，或者悬挂在树上。这些炸弹虽然小但却具有致命性，可以夺走平民百姓的生命。

有两支队伍在 Deir Mimas 附近工作，这一古老的村庄坐落在一个干旱的悬崖上，周围是水果和橄榄生长的干谷，阿尔德森负责其中的一支队伍。他们这支队伍的任务便是寻找子弹；作为领导，阿尔德森会清理掉任何他们找到的东西。他们在 Deir Mimas 的特殊问题在于，当橄榄就快要收获的时候，使得这些当地的农民离开这些橄榄林子证明是不太可能的，这些农民几个月以来因为战争冲突而贫困潦倒。

11 月 24 日，阿尔德森（大家都这么叫他）在上午休息正和村长喝啤酒时，他听到在干谷附近有两起爆炸。他和另外一队的领导，波斯尼亚的拆弹专家达米尔·帕拉季克（Damir Paradzik）前去调查。

在狭窄的山谷的顶端，队伍的医生用阿拉伯语朝下大喊，一个熟悉的声音从树丛里发出尖叫声，但声音很模糊。声音来自一山羊牧民沙巴（Sabah），之前阿尔德森便已经熟知了他，并告诉他每天早上都会封锁这里，让他别带这些羊到橄榄树林来了，等到炸弹清除干净了再来。"他受伤很严重。"阿尔德森想。

"对，加油，"他说，"我们这就下去。"

阿尔德森和达米尔循着声音的方向，到了古老的河床上。那里，他们看到了四只死去的山羊，而在羊群中，沙巴惶恐不安，四处乱跑。

"告诉他别动，"阿尔德森朝着医生喊道，"要是他这么跑来跑去，我们什么也干不成。他这样给我们制造更多的危险。告诉他别动了。"

阿尔德森不需要执行他下一步该做的事。他慢慢地走向沙巴，仔细地检查着地面和灌木，看有什么东西不对劲。但这里没有任何证据表明小型炸弹的存在，没有包装，也没有集束炸弹留下的洞，什么都没有。阿尔德森一把抓住还在地上乱跳的沙巴，并把他交给达米尔，达米尔在他们身后不远的地方。当他返回时，四处观看；

还是没有找到端掉沙巴的山羊以及险些送掉沙巴本人性命的任何东西的迹象。

"好了，我们已经把他弄出去了。"达米尔朝下喊道。

"达米尔。"阿尔德森的声音回荡在陡峭的山谷的四周。"这里有点不对劲，"他停下来说，"我要顺着我来的路回去。"

阿尔德森小心翼翼地开始转身，然后一声巨响，他被爆炸发出的巨大热能推到了前方，周围是炭的味道。

他说他记得的另外一件事就是被压倒在地上，耳朵嗡嗡地一直响。当时处于俯卧撑的姿势。一只手臂被扯破，但这可以减轻他身上的分量。他垂下头，"我首先检查了一下炸弹。"然后他看了看脚边，并没有什么炸弹。

"太好了。"阿尔德森小声地说。

"你还好吗？你还好吗？"达米尔喊道，"我的一条腿炸没了，"阿尔德森大声说，"不过别担心。""我马上过去。"

"我们正看着你呢。"

阿尔德森将自己使劲靠在一棵橄榄树的树干上，擦去眼睛里的血，然后抬起头来。透过干谷的岩石边，他可以看到他的队伍恐慌不安。

"别动！"他大喊着，"你们都别过来。"

阿尔德森点了一支烟，拿出手机，给他的头儿托尼打了个电话。

当达米尔小心翼翼前行时，一次爆炸却打断了达米尔给阿尔德森的电话。

现在是阿尔德森朝达米尔喊了，达米尔回应道，他的一条腿没了。实际上，和阿尔德森一样，他也失去了一条腿，语言的障碍和当时的爆炸使得问题变得模糊不清，但立马焦点转向了阿尔德森。阿尔德森背靠着树来指挥，他向他的队伍大声喊着。这群队伍在三百英尺地方排成一列朝向一条路前行，并经过了达米尔所在的地方，那里很陡峭，但却很安全。

"这里，"他大声喊道，"是个雷区。"以免有人产生怀疑。"那你怎么出去呀？"有人大喊。

"我有两个选择。"他的声音回荡着，"我可以等另一支队伍过来，但到那会我就会流血而死。或者我自己来搞定。"

当然了，阿尔德森不能前进，但他也不能倒退，因为达米尔被袭击到时，他一直沿着他走过的路行进，附近是一三十英尺长的干枯的河岸。阿尔德森朝医生大喊，告诉他他准备试着爬上去。

"要是我被击中了，我就什么都不知道了，但至少你可以告诉别人我在做什么。"

这位医生点点头，阿尔德森便开始爬。他伸出手去摸一些东西。他摸到了一颗雷。阿尔德森的眼睛不停地流血，所以他只能凭触摸来解除它，阿尔德森向后拿掉盖子，拧下钟锤。接着，他把已经解除的雷留给接下来会进行调查的人，然后阿尔德森开始攀爬，当他还没有想到他是一直靠着受伤的血肉在前进而不是单靠一条腿时，身体感觉到剧烈的疼痛。片刻间，他便达到了山顶。"我不知道我是怎么做到的，但我确实做到了。现在，全队伍的人都叫我老虎。"

Deir Mimas（黎巴嫩的一小镇）的橄榄树林变成了秘密且不为人知的雷区，几个月前，以色列特种部队为攻击敌方在这里布置了雷区，从黎巴嫩真主党的武器显然在干谷都布满了。当然了，部署不为人知的雷区是违反《日内瓦公约》的，以色列国防部长耗时两个多星期才承认部署了这样的雷区。

　　对于阿尔德森来说，爬出来便可以送上救护车，去医院治疗，接受手术，然后遣返回国，回国以后再进行更多的手术治疗，最后康复。七个月后，他戴着新的钢筋假肢回到了工作当中，他的工作不是在办公桌上的那种。这一次，他到了乌干达排雷。之后，他回到黎巴嫩南部，待了18个月。接下来又在阿富汗开始工作。2011年的夏天，我飞到了英格兰的东北部，驱车前往一个叫萨本（Saltburn-by-the-Sea）的小镇，这个小镇位于纽卡斯尔的南部去见大卫·阿尔德森（David Alderson）。他从苏丹南部回来有六周了，准备再次启程前往坎大哈（阿富汗一城市），这次要在那里待两年。这份工作如何呢？用他的话来说便是清理坎大哈在过去一年中战争留下的东西。

　　当我见到大卫·阿尔德森本人的时候，可以说他过着苦行僧般节俭的生活。当我到达他父亲所在的简易住房（地方当局营造的简易住宅）那里时，我们没有闲聊，那座房子阿尔德森到了英国的这几周一直住那里。在一个整洁、朴素的客厅里，里面摆着几把粗糙的椅子。我坐下打开录音机和笔记本，我们便开始聊天，没有什么茶。聊的时候我们没有谈及这次旅途抑或天气或是俗套的事情。我们礼貌地说了你好之后，便是一阵沉默。

　　墙上有一个或两个军事学校的照片和一个花板，这个花板也是一座钟和皇家动物保护协会的装裱证明，这是为了嘉奖阿尔德森在Deir Mimas雷区所表现出的勇气。在咖啡桌上，有一个沉重的雕花玻璃烟灰缸，这些烟灰缸在英国酒吧可以看到。在整个采访过程中，阿尔德森一直都抽着烟。阿尔德森主动讲述着这些故事的细节。我尽力使阿尔德森敞开心扉，且不仅仅限于他精彩的故事，但讲述者侃侃而谈，但却对细节无动于衷，如果人们所说和所为这样的话便无异于是一次失败的举动了。

我问的问题有，他喜欢工作的哪些方面。

"我们所做的是在挽救生命，不是吗？"他回答道，"我们的工作便是竭尽全力地挽救他人，而不是摆脱生命。"他弹弹烟灰，看着我，等着我的下一个问题。我的采访大部分都是以这种方式开展的。谈话也没有逃避诸如直白单纯的话题。然而，比较明确但也有些僧侣式感觉的便是他对职业的顽固，这种僧侣式的感觉让人感到奇怪。

"我不太感到害怕，你知道这是什么意思吗？"他说，"我不知道为什么，但我还是个孩子的时候，我就想成为一名拆弹人员。"

阿尔德森的父亲正在门旁边的厨房里看电视，曾经在部队待过，他的儿子阿尔德森在 16 岁时便入伍了，并坚信他会从事爆炸性军械处理工作。

我问他他的母亲时，阿尔德森告诉我，他还是个孩子的时候，他的父母便离婚了。"那你和母亲的关系亲密吗？"

"不，并不是。"

我问阿尔德森拆了多少炸弹。"很多，"他说，"我也数不清了。"

"数千枚？数万枚？"

"数万枚吧。数十万枚。"他回答说。

"2006 年之前曾经受过伤吗？"

"没有。"

"有没有差点发生意外事故？"

"不，没有过。"

"那干这个可能是很安全是吗？"

"是的。我们看待它的方式在于，如果你尊重它，它也会尊重你，"他说，"我们的工作只是把它分类，因为很多人看到这个就会跑掉，但这个工作必须有人去做，否则世界将会陷入停顿的状态。这就是为什么我说我们是一个特殊的群体。"

我问说，对于你们这些特殊群体，是如何看待学着在危险中生存这个问题的。

"你会习惯的。我们当中没有多少人结婚。"

在我们拆弹这一行里，很早就有个笑话，戏称 EOD 为每个离婚的人。

"因为我们经常离开，这对妻子来说太过分了。她们会很紧张。"然后他又点燃了一支烟。

"你结婚了吗？"我问。

"是，结婚了。"

"有孩子吗？"

"有两个孩子。"

后来他告诉我说，他 15 岁的女儿和 13 岁的儿子都和他们的妈妈搬到了加拿大。

"有了孩子以后工作变难了吗？"

"不不。在我们的工作中，要么全力以赴，要么不干。没有中间状态。我一直都尽心尽力地去做。"

"你是否曾经有过不再尽全力的时刻？"我问，此时我意识到我正在看着在阿尔德森的膝盖以下（他穿着短裤）肉色假体上伸出来的钢管，上面套着一双蓝色的袜子和一只靴子。

"不。"他回答说。

"拆弹一定程度上是你生活的理由所在吗？"

"我想是的。干这个我感到很自豪。"

在谈到在 Deir Mimas 发生的事情时，阿尔德森说，对于失去一条腿和脚踝，他没有事故突然重现在脑海的感觉，也没有内心的挣扎，对于重返工作岗位他没有迟疑。他也很清楚，在整个事件中，他一点都感到不害怕；他说他表示"泰然自若"。见到他以后，对此我并不怀疑。

"我把它归结为三件事，"他说，"一是我的训练，二是肾上腺素，三是我愿意生存的能力。这是我能解释的唯一方法。"

大卫·阿尔德森让我想到这句话，"一个士兵放弃了好多东西，而去得到一些东西。这着实可以使一个人与他人与众不同，但并非没有付出代价。"也许这就是阿尔德森的勇气似乎三倍地得到提炼的原因，就好像水从某种程度上被除去了一样。虽然这种勇敢必定是简单质朴的，但并不是虚无主义。相反，这种生存几乎是一种虔诚的信仰，不可动摇，只剩下最基本的生活必需品来维持。如果阿尔德森胆怯怕事，那这些早就不存在了。

* * *

当然还有另外一种生存方式。没有伟大的成就，没有心灵的救赎，有的就只是生存而已。在科索沃的生活，让我比任何时候都深刻地感受到这一点。第一次有这种感受是在 1999 年，在时隔接近 12 年之后，再次有了这种感觉。平民百姓们从未在身体或是心理上接受过暴力冲突的训练，这就像战士们即使很惧怕战争，他们也必须被武装起来，必须坚韧强大。

我第一次见到瓦乔卡·贝丽莎（Vjollca Berisha）的时候，她浑身颤抖。这件事发生在 1999 年 9 月初，当时我和一个同事正在用相机抓拍影片。这个影片将成为我们正在制作的 BBC 纪录片的一部分。我们在战争后一直在跟拍一个驻科索沃的英国部队为了寻找他们所犯罪证，以便用在荷兰海牙举办的联合国军事法庭上。在开始这份工作之前，我也曾过一些内心的怯懦，但是我们必须坚强的守卫在这个小小的摄像机镜头前，因为这部影片至关重要。

影片中展现了一个学校的体育馆，里面有大家司空见惯的双爬杆和跳绳。在地上，到处都是卷着的白色的塑料床单，床单里面还包裹着一些物品，这里有块表，那儿有条腰带，还有很廉价的首饰和塞在空钱包里面的列着单子的纸张。粘贴在双爬杆上的都是塑料钱包里的图片，每一个都显示出，是布料的一小片儿，像是羊毛衫的，小孩儿的胶底运动鞋的，皮夹克的。每一个物品都被包裹着一薄层微红的泥，被贴上了蓝色卡片的标签，标签上都用马克笔写了一长串的数字。有一大堆人在这些物品和照片面前走来走去，大家都很沉默。偶尔也会有人留神同伴的眼神，指一下某个东西；这个同伴摇摇头，两个人继续晃来晃去。

这些残留物是被联合国的调查员搜寻出来的。这些东西都是在位于科索沃南部大峡谷的一个叫苏瓦河的小镇附近的坟墓里挖出来的。在 1999 年 3 月，在以塞尔维亚为目标的北约空袭开始之后，这个峡谷附近遭遇了一场血腥屠杀。随着炸弹袭击的开始，塞尔维亚非正规军开始大逃离，狂扫整个峡谷，杀戮了数以万计的阿尔巴尼亚老百姓。这些人的尸体大多消失至今。

摆在苏瓦河小镇体育馆附近的这些东西都是尸体附近和某些器官附近发掘的。作为权宜之计，这些尸体都被装在了黑色袋子里，放在了小镇边缘农业大楼的太平间里等待核实身份。在一个旧的靶场的烂泥里发现了一大堆的物品，包括许多鞋和衣服的碎屑。从中能看出，许多人被重型机器移动过，被弄到了其他地方。仅留下了这些物品和一些被撕扯了的身体器官。

虽然联合国的这些做法是努力为了收集罪证，列举他们的暴行。如果可能的话，还要知道这些死者的名字，但这里还有比那些更重要的事。在屋子里的当地人都不知道到底在他们的父辈、母辈、儿子、女儿身上究竟发生了什么，他们极度害怕。不管摄像机转到哪里，看到的都是想要收回和埋葬这些尸体的渴望的眼神。体育馆里的人似乎都在照本宣科的找一些特征、特点。

我的同事指着摄像机说，"她在那儿。"当时一个女人和一个男孩走进镜头。同事说："那是瓦乔卡（Vjollca），那是格拉莫斯（Gramoz）。"

一个大约八九岁的小男孩用双手紧紧抓着妈妈的胳膊，但是这个妈妈似乎无心理会儿子，虽然他们互相依靠着对方。瓦乔卡似乎仅能看到天花板和墙。她到处看着，就是不看地上陈列的东西。她正穿着一件黑色的田径服，拉链直拉到下巴。不管走到哪里，这个闪闪发光的拉链都震动着，映衬着她瘦弱的体格。格拉莫斯的表情很空洞，但是他妈妈的脸很扭曲，似乎脸上的所有肌肉都尽力让她的嘴巴闭上。似乎她只要张开嘴唇，即便只是呼吸一下，她就会号啕大哭，永不停歇。

当这部影片拍摄的时候，瓦乔卡·贝丽莎刚刚不躲躲藏藏，五个月以来第一次回到老家。是科索沃战争最残酷的杀戮中三个幸存者中的两个。那天大约是午餐时间，驻苏瓦尔河小镇的塞尔维亚军官屠戮了贝丽莎大家族的49名成员，包括一个18个月大的小婴儿，一个怀孕8个月的妇女和一个99岁的老奶奶。男人都在自己家的墙边被射杀了。妇女和儿童被赶到了一家附近的比萨店，透过玻璃用机枪扫射，又掷了手榴弹，直到大家都倒下了。瓦乔卡的丈夫是在家里的后门被杀的。她的两个大一点的孩子是在比萨店被杀的。她和格拉莫斯能够幸免于难是因为他们在混乱中装死，在装着尸体的卡车里离开了苏瓦河小镇。妈妈和儿子趁大家不注意从卡车跳了下来。他们跳下来的地方离联合国后来发现那一堆鞋、衣服碎屑的靶场只有5分钟的车程。现在这些东西被放在学校的体育馆里。

从靶场挖出来的属于这49个死去的贝丽莎家族的42件物品最终被辨认出来。这多亏了另外的贝丽莎家族幸存者，堂叔哈斯尼，他之前做过律师。哈斯尼·贝丽莎住的地方离大家族很远，这也是为什么他、他的妻子和两个孩子逃离了屠戮。当联合国维和部队在6月13号最终挺近苏瓦河小镇时，也是哈斯尼冲到马路打了手势，指引他们去了比萨店。当几周后联合国犯罪法庭调查人员开始挖掘后，他几乎每天都来坟边。没有任何事情像发生在他家庭的事情给他带来的震撼如此巨大。一天，他们在靶场挖出了9岁孩子米瑞特·贝丽莎学校的便签，哈斯尼说，上面写着"我人生最糟糕的一天"。现在，尸体都无处可寻。一天，为了把他们的罪行彰显在我们面前，他给了我们一张被打印出来的表：

#	名字	姓	家族姓氏	年龄	被杀日期	状态
1	哈纳尔莎	利斯塔	贝丽莎	80	1999*03*26	失踪
2	慕斯李	撒哈特	贝丽莎	60	1999*03*26	失踪
3	那福吉	慕斯李	贝丽莎	56	1999*03*26	失踪
4	赞瑞特	慕斯李	贝丽莎	30	1999*03*26	失踪
5	阿芙兰	慕斯李	贝丽莎	24	1999*03*26	失踪
6	维莱特	慕斯李	贝丽莎	22	1999*03*26	失踪
7	哈姆迪	撒哈特	贝丽莎	53	1999*03*26	失踪
8	泽丽洁	哈利	贝丽莎	43	1999*03*26	失踪
9	阿特	哈姆迪	贝丽莎	17	1999*03*26	失踪
10	萨那	哈姆迪	贝丽莎	15	1999*03*26	失踪
11	米莱特	哈姆迪	贝丽莎	14	1999*03*26	失踪
12	哈纳尔莎	哈姆迪	贝丽莎	12	1999*03*26	失踪
13	米瑞特	哈姆迪	贝丽莎	9	1999*03*26	失踪
14	福迪	撒哈特	贝丽莎	46	1999*03*26	失踪
15	福特	马里奇	贝丽莎	43	1999*03*26	失踪
16	福斯迪	福迪	贝丽莎	12	1999*03*26	失踪
17	南希	菲克	贝丽莎	44	1999*03*26	失踪
18	马占达	南希	贝丽莎	15	1999*03*26	失踪
19	易兰达	南希	贝丽莎	13	1999*03*26	失踪
20	莱登	南希	贝丽莎	2	1999*03*26	失踪
21	阿拉听	南希	贝丽莎	11	1999*03*26	失踪
22	福特		贝丽莎	49	1999*03*26	失踪
23	发登	依卖	贝丽莎	28	1999*03*26	失踪
24	撒贝特	艾迪斯	贝丽莎	26	1999*03*26	失踪
25	依卖	发登	贝丽莎	3	1999*03*26	失踪

26	和安	发登	贝丽莎	1	1999*03*26	失踪
27	石兰	依卖	贝丽莎	16	1999*03*26	失踪
28	哈瓦	拉曼登	贝丽莎	63	1999*03*26	失踪
29	瑟迪	威生	贝丽莎	45	1999*03*26	失踪
30	达芙那	发登	贝丽莎	15	1999*03*26	失踪
31	迪伦	发登	贝丽莎	13	1999*03*26	失踪
32	不扎	威生	贝丽莎	41	1999*03*26	失踪
33	夫拉杰	木哈拉	贝丽莎	39	1999*03*26	失踪
34	威拉洁	不扎	贝丽莎	15	1999*03*26	失踪
35	艾登	不扎	贝丽莎	13	1999*03*26	失踪
36	多利缇娜	不扎	贝丽莎	3	1999*03*26	失踪
37	南希买	威生	贝丽莎	38	1999*03*26	失踪
38	李丽杰		贝丽莎	28	1999*03*26	失踪
39	威生	莎班	贝丽莎	65	1999*03*26	失踪
40	所夫杰		贝丽莎	58	1999*03*26	失踪
41	哈图斯		贝丽莎	99	1999*03*26	失踪
42	哈丁	威生	贝丽莎	37	1999*03*26	失踪
43	米和杰	莱福	贝丽莎	26	1999*03*26	失踪
44	白西	威生	贝丽莎	33	1999*03*26	失踪
45	麦迪		贝丽莎	26	1999*03*26	失踪
46	盖克	博西姆	贝丽莎	4	1999*03*26	失踪
47	格莱尼特	博西姆	贝丽莎	2	1999*03*26	失踪
48	发特尔	威生	贝丽莎	23	1999*03*26	失踪
49	佳沙尔	麦丽特	贝丽莎	55	1999*03*26	失踪

数字 29、30、31 是瓦乔卡的丈夫和她的两个孩子。接下来，哈

斯尼带着我们所有摄像组的人来到了大家被射杀的那个院子。给我们指出了混凝土上子弹的洞，比萨店，那个令人毛骨悚然的地方，到处都烧焦、凹陷了，到处弥漫了干涸的血。在草地上，还有一块坏掉的女士手表和半个奶瓶。

那就是 1999 年。在两年之后，在贝尔格莱德外部的巴塔吉尼卡，联合国维和部队的设备又挖了一些坟墓。在一个沟壑里，至少有 14 个妇女、13 个男人、9 个孩子、1 个婴儿和 1 个即将要降生的孩子的烧焦的、残缺不全的尸体。他们都穿着老百姓的服装，根据身份证文件记载，他们应该属于贝丽莎家族。在接下来的冬天，当米洛舍维奇在荷兰海牙接受审讯的时候，他所犯的苏瓦河屠杀罪行以及一系列案件都被揭露了。在 2009 年，也就是此案被审理的两年半之后，四名塞尔维亚警察因屠杀贝丽莎家族而入狱。但是仍有三名警察无罪释放，包括指挥此次行动的指挥官。

这些年以来，我一直想着瓦乔卡和格拉莫斯还有他们的堂叔哈斯尼。那也是为什么在此事件的 12 年后，我心里想着这本书，再一次回到了科索沃南部。我想看看在经历了如此大的波折之后，一个人如何能够找到勇气不仅仅"生存"而是"生活"。

我刚到达苏瓦河小镇，哈斯尼·贝丽莎已经在宾馆迎接我了。像一个老朋友一样。在接下来的一天当中，他开着车又带我到了各种地方，包括比萨店（仍然是个废墟），靶场（现在是个垃圾场），贝丽莎大家族（仍然空空如也，但是邻居用水龙头和扫把清理地毯，孩子们用水管跑前跑后的冲水）。在晚上，我们去了在附近普利兹伦住的瓦乔卡的家，或者说是她父亲的房子。虽然瓦乔卡仍然每天在苏瓦河小镇上班，每天开车经过她和孩子在装满尸体的卡车上跳下来的路，她也从来不会回到自己的房子住。

　　我、瓦乔卡、哈斯尼和她的父亲端坐在一个现代化的房间里，大家都没有碰面前的巧克力饼干。电视顶上有三个相框，里面有三张老相片，其中一个是瓦乔卡的丈夫瑟迪，第二张是她的儿子迪伦，第三张是女儿达芙那。瓦乔卡又一次给我们讲了3月26日发生的事情，每当有一些惊悚的环节，她就停顿一下：持枪的人威逼着哭着的孩子们，感觉像是把煤油浇到了尸体上，后来她才意识到是血。迪伦用头巾尽力护着头不被子弹射到。侄子，阿拉汀，被抬上卡车的时候，又被射了一次。这些人在开车离开之前，清理了人行道的血。她告诉了我另外的幸存者，她的嫂子，夏丽特·贝丽莎（Shyhrete Berisha），她现在在德国居住呢。当时，她向自己低声耳语，说："我们必须跳下去，要不然他们会活埋我们。"夏利特的四个孩子都被射杀了。她说要把孩子留在车上了，抬起了防水油布，就跳了下去。

　　瓦乔卡说，"我当时进退两难"，他接近了格拉莫斯，他当时躺在一对夫妇的尸首旁边。我想再看一次他的脸。我移开了他脸上的头巾，看到了他的眼睛。是睁着的。他正在盯着我。"格拉莫斯，你还活着吗？"他说："是的。"我告诉他我们打算从卡车上跳下去。他很害怕，说："不。"我把他推了下去。还有一个孩子，米莱特，他还活着而且还在哭。我求他让我先帮他跳下去，然后我就去找格拉莫斯。但是他哭着找妈妈，声音越来越大。我跑得很及时，抓到了格拉莫斯，抓住了卡车，跳了下去。我们跌倒了马路中间，几秒后，我们就开始逃跑了。我抓住了孩子的手，往田野地里跑了。

　　在马路旁的一个塞尔维亚家庭给了他们糖水，把他们带到了另一个阿尔巴尼亚房子附近。在那里，他们得到了援助，被开车送到了山里瓦乔卡的姐姐家。他们在那里躲避了剩下的战争。

瓦乔卡说，很长时间格拉莫斯都做噩梦，流鼻血。但是他从来也不和我说发生了什么。她说，"从来都没有，一个字都没说。"

我问了瓦乔卡她怎样重拾希望继续生活，她说："只有我的内心才知道我如何应对生活的，每天早上醒来都是这些回忆。一开始，我真是希望我死了。我甚至尝试过不吃不睡。时间没有治愈，因为真的有太多牺牲者了。但是，我能做什么呢？生活得继续，不管我们喜不喜欢它。我们有一种说法，'人比石头更坚强。'我还得想想格拉莫斯，这会让我变得更坚强。"

在我们对话时，瓦乔卡捏着她锁骨下面的一块儿皮肤，留下了红色的印儿。她的脸也是痛苦的表情。但是最后她说："你会等格拉莫斯，对吗？我一直在想他。他现在每周都在普里十帝那大学里面。我想你见见他。"然后她说："当他在我身边，我的脸都会不同。"

然后他走了进来，瓦乔卡生活的关键人物就是这个高高帅帅的20岁的年轻人，头发很时尚，穿着运动鞋。格拉莫斯亲吻了他的妈妈，妈妈的脸上泛起了微笑。我从来没想过，她还能笑出来。她朝他皱了一下鼻子，倚着他的胸膛，把头转向了我，很开心的样子。

第七章

去做自己最害怕的事情

每到抉择之时，我们必将

用勇气守望那些躁动的日子，

并公正地记住它们。

《勇气》，阿梅莉亚·埃尔哈特

　　就算是对于我们当中那些身居高位的，一直幸免于战乱、屠杀、灾难和疾病的人来说，在生存之上，依然存在着这个棘手的问题，即到底该如何最好地度过短暂的人生。而在富足的西部，对个人目标的追求已经变得宛如一种宗教；各种各样的身份预期和"梦想"的一揽子清单已经代替了灵魂与祷告。所以，那哲学家们曾构建的美好生活，现在已经变成了亲历的生活。对于一些人来说，这种亲历的生活可能充满了利他主义的使命感——想想阿尔多·阿尔德森（Aldo Alderson），或者萨利安·萨顿（Sally-Ann Sutton），以及在有人需要帮助时她那无法让自己置身事外的反射性主动吧。而对于其他人来说，这种使命感也许是创造性的，例如蕾妮·弗莱明

（Renée Fleming），抑或者是充满肾上腺素的，例如迈克·帕森斯（Mike Parsons）。启迪他们做出决定的可能是文化，例如拉斐尔洛（Rafaelillo），或者是爱的清泉，例如哈尔和弗兰。不过重点在于：就算这些人没有经历过或探求过这一绝境，这一点也是毫无疑问的——每一个胆小鬼在探求属于自己的"亲历的生活"时，都不仅仅需要自我认识，还需要对于坚定信念的勇气。

而就这样，我也发现自己被一种特定的支持者所吸引了，他们亲历的生活比其他人更具有戏剧性，更有诗意。他们所做的——而这也是他们的共性——便是要挑战将我们的脚底黏在这颗大星球上的力量，即地心引力本身。他们开拓并栖息于我们头顶的空中荒原，攀登，跳跃，甚至走钢丝。当然，很久以前的话，你必须要小心这样的事业不会变成傲慢自大，记得伊卡洛斯和那些糟糕的翅膀吧？虽然我们中的许多人仍然在高处的实际体验，但现在我们不会担心冒犯了天神。事实上我们的志向与渴望的语言仍然是和天堂连接在一起的——天空是我们的局限，而我们选择了向群星进发，我们的梦想起飞，我们的志向高涨。

有些人按字面意义理解着这句话。对于他们来说，对于牛顿定律的反抗不仅仅令人愉悦，更是一种不可思议地富含着意义，对于勇敢生活的一种哲学实践。

* * *

在阿兰·罗伯特的"业务"网站页面的底端是一个赞助商的版块，这位罗伯特先生更为人知的称号是"法国蜘蛛侠"，他是一位当代攀登家，目前以无绳索登攀世界上最具有标志性的各个摩天大楼而著名。在浏览这一点时，我们便知道了阿兰·罗伯特可能会给您的大会、研讨会或聚会带来什么了。这最后的一段话很好地道出了，他与您品牌的关系将如何为您带来好处：

很多大型企业和企业主都想将他们的品牌名与一种人的形象联系在一起，在这种人的人格中体现了勇气，体现了对于极限的突破。赞助商的图像将展示在阿兰的活动中和他的网站中。如果您想要了解更多信息，请随时与我们联系。

一家瑞士的制表商便这么去做了；还有攀登设备的商家，以及一家全国连锁的植发诊所，还有 Norgil，专注于植发产品的法国领先品牌。而我，比起年近五十的罗伯特如何实现的光泽齐肩发，我更感兴趣于为何一个精神正常的人会去攀登世上最高的一百多座纪念碑和建筑物，他已经攀登了台湾的台北 101 大楼（1667 英尺），吉隆坡的双子塔（1483 英尺），芝加哥的西尔斯大厦（1453 英尺），帝国大厦（1250 英尺）以及列表上不断增多的其他地方。此外，他真的做到了这件事，很多时候，他的装备仅有一双柔软的皮鞋，以及一小袋他周期性地将空手探进去的，挂在腰带上的粉笔粉。毫无疑问，应当让这样的汉子去给胆小鬼公社提供建议。所以我按下了那个链接。

几个月后，我来到了坐落在法国南部的朗格多克－鲁西地区的佩泽纳斯（Pézenas），在那蜿蜒的后街上迷了路，绕着圈子，寻找那条住着"真人蜘蛛侠"的鹅卵石小路。我晕头转向，迟到了 15 分钟。在我终于登上那古老的螺旋石阶，抵达他小小的公寓时，阿兰·罗伯特上来便对我的迟到提出了抱怨，由于我没有更准时一些，他看上去多少有些不快。我只得毕恭毕敬地连赔笑脸，气氛才终于缓和下来，然而那种如履薄冰的感觉却未曾完全消失。

我像记者一般小心翼翼地针对各种日期提出了问题，并问到他在瓦朗斯省度过的童年。

"那时都还不知道自己想要进行攀登呢，不过我在少年时就知道了：我想要变得很勇敢，"他说道，"这一点我很清楚，然而我那时并不勇敢，这一点实在很糟。而且我记得我什么都有点怕，缺乏自信，因为我长得不高，而那些孩子们会在我上学时欺负我。他们有时真的很坏。"之后他甩了甩肩，看上去就像这事他再也没放在心上一样。

阿兰·罗伯特依然是个小个子，五英尺四英寸的身高，却气表非凡，隆起变形的双肩，小而精致的双手，长长的束状头发以及一张对身体来说太大了的坑坑洼洼的脸。他当时穿着一件黑色的羊毛衫，一条难以置信的绿松石皮裤，下搭一双和高脂浓奶油一个颜色的牛仔靴，还带着挺厚实的一个后跟。

"我向往佐罗，"他继续说道，"罗宾汉和达达尼昂，并且我想要成为那样的英雄。就算是现在让我看班德拉斯演的佐罗，我依然会十分喜欢。唯一的遗憾是那不大现实。我想，比起真正能够做的事情，那更像是一场梦。"

阿兰八九岁的时候，他开始寻找不那么飞扬跋扈的英雄之路。而一切都开始于他看了一部讲述了两兄弟在空难之后登上勃朗峰寻找幸存者的斯宾塞·屈塞电影的那一天。

"我在电视上看到那部电影，感觉那真是超凡之作。我明白了这就是我可以做到的事。至少成为一名攀登者是可行的，虽然不像佐罗或达达尼昂，不过这仍然是你会在电视上看到的那种事情。"

阿兰顿了一下，朝着他一直在看的巨屏等离子电视点了点头，由于我们在进行谈话，电视的声音被关得比较小。

一只眼睛停在滚动新闻频道上，阿兰他一边跟我分享他仿佛镀了金的"Spidie"神话，即他十二岁时是怎样被关在了家门外，以及他又是如何爬上七层楼回到自家公寓的。而现在很多记者都已听过这个释放胆怯的故事。在我听到的版本中，他说那"那就像一次重塑一样。恰好是那个时间，恰好是那个日子。我有了充足的理由。"滚雪球就是从那个时候开始的。在青春期末期时，随着他一步步成为真正的攀登家，他在青春期末期是如何实现的内部转变，这一点他倒是没怎么细说，只是说那是一个意志力的过程，比起恐惧给他的束缚，还是想要成为攀登家的意愿更为强大。而他说，这也是为什么大多数人没有克服对于高度的恐惧——他们的意愿没有他那么强大，而这并不是说他就不需要付出相应代价。

他十二岁时遭遇的一次毁灭性事故，是他人生中最严重的四次跌落之一，也是造成今日阿兰独特身形的缘由。他的外科医生告诉记者们说，自己的病人简直是"一个医学之谜"，阿兰自己的网站则宣传说他"接近66%的残疾"。他走起来确实有明显的跛脚，并且他的躯干有些奇怪地弯曲。他的双臂断过三次了——"就像你拿着这个杯子，"他一边说，一边敲了一下我的咖啡，"然后把它扔墙上"——他的鼻子碎过两次，骨盆碎过一次，并且曾有两次在摔倒之后对骨头的冲击致使他昏迷了好几天，而那伤势也长期地影响了他的平衡感，造成了医学定义上的"眩晕症"。他露出他伤痕累累的手腕，告诉我他不能旋转手腕，只能旋转肩膀，然后又说他对一只手上犹如羽翼般的手指毫无感觉，那里的肌肉已经"完全溶解"。

接着，他表示他不能像你我一样紧紧抓住凸起的地方，而我们（但愿不会）却会晃荡，不过，好在他会旋转手指甲下方的关节，从而做到用指尖来承担整个身体的重量。

正是想要从第二次严重事故中恢复的意志力驱使他进行无保护攀登，即不带绳子攀登。"对于我而言，"他说，"这个梦想，我的生存之道，还有我自己的方式，比所有障碍都重要。"然后他递给我他的一张特别的照片，二十多岁的样子，魔法一般地用两只攀岩鞋和他的指尖黏在光滑的石头表面上。当时，他正在攀登史上最极限的无防护攀登路线之一。

那天早上，阿兰的手机响了三次，而他也接起了电话。因为他没有经纪人，他得亲自回复所有的电子邮件和电话。"有时候我会同时应付许多事情，"他在挂掉电话后说道，"我对所有人都说'没问题'，然后到最后，我整个人都……"然后他模仿了一下疲惫不堪的样子。

而就是某一个这样的"没问题"，导致阿兰从攀岩转为了攀爬摩天大楼，那是1994年来自一个钟表公司的邀请。在知道会在无安全设施的情况下拿不到许可时，有人问罗伯特是否愿意在没有官方同意的情况下继续攀登，从那一刻起，他就重生成了他童年梦想中的勇敢的法外侠士。那时就是游击队一样的攀登——因为阿兰总是很轻松便爬上了大楼，而到安保部门注意到发生了什么事时，已经束手无策了——阿兰从此发现了真正的商机。"当我回首过往时，"他说，"我知道为何比起攀岩事业我会更喜欢这件事。"——他暂停了一下，然后脱下了双脚的牛仔靴——"攀岩这事可不会被禁止的。"说完，这位法国蜘蛛侠，在一个小小的电热风扇面前开始暖起了他那小小的，穿着黑色袜子的脚，而那电热风扇就插在巨屏电视旁边。

　　接下来的十五年中，有时阿兰会在一年中无防护攀登七或八座地标性的摩天大楼。有时他会在半路上被逮捕，其他时候则会在屋顶被拘留，罚款。有时他会穿戴上赞助商的LOGO；其他时候则是为了善因筹款。每过一个周期，他也会收到攀登邀请。有两次，他甚至被卡住了，需要消防队到他在的那一侧去救他。而随着每一次毫发无伤的登顶，在地面上的人群，高楼大厦中坐在办公桌前的银行家，以及全球新闻媒体的关注之中，阿兰·罗伯特声名鹊起。

　　以一种和Youtube上广场恐惧症暴露治疗法视频不那么大相径庭的方式，观众成了他事业的一部分，而这些宣传又助长了他的勇气。我向阿兰问到有关他名声的问题，他回道，"是的，我经常给别人签名。"然后露齿而笑，"我要是说我根本不享受，那我就成骗子了，说实话我挺享受的。打个比方，我每次想到那些想要变得勇敢，但是又在这个目标面前胆小害怕的小男孩，我就感觉一路走来，真是感触良多。"

　　我想知道他对于"高"是如何看待的，毕竟正是这个抽象概念，圆了他的梦，让他声名远扬。

　　"我喜欢高，因为……"他停下来开始寻找词汇，"因为它和你的生命息息相关。这应该就是我全部的思想了。这也是我不使用绳子的原因，因为那样的话我就不会中意高的感觉了。"

　　"为何不会？"我问道。

　　"因为……事实上我很有兴趣生活在危险的环境之中。这样的生活更适合我。我不是说这样的生活适合所有人，你也知道，不过对于我来说，生死是否攸关这些问题我根本没有兴趣。我全部的思想就是这么一种变得无畏，勇敢，成为佐罗的哲学。若是使用绳子攀登，则我根本不会感觉自己接近了佐罗。"

阿兰·罗伯特已婚，三个孩子均已长大，而我也知道，他的妻子妮可有时会质疑自己的丈夫是否有必要像这样一次又一次的刷新自己的梦想，所以我问阿兰，最近两位曾持续了几十年的攀登事业，且享有盛誉的无防护攀登家的死亡，是否从某个方面影响到了他的自信？

"没有，"他回答说，"好在于这两位都曾大胆地生活，领导他们的生活，而我不相信那些麦当劳中的服务人员是在实现他们的梦想。那种生活就好像是有义务如此做似的，就因为我们活在社会之中，而在社会中我们就需要锅里有饭，头顶有瓦。我们以为我们有义务这么做，但其实并不一定要这样，只要你眼中不只是柴米油盐的话就不一定。"

在这次访谈之后，阿兰将黑色羊毛衫换成了绿松石色的皮夹克，以搭配他的裤子，然后我们溜到了佩泽纳斯的街上吃午饭。我们在一家小比萨餐厅停下了脚步，他狼吞虎咽地消灭了一大盘奶酪和面包，然后就像和其他所有采访他的记者们那样，饮下了许多香槟，这也许是对于引领人生，活在高处的一种展示吧。我试着点了一杯白葡萄酒，但是他看来有些失落，并反问道，"你不喜欢气泡吗？"我只得改了单。

在午饭期间，我同意了加入阿兰的下一个"都市珠穆朗玛"项目，目标是最近建成的迪拜哈利法塔，即当今世上最高的建筑。他告知我这次攀登的安排还在商榷中，当日期定下来时他会打电话给我。两个月之后，就像该地区震惊于阿拉伯之春的暴力发作一样，我震惊地发现这位法国蜘蛛侠已经攀登上了总共2717英尺的哈利法塔，并且按和他签了协议的建筑拥有者们的要求，佩戴了安全挂钩和绳索。我之前和他确认了好几次，不过从未提前听说这次攀登。在阿兰·罗伯特跟我讲了要成为佐罗，要勇敢，要栖居在危险的"更好地生活"那些话之后，除了是事出有因才选择了佩戴安全设备之外，我实在想不通他为何这样做。

＊　＊　＊

在英国百代电影公司的档案之中可以找到一段令人伤神的八十秒的新闻影片，而这条影片关系到的则是另一位法国公民的笔直的梦想。

1912年拍摄的这条影片，开场是巴黎的一个公共花园。在几棵细瘦的树和一连串街灯的不远处站着一个男人，打扮有致，时尚入流，留着足有小松鼠那么大的胡子，头顶戴着一顶宽大的软帽。那天有雾，偏冷，后面的建筑都如同铅笔描出来的一般，而他的每一口呼吸，都像是在吞云吐雾。他的外表是摄影师最大的关注点所在，而他则表演了一个具有男子汉气概的转身，以展示这身包裹了自己身形的庞大套装。腰部勾勒出一种运动风格，可两腿却肿胀得像条灯笼裤，还有一个类似背包的东西在套装的肩部上。当转身完毕后，他站定，换另一只脚站了一会儿，然后取下了他的帽子，看了一下帽子里面，又将之放回头上，最后一次抬起头，直勾勾地看向摄像机的镜头。

下一个镜头还是同一个男人，这一次是在一排弯弯的栏杆边缘旁，他站在一个餐椅上，而那个餐椅放在一个小小的酒馆桌上。在他背后是一些颇具特色的带有拱顶的门面。这个男人解开了他的套装，其中内容尽显无疑，有大量的黑色丝绸悬挂物，上半部分看起来就像是被他头上隐藏的框架所挂起来一样，而下面一些的部分则是一直向下延伸，覆盖了他的手，拍着他的腰，随着他一抖肩，就一直掉到他的脚踝。他和这个奇怪的斗篷"纠缠"了一会儿，就像是某个正在铺一张很不听话的床单的家伙似的。然后他转向栏杆，将一只脚放了上去，拉着手边的布料，瞥了一眼低低的，灰白色的天空。然后，稍微向前倾，开始朝下望。如果说一个胆小鬼尝试想勇敢的行为时，他会展现出怀疑、恐惧，或者二者皆有的话，那么接下来的情况便是这样了：整整39秒之中，这个大胡子，戴帽子的男人就站在那，一只脚在金属栏杆上，脚上、肩上有着一些细小而不安的动作，不过主要还是向下看。他呼出的蒸汽数着时间的流动——五，四，三，二，一——然后他向前倾，弯下了他的头，他的肩，而后就像是强行扭动在后面十分不情愿的身体一般，他，跳了下去。

下一个镜头能看到埃菲尔铁塔巨大的基脚，在中间，这个男人小小的身形，就像是一块石头一般下坠，身后还拖着一束飘动的软丝绸。

这便是穿着自己设计并制造的实验性降落伞的，一名叫作弗朗茨·艾香德的法国裁缝的临别时刻了。在登上埃菲尔铁塔的第一个平台之前，有人问他是否会考虑使用安全绳之类的，弗朗茨先生则告诉《小日报》（*Le Petit Journal*）的记者们说，"我希望亲自来真实地进行这项实验，因为我意在证明我的发明的价值。"而根据《费加罗报》（*Le Figaro*）第二天的报道，在从这离地187英尺高的地方跳下之前，他曾面带微笑，当然，在新闻影片中没有微笑的证据。一位未知姓名的艾香德先生的朋友则在当天，他去世之后在《高卢人报》（*Le Gaulois*）中进行了引证，他推测，弗朗茨先生需要在降落伞的专利失效前吸引到赞助商的这种商业性压力，导致了他这场轻率的作秀。

谁能想到，志向与胆识看上去会和自杀如此相像？滑稽与荣誉之间的临界点，究竟又有多么微妙？

* * *

而在名人肯特·迪博尔特身上的常识，其水平则来得要仁慈得多。

肯特·迪博尔特经营着一家扎根于纽约和华盛顿特区的绳索通道公司，员工们通过绳索到达建筑物中那些无法抵达的区域。如果梯子、脚手架，甚至开窗都没用的话，你就可以联系肯特或者其他像他一样的人了。他累积了超过二十年的特殊能力就是对建筑进行详细调查，对象则是具有历史意义的，不能经由其他手段到达的战前建筑：换句话说，就是，高。

肯特和他的团队迄今为止已经在以下建筑物的顶尖部"荡悠"过了，如克莱斯勒大楼，美国国会大厦的圆顶，圣约翰大教堂的外椽，纽约人寿保险大厦的金顶，被腐蚀掉的芝加哥论坛报大厦，以及很多其他的地方。对于他们而言，这些让人天旋地转发晕的高处，就只是办公室坐班而已，不过是一个专业性要求；就像肯特说的一样，"这些绳子只是我们的办公用具。重要的是结果，而不是手段，好吗？"

那些在高处工作的人，就比如肯特·迪博尔特的团队，会发现自己和阿兰·罗伯特或其他因寻求刺激和满足感而向往高处的人有非常相似的地方。不过,在高处,那些表演惊心动魄的跋涉壮举的人,就真的比那些检查屋顶瓷砖光泽,查看天沟裂缝的人勇敢吗?

奇怪的是,按肯特的话来说,这两批人拥有一个关键的共同点(并且也只有一点),极端条件给了他们一种神奇的副作用,即觉醒自我。而且那不是对于肾上腺素的迷恋,而是一种在大地上无法重现的,一种高度集中的紧张感。

"很多时候,"迪博尔特解释道,"攀登就是一种思维游戏。重点就在于要在这种失败的心理暗示十分沉重的情况下控制好自己。在于要专注,而这也是人们在跟我说'你必须要不怕高'的时候我给他们的回答,同时我跟他们说,我确实害怕高,我对高处有着一种合理的恐惧,而当我工作的时候,我倒不会从克莱斯勒大厦的尖顶上俯瞰第42街,想什么'万一'之类的——因为一旦你想到了'万一',你就已经输了。所以你得专心致志,你是来工作的,你得到了不薄的待遇,你只需要做好手上的事就行了。而最后你就算心神疲惫,也是这份工作的魅力,就是要绝对的专注。你不困于周遭的一切,超脱万物。从那开始,世界就在你脚下转动。"

可以信赖的系统只有两条绳索,石油钻塔也好,山岳救援也罢,在整个绳索通道公司里,它们也就在使用时会有局部的不同而已。两条绳各自固定在一处,一条用于工作定位,另一条则会在你坠落时会接住你。每一条都单独固定在建筑物顶部的某个物质结构上,钢梁、烟囱或梯井。你可以放心,你的绳结肯定牢靠,因为它们都是你亲自去系的。你有一个摩擦力控制设备来让你向下;你可以坐在挂在绳索上的小型塑料材质的高空作业椅中,一条机械绳会拉你上去,而同时,防跌落的绳索会和你一起移动。对此,肯特说的是,

"万无一失"，然后他还引用了那个工厂"非凡的"健康与安全记录。其他人信任的是悬臂起重机或者悬空平台，而这群人信任的是几根绳子。肯特手下的首席索具工迈克冷冷地说道："泰坦尼克号也是人操控的，这事全看你自己。"

关键的是在计划后续过程时对细节的一丝不苟，对马虎、自满要绝对做到零容忍。肯特说，要招聘"安全意识强"的，而不是勇敢的或无畏的。"我曾经收到雅虎邮箱发来的邮件，那些人说'我一直在攀登埃尔卡皮山，我有自己的绳索设备，我胆儿够大'，这些人我们真没兴趣。"他笑了起来，摇了摇头，"我们甚至都不回复他们的邮件与电话的。我想要我手下的人有合理的恐惧感，我希望他们每天都保持这种恐惧感。你也知道，在这份工作中，自满就是恶魔。一旦地心引力掌控了你，就回天乏术了，那根本是不可挽回的。你不可能倒带，更不能逆转局面。我们说，地心引力永不闭眼，它不断置你于险境，而险境则让你保持清醒。"

带着建筑业的背景，他们在美国开创了这类业务的第一次买卖，肯特和他的团队的第一份工作是检查圣托马斯教堂拱顶错综复杂的铺砖情况，而这时一座坐落在第五大道53号的主教堂规模的新哥特式建筑杰作。他的团队在天花板的砖瓦拱顶上钻了个洞，在上面的阁楼中找到结构用钢架，打上结，放下绳索，绳索一直垂到九十五英尺之下的教堂中殿地面上。然后肯特爬上去，到了天花板。一束工业级照明直直地打了上去，照亮了铺砖，但是当肯特到达绳索顶部时，教堂老旧的电线烧了，整个教堂陷入了黑暗之中。肯特可以听到，在教堂的地面上，团队中某个人赶去了地下室换保险丝，而他就那样在黑暗中，悬在空中。

"当我在黑暗中一个人挂在上面时，我在看下面的长椅，"他说，"然后，我能看到我的身子碎裂在长椅后面，周身都是褶皱，而就像我之前说的，不能够这样想。所以我就跟自己'摔跤'，终于找到了抓的地方，然而我无事可做，就在黑暗中一个人在上面待了十到十五分钟。那真是惊魂一刻，我人生中最难捱的时候。"

我们静坐了一会儿，然后肯特开始解释起，在空中时，人暴露在空气和空间之中的程度和人会感觉到的"舒适度"之间的关系，你我一般将后者说成"恐惧感"。这就很好地解释了，为何比起贴身在巨大建筑中的某一边，对面是另一栋大楼的情况，晃荡在尖顶周围的情况要来得"更不舒服"；这就是悬挂在高楼大厦的某个拐角比某个正面中间要更难捱的原因。换句话说，就算你是一个比肯特·迪博尔特还要实际的男人，恐惧也将如蒙田写的那样，"亵渎我们的判断力"；无理性将捏住你的杏仁核，然后恨恨地刺痛它。

然而，肯特依然明显地热爱着他的工作，爱着那些在高处体会的神秘之物。他狂热地赞美着唯独他才能见识到的，美国都市风光的美丽景色，赞美着他所享受着的，和那些最有颜值的建筑物之间的亲密关系。这不仅仅是坐班的日子，而是值得去过的生活。

是的，不过，这样算勇敢吗？我怀疑。

"是的，我想说，我认为是的，"他勉强地说道，"不过算不上那种高贵的勇敢，对吧？有很多人说，我永远做不到你那样，我说，对呀，这就是为何我能有自己的业务。所以比起高贵，更多的是为自我服务，你明白吧？"

在对话的最后，肯特直面着我，问道："你对高是什么感觉？"

"呃，我不会感到恶心难受，主要是紧张，出汗，"我说道，"平均水平那么怕高吧。"

"对，"肯特说，"倒不会被吓坏。那如果我让你训练一两天，你会去挑战一栋建筑物吗？"

他和我已经坐在曼哈顿市区的一间极简主义办公室聊了很久。周围躺着一些建筑类的书籍，而肯特则是一位都市中年人，穿着上好的毛衣，戴着一副无边框眼镜。然后我在这成年人谈笑风生的气氛之中，只能如同释放某种魔法咒语一样，带着飘飘然的自信回答了他的这个问题。

"我会不会？"我说，"会的，应该。"

一个半小时之后，肯特和我，相继穿过了一个木质活塞门，进到了一个灯笼式天窗之中，而我们就在曼哈顿下城瑟古德马歇尔联邦法院那涂成了金色和赤土色的屋顶上，距离布鲁克林桥仅仅几个街区。这并不是肯特跟我提过的"训练"——这周根本没那个时间——不过我们一致决定要看看肯特公司最近完成的一个项目，即对这座于1936年竣工的37层的壮观塔楼进行的屋顶调查。这个天窗还没有老式英国电话亭那么大，在离地接近六百英尺之上，这个天窗四面大开，四根柱子向上汇集成一个华盖，像一个小而精致的灭烛器那样。活塞门关上之后，曼哈顿高空的屋顶风光慢慢消失天际，我周遭的一切瞬间成了肯特之前关于"暴露在空气中"所讲的话的活灵活现。我们来这是为了赞赏景色，不过，比起这个，当时的我在接下来十分钟，已经动都不敢动了，感觉自己随时会晕过去，或者尿裤子、呕吐，或者会更糟，一会儿感觉瞬身发冷，一会儿感觉热汗直流，脑袋中空空如也，不知道该怎么做。塞缪尔·贝克特将之形容为"眩晕前的紧张情绪"，不过这种感觉比其还要糟糕，它在

生理上是如此无法承受，以至于直至今日，我在形容它时仍会十分
难挨。可以说，我愿意走得远远的以避开那种感觉。在度过最危险
的时刻后，天上掉下了许多安全绳，哦，别再来这种感觉了，永远
别了，就算过一百万年都别再来了，就算太阳从西边出来都别再来了，
就算山无陵，天地合都别再来了。

最后，我终于冷静了下来，挤出一个微笑给肯特，他温和地微
笑着，给我拍了一张照，非有意地抓着一根柱子上光滑的砖瓦。当
然一切都完好如初，不过对于胆小鬼来说这可真是个绝好的教训——
谢谢你，肯特——我再也不会将我可能感到的任何一点怀疑混同为
在高处冒险时会得到的哲学上的馈赠了，因为我知道，除了在上面
被完全地吓坏，一切皆有可能。

* * *

当我们走在市中心时，肯特·迪博尔特告诉我他最爱的电影之
一是《走钢丝的人》，一部关于 1974 年菲利普·帕特在双子塔中间
进行的走钢丝表演的纪录片。"我已经看了这片有五次了吧，"他说道，
"真是一个非凡的人。"

看来，走绷索才能引起人们的这种反应。而法国的高空钢丝步
行者们也是这样看待自身的艺术的。不论人们喜欢还是讨厌那些常
见的高姿态（high altitude）的大男子行为，在保持危险性和魄力的
同时避开这种行为，看上去便令人好奇。这便是遵循着这个味儿而
独立出来的一种马戏表演艺术，它在自然风光和都市风光中皆可以
进行，其中的技艺更多表现的是一种诗意，而不是协作精神。它要
求巨大的力量，无可挑剔的平衡感，钢铁般的意志，虽然它不过是

一幅会刺激我们思维的绝妙景象，然而在我们的想象中，比起说鲁莽大胆，不如说这些"天行者"们悬在空中的身姿几乎像是天使一般。

我想知道这些沉思和思潮是不是真的，所以去巴黎见了迪迪埃·帕斯凯特，他是一位高空走钢丝表演大师，他因令人叹为观止的高空步行而闻名。帕斯凯特是在他快成人时由菲利普·帕特亲自介绍而开始走钢丝表演的，他把菲利普·帕特形容为"简直就是一位神父"。之后，在 20 世纪 80 年代，他在负有盛名的国家艺术中心香槟沙隆马戏团（Centre National des Arts du Cirque in Ch lons-en-Champagne）接受帕特的老师鲁迪·欧曼科夫斯基的指导。在更多的日常马戏团工作的压力下，帕斯凯特还是完成了三十六次"大进军"，比如在法国东北部，莱皮讷的巨型中世纪教堂上那细长尖塔之间的行走，比如在伦敦泰晤士河上空 55 米的安全高度上进行的 430 米大穿越。

当我们见面时，帕斯凯特告诉我他最近在创想一个走钢丝的"大胆想法"，他想在两个热气球之间进行史上最高的高空步行，不过这个男人确实展现出了足以让人消除疑虑的理智的深思熟虑，非常实际，精确，还带有一点点胆怯。他说，人在第一次走钢丝时应该"重新学习如何走路"，重新校正你在孩提时代学到的步伐机制，先是在地上沿着一条线走，然后在离地一米的空中，然后三米，十米，然后是更高处。全程都要告诉自己去"感知"绳索上发生的一切，如风，光线，你的身体。事实上，当帕斯凯特在很高的地方步行时，他说他只是想象着自己就在大地上行走。精神上也是如此；"这就是两点之间的一条钢丝绳，仅此而已"。

帕斯凯特拿了一双新定做的鞋给我看。这双鞋放在一个毡袋中，上面是光滑的黑色皮革，下面是成了型的麂皮鞋底。"你可以随意摸下它们，"他这么说，我也就这么做了，不过我能感觉，他在我拿着这双鞋时还是有一些紧张，而当我将鞋子放下时，他才放松下来。可话说回来，在谈及失败的可能性时，他却没有任何矫揉造作的地方，他告诉我，他知道在来看他表演的人之中，明显有一小部分人实际上是来看他摔落的。"他到底什么时候摔下去？"他的妻子和朋友都能从人群中听到他们如此呼喊着。"人性罢了。"帕斯凯特冷冷地说道。

他当然有过摔下来的时候，"很多次"，这里指的当然不是在高空的时候，摔落是训练的关键部分。

"这让我知道了界限，知道了自己所能和所不能的，"他说，"是一个有形的障碍，不可或缺的一环，否则的话你会越来越大胆，人都会越来越大胆的，然后你就会直接摔死。在我的人生中，我已经面对过死神了，我的第一任妻子就是在车祸中丧生的。死亡，对于所有人来说都是巨大的、未知的存在。我们有着人死后会升上天空的基督教观点。可我必须坦白，我在天空中从未见过任何人，事实不过是我们终究只是人类，凡夫俗子而已。我们终有一死，只是不知何时。我在工作中冒着风险，但是你也冒着你的风险。今天晚一些时候，当你在过马路时，你也不会知道会发生些什么。而这些就是生活的调味料。如果你事先知道了自己会在哪天出生会在哪天死亡，那就太糟糕了。当你的大限将至时，你就会主动地等死，不是吗？"

接下来片刻中，我都无法自拔地思考着，"成为佐罗"和"成为飞鸟"之间的距离有多远，然而帕斯凯特却源源不绝地跟我讲述着他对于走钢丝的热爱。"我心里只有我和我妻子，"他说道，"只有钢丝和天空，只有充满了自由和空间的宇宙。我不知道这为何如此迷人。也许是因为我们在云端吧。我直接连接着虚无，连接着风，连接着城市的喧嚣，也连接着自我。"他讲的这些令人陶醉，特别是当这都出自一个外表如此温和谦恭的男人口中之时，而且他所有的论断都是出于一种对于自我意识的艺术性的崇拜，出于他对于想要去做这些事情，想要不负此生的个人意念的一种崇拜。理解起来，总觉得这和战士们同仇敌忾的那种勇气正好相反。

我开始感觉到，自己可能已沉溺在诗意之中了，这时帕斯凯特用一个出乎意料的深刻的，有关"亲历的生活"的想法敲醒了我，这想法值得每个胆小鬼深思。而且这个想法不会引起任何的眩晕。

"当一个人在走钢丝时，"他静静地说，"面临的是有无平衡感的问题，心理有无自信的问题。这事从一开始就很难。因为真正的问题是能否掌控心中的恐惧，而大多数人都会害怕在离地这么高的地方行走。然而，钢丝就像是生活。它就是生活的线，如果你沿着正确的路线前行，则没有什么好怕的。对我来说，最基础的是要有信念，要忠于自己的内心。"

在搭乘区域快铁回机场的路上，轨道上方的天空中，各种线绳纵横交错，随着我们移动的速度时快时慢地起伏着。片刻间，空气鲜活了起来，充满着各种可能的道路，就像是一幅可能性的地图。

* * *

当然，到底该如何选择"正确的道路"（并坚持下去）还是一个问题，在某些条件下，在紧绷的绳子上行走看上去会是很简单。这里，我们谈谈另一种"让人不快的困难"，并且这事并没有多大"令人愉快的"变化：

假设你是一名登山运动员，而你正在攀登珠穆朗玛峰。几周以来，你已经登了有八千多米，而在两小时前，在午夜时分，你离开了山上最高的一个营地，向顶峰发起冲击。你只剩不到五百米要爬了，而这时你遇到了一名遇上困难的攀登者。他坐在主登峰路线旁边的一个山洞里。他有冻伤，没有剩余的氧气了，不过，不同于你在珠峰死亡地带路过的那些冻僵的尸体，他还没死，还没真的死。如果你停下来救他，那么你登顶的机会将一去不复返，并且在如此极端的条件下，你之前所做的一切努力都将付诸东流，甚至会危及你自己的生命。而如果你不停下来，他将必死无疑。你会怎么做？

回答是帮助的话，那么你得把自己当作下面这两种角色中的一个。其一，你可能是一个热诚的业余登山爱好者，你已经为了登上珠穆朗玛峰而受训多年，而现在这一刻终于来了。单单这次远征就已经花去了你大半的年薪，而登顶珠峰是你这辈子的梦想。其二，你可能是一个登山向导，你的职责在这里，你被雇来是帮助其他人实现登峰之志的。在这种情况下，你对这座山峰出众的了解将帮助救援活动，不过同时这也提醒了你，那个洞穴中的男人处境有多么的可怕。你的职业道德是针对你的客户的，不是针对他的。往后设想的话，情况会变得更糟，如果你选择了留下他继续前进，你或你的客户登顶之后，在下来的路上你又路过了这个男人。现在他的生还概率比之前更小了，然而要是没有你的帮助的话，他毫无生还可能。另一方面，你自身能否安全下山（珠峰上大多数灾难都是下山时发生的）都是没有任何保证的。

上述的每一个个体都会面临不同的道德困境。哪一个，或者他们两者，都有尝试救援那个濒死之人的道德责任吗，抑或是都没有吗？如果是这样的话，视风险而定，应该将这种尝试做到什么程度？这种时候应该挺身而出吗？

现在你可能已经猜到了，这根本不是思维实验。那个洞穴中的男人就是在 2006 年 5 月死于珠峰的三十四岁英国数学老师，他叫大卫·夏普。他是一名登山老手了，这是他第三次尝试登顶，但已经是他第六次在八千米上攀登了，而且他更是决定了要独自攀登。他也在午夜前离开了营地，不过他动作慢了些，当天，比预定时间更晚才开始冲击珠峰。普遍认为，在 5 月 14 号的中午，他实现了他长久以来的梦想，并已经只身站在了世界之巅上。不过他在回程时遇到了麻烦。他的氧气瓶用光了。他身负冻伤，精疲力竭。夏普在登山路线旁边一个洞穴中停下来，身旁是一具坐在那已经冻僵了十年的尸体。而后夜晚降临了。在翌日凌晨的几个小时中，第二天的登山者们开始路过他身边。大约四十名男女路过了他，登顶又返回。有些人报告说他还清醒着，还可以做出回应，其他人则确信他已经死了。有些人说曾朝他喊着，站起来继续前进。其他人则说在夜色中没看到他。在下山途中，手电筒照亮了夏普，而此时他在山洞中已经待了有十二个小时以上，身体状况极差，有一两名登山者尝试救助他，给他热饮和氧气。之后找到的一名队员的头盔式摄像机中，则有他低声咕哝着"我的名字是大卫·夏普"的记录，不过，他太虚弱了，无法站起，所以他们抛弃了他。其他人也承认了这一点，他们相信这个男人已经注定没救了，他们只有继续攀登，路过夏普继续前行。

无疑大卫·夏普的故事会属于危险的伦理学领域。他并不是在珠峰上第一个被抛弃而死去的人，让人不寒而栗的是，他去世的时候是在独自一人探险，而山上那天有很多人，并且他生命最后的某些时光被镜头记录下来了。后来，在大众媒体和登山社区中，发生了很多深刻的反省。这仅仅是一场悲剧而已吗？体育运动的阴暗面是否已经搞得自身本末倒置了呢？埃德蒙·希拉里先生自己也加入了这场辩论，他说，"在我探险时，根本不可能丢下谁，让他在石头下面等死。一个人的生命远比登上一座山峰重要得多。"死者的双亲则说，他们不会责怪任何人，夏普的母亲向记者说道，在珠峰上，"你的责任就是保全你自己，不要想着拯救他人。"曾经过大卫·夏普的向导们中，有一位曾接受了《星期日泰晤士报》（*The Sunday Times*）的采访，他则是把"那个环境中又冰又险的现实"解释成将那些人视作"在战场上受了致命伤……只能听天由命"。

我则是想起了马丁·贝尔在纳赫尔萨拉季的酷热之中说过的这句话，"做应该做的事，即使它不是件好事（doing the right thing, even though it was the wrong thing to do）"，这句话让我意识到，即使珠穆朗玛峰死亡地带的条件毫无疑问很极端，这其中也没有什么"战场"。我不禁怀疑起，追求征服珠峰的目标也好，选择这种"亲历的生活"的行为也好，其所需要的强烈的个人主义似乎会以某种方式损害利他主义的力量。就同这一出一样，军旅故事中都是战友情谊和忠心赤胆，而就这个抢占了话语权的珠峰上的故事来说，就算我们祈求那儿能有相似的价值观，似乎在山上还是"各凭本事"的观点更为巩固一些。你可能有足够的勇气去追逐你的梦想，一路到世界之巅上面去，但是不论是个人还是集体，谁都无法保证你有足够的勇气去承担这最后的一项风险。

　　我问过大卫·夏普一个密友的看法，这名密友是一个登山家，名叫理查德·杜根，2003年初，他和夏普一起登珠峰，但失败了，三年后，他在大卫的葬礼上致过辞。在理查德·杜根脑海中挥之不去的是那些登山者们一个接一个地解开安全绳，走到夏普身边，然后又系上安全绳离开的画面。

　　"这里面有一些反人类的东西，"他说，"我不想看低其他做了自己决定的人，世界不是非黑即白的，不过我就是想不通，这件事一直让我觉得很难受，很愤怒。所有那些专家都说没得救了，可是，我的天，哪怕有一个人尝试过吗？"

＊　＊　＊

　　早在人类第一次尝试问鼎珠峰（失败）十年前的1909年，吉尔伯特·基思·切斯特顿曾写道，"勇气，它本身自相矛盾，它意味着必死决心背后强烈的求生愿望。"

　　除了可能在打赌"男人和女人谁会（为了寻乐子）跳入墨西哥燕子洞中"时下个合理的赌注外，谁能说清楚必死决心看起来会是什么样子的吗？燕子洞是世界上最大的洞穴，也是一个石灰岩中的多个洞穴组成的无底洞，宽度只有四十九米，上面的开口到洞穴底部黑暗的地面却要进行三百七十米的自由落体运动。对真正的定点跳伞家来说，将自己猛地甩进这个大地上开出的大洞中可以说是一次必须有的经历，而这种表演，从上面看的话，理解起来就像是某种巨大的，臃肿的隐喻。

　　阳光和茂盛的树叶围绕着这个深坑口。在一个人的肩膀上，一个人形出现了，又大又生动，接着，他们向着这个大窟窿，进行了半圈愉悦的奔跑。这时，燕子洞那庞大的规模就变得越来越明显了，现在开始，你看到的是人体坠落的几秒，他们变得越来越小，他们伸出手脚，就像是些凯斯、哈林笔下的人形一般，被阳光照得亮亮的，对比出远处的虚空。之后，他们小成一粒尘埃那么大时，阳光也再也无法照亮他们的背后，他们就被这黑暗彻底吞噬了。几秒之后，就像是复活时深吸了一口气那样，可以看到他们小小的彩色降落伞蓬渐渐在黑暗中膨胀起来，现在你终于知道了，这群下坠的男女已经违背了深渊。

2004年时，在这，燕子洞，传奇性的攀登家，全能而勇敢的空中飞人，迪恩·波特就曾差点丧命于此，在他下坠时，他的降落伞只打开了一部分，让他不断飞向洞穴的一面墙。为了避免撞击，波特飞向了"某个摄像师"的垂直线，他的降落伞随即整个垮塌了。在离洞穴的底面三百英尺高的地方，他抓住了一根细绳子，然后忍着痛滑动了一截，终于才安全下来。他的手当时面目全非，不过人活下来了。"那一回，"他告诉我，"是我离死亡最近的一次。"

那次经历完全没有让迪恩·波特一蹶不振，正好相反，他的名声指数性上升，而这也是因为他在自然界一些最有挑战性的垂直景观中进行了很多壮举——在严峻的岩石表面进行无绳索攀登，在峡谷中间走钢丝（在动态绳索上进行高空步行）还有从无法想象的高度进行定点跳伞。定点跳伞（BASE）代表着摩天大楼（Building）、天线高塔（Antenna）、大桥水坝（Span）——或者大桥——和悬崖溶洞（Earth）。如果你感觉自己适合干这行，并且你希望能够作为被认证为这种运动的从业者的话，你可以选择从这些地方进行跳跃。2008年时，波特徒手攀爬征服了艾格尔峰的东面，身上只有一个保护安全的降落伞。这种新技术他称之为无防护定点跳伞（FreeBASE）。在接下来的一年中，他完成了史上最长的定点跳伞，从同一座山，身着"翼装"一跃而下，并且在拉开降落伞之前"飞翔"了接近三分钟，完成了大概九千英尺和近四英里的飞跃。

上述两次表演都被全球的新闻所报道，然后他在 2012 年的波特"走绳秀"，在中国的恩施大峡谷里横穿了 1800 米。如果说阿兰·罗伯特是一种抵抗重力的名人，那么迪恩·波特肯定就是另一种。毕竟阿兰的公众形象自觉地有一种都市感，而迪恩的公众形象则是自觉地有着天然感。阿兰喜欢"花俏"的东西，而迪恩喜欢"简单"或"美丽"的东西。阿兰被拍到在摩天大厦的某一面中间打起了电话，迪恩在高端的自然世界摄影行业的采访中总是可以剪出有关"和谐"和"创造力"的谈话。两人似乎都不怎么在意光膀子出现在相纸之上。

主动承担风险的行为到底能带来什么样的启迪，带着这份好奇，我拜访了位于加利福尼亚州约塞米蒂谷的波特的家。这里的景象简直是对垂直景观的一首赞美诗，巨大的花岗岩壁从谷底拔地而起，地上那些毫无生气但笔直的松树直指着天空。我一个人在那坐了半天，实在漫长，即使减少一段时间，胆小鬼仍会感觉自身比以往更渺小。这时迪恩来了，他高大无比，仿佛是从另一个世界来的。我们走到了埃尔卡皮山山脚下，这座山是峡谷中最出名的岩石构造，一块三千英尺高的庞然巨石，对攀岩者们来说简直是圣地中的圣地。爬过斜坡，穿过森林，我们抵达了一处广阔的岩石平台，位置在"埃尔卡皮山的鼻子"下，攀岩者们将那里叫作松线台，这是世界上最出名，最难爬的地方之一。

首先，迪恩爬了最开始的 25 米左右，来向我展示该怎样爬，随后他爬了回来，我们坐在平台上，一边望着山谷一边交谈。他先开口，说他总是喜欢来这儿，睡在这个台子上，要么就在这儿沉思；对他来说，这是一处很特别的地方。我提前读过了——迪恩占了当月《国家地理》杂志的很多篇幅——所以我明白，这种在大自然环境中获得的小小的自信，非常有波特的风格，在异乡人遇到他时，他肯定少不了这种自信，就像是和阿兰·罗伯特度过的一天中，肯定少不了一杯香槟。很多时候，描写了波特的热情的记者们，大都对能够受邀加入到波特非凡的人生中而感到非常荣幸。当然我也如此。就算他声名远扬，采访都高度一致，有明显的公式化，不过这其中真的没有什么猫腻，或者说没有出版社领导的参与。他的邮件签名是"你好，迪恩和轻语"，"轻语"是他的狗，他将我们的一天轻描淡写的写成"闲逛"。不过也有明显亲近的时候，比如他转过头问我是否相信来生，比如他将我对写作的爱等同于他对攀登的爱。

当然，在某种意义上，所有这些"开放"可能就是一种寻常把戏而已，不过，从他回答一个关于名声的问题起，我就认定了他是真诚的，迪恩说的是："说来挺好玩的，一切都发端于一个不怎么合群的孩子，而现在我却发现自己有时候会受到邀请，要在成千上万的人面前讲话，我就想，我去悬崖峭壁是为了一个人静静，可不是为了来这给成千上万的人讲话听的。如何应对他人，这件事对我来说可能是最难处理的事情之一。有一段时间，我都无法做好这件事，好在我学到的就是不要隐瞒，讲真话，然后终于可以做到真诚待人。"他耸了耸肩，低头看着下面，用一根粗糙的手指捋着宽而平的拇指指甲。

当然迪恩·波特主要的传说还是和他所做的更有关系，而不是他所说的。很多人都坚持说，他如此高水平的冒险精神中，一定含有一部分的死亡愿望之类的东西，或者说这至少标志着他是一个追求刺激的人，而他对肾上腺素的依赖已达到了自杀级。毫无疑问，这些绝技都非常有魅力，有着高度的商业价值，所以不难找到明显处于不怕死模式的迪恩的视频，镜头下全是呐喊声和"轰隆隆"声。可是，在我们见面时，迪恩花了大量时间，以不同方式反驳的，就是这种刻板印象。

"在攀爬时，坠落下去的话就死掉了，"他说道，这话听上去就像是通情达理的肯特·迪博尔特说的话的回声一样，"你有百分之百的专注，不过我年幼时却很难专注，并且我现在依然有这种感觉，不过你将我推向了石头，抑或是我自己去接触了石头，于是练成了百分之百的专注。光是接触一下石头，就能获得清晰的思维，这真是生活中罕见的事，也是天赐的礼物。"

此外，迪恩痛心地指出肾上腺素并不会给他一股"冲劲儿"，最多能让他冷静下来并保持"高度警戒"。在当天的路线之中，他不断重复描述那种感觉，很明显，对他来说，那种感觉就是更高等思维状态的入口，而这种思维状态本身就有意义，就像是某种萨满教的转化一样。

"我能在最为危险的情况中，通过强烈的意志，欲求，以及单纯的集中力，就能冷静下来，并且只依赖呼吸，不依赖其他。之后就不再害怕了。你会感觉到生活将是慢动作，"他说，"最美妙的一点是，你的思维将高速运转，发出'嘶嘶声'。那种增强过的意识，我感觉到的，听到的，看到的，我所连接的，都比普通的现实中要更多。完全是到了冥想状态。"

我很清楚这种在真正英勇的时刻的反射将是不同寻常的,我继续问迪恩是否只有高度会促成这种状态。

"不是的,"他说,"我发现有一些新的方式可以获得那种感觉,不过最简单的方法是做一些会致死的事情,那样来得最快。"

"重点是,"我问道,"生命在其本身最为协调之时,也最为盈满甘甜?"

"不,"他说,"我想那就有点太过于复杂了。重点是如果你搞砸的话你就会死——你得专注。就那么简单。"

迪恩的母亲是一个瑜伽教练,也许这根本就在意料之内,不过值得注意的是他父亲是一个军人。这就是故事的另一面了,在军事级的训练和计划中熬成的"增强过的意识",在岩间长年累月地指定路线,在每一个立足点和把手点上不断演练,直到他确定自己能够做好。

"就是重复,"他说,"而这也是我大部分的生活方式,同时和我也相似的其他人的生活方式,所允许的。"迪恩在这里提到的是靠登山生存,他因为这个原因在二十多岁时和双亲非常疏远,但那就是约塞米蒂谷式的梦想,一种靠住在厢式货车中每天靠豆子和大米过活支撑着的梦想。"而这,"他补充道,同时一边用手比画着对面另外一个著名岩石构造,"这就像是你的客厅,你的家,然后你每天都在横跨数千英尺的这些大裂口之间攀爬,行走,日复一日,年复一年。你知道这有可能置你于死地,不过,也早就已经见惯不惊了。我认为每个人都可以做到这一点——只是很少人选择这么去做。"

迪恩的哲学最近都关注着从孩提时代起做的一个有关飞行的梦。

从那时起，一切开始变得有些怪异起来。严格地说，我们讨论的是定点跳伞，一个人从一个固定对象上一跃而起，比如一栋建筑，一座桥，或者某处自然景观，然后用降落伞防止坠落的那种。可是，迪恩"定点跳伞"却说他讨厌"定点跳伞"这个词，他更喜欢称之为"人体飞翔"或者更短一些，呃，"飞翔"。显然，他没有提及"坠落"。

"肉身飞行，"他说道，"是最棒的——我甚至都不想这么称呼它，不过它确实是——最棒的极限运动。人类想要飞行的欲望可以无限回溯。而对我来说它隐喻着自由。"接着他透露说他"最大的梦想是通过肉身飞翔并着陆。"

"不带降落伞着陆吗？"我问道。

"不带降落伞，这绝对是可以实现的，我们中有一部分人都在可以着陆的速度下飞行。"

"通过地心引力飞行吗？用不着起飞的吗？"

"不用起飞，只需要从悬崖上跳下去并且降落在斜面上，这是完全有可能的。"

我暂停了一会儿，遣词造句，然后问道："在你看来，你是否有过想要违逆地心引力的想法？"

"没有的，"迪恩使劲儿摇了摇头，"这不是说要你攀上岩石然后说'我要主宰你，我要狠狠修理你，你这破石头！'之类的，而是要让你说'请让我成为你的一部分，岩石，请别夺走我的生命——我想成为您的一部分'这样。飞行也是一样的。肯定不是要你说'我要主宰你，大自然！'而是说'请让我加入您'才对。"

这时候我想说，也许迪恩·波特还没有理解最坏的情况，他特有的勇敢，还有那些明显的启发，都扎根于他的天真。然而接着他就跟我讲了，1999年，他的好友，同时也是约塞米蒂谷攀岩者的丹·奥斯曼的死亡。奥斯曼设计了一套通过穿戴带有绳索的护具并从悬崖上跳下而实现的自由落体系统，原则上十分令人兴奋，不过在实践中，按迪恩的说法则是"一个危险的系统"，而他唯一一次和奥斯曼跳跃也"感觉像是自杀似的"。在他们一起跳跃几个月后的一个夜晚，丹·奥斯曼从约塞米蒂谷一个叫斜塔的岩石结构中一纵而起。他的绳索在风暴中晃荡了数日，受到了损害；绳索断了，而他死了。

接下"找回尸体"的故事挺超现实的。

"我没想过要独自一人上去找一个死人，"迪恩说，当时游骑兵们都让他找到奥斯曼并在黎明前让野兽远离他的遗骸。"而唯一在场的另一个人就是这个叫戴夫的男人。他的绰号是'追求者'，不过他真是个胆小鬼。"有了（胆小的）戴夫的加入，迪恩最后找到了他朋友的遗骸，并坐了下来，守望黎明的到来。"我一整晚都盯着奥斯曼，完全想不通了，"迪恩说，"那时，奥斯曼根本就是无敌的，我一直将这个人视为偶像，而他就那么死在了乱石间。我就感觉，无论人有多强，真是说没就没。我从他身上明白了的是，他需要绳子。他不能离开绳子。他知道绳子不是个好主意但是他还是上去并跳了下来。这是我最大的教训。"

然后是一段沉默。

"那真是给我想要飞翔的想法泼了盆冷水。"他补充道。

然而事情总有过去的时候。不管是不是教训，三年之后，迪恩还是作为定点跳伞运动员开始了自己再造，说得更精确一些，"可以飞的人"（《国家地理》在2012年纪录片中授予他的称号）。显然，他在跳跃时从未用过绳子，曾经害死了奥斯曼的绳子。取而代之，在 2008 年艾格尔峰他著名的跳跃或"飞翔"之中，他选择了飞鼠装和降落伞。

迪恩·波特承认他对于高处那古怪的热情可以被认为是"某种瘾，并且在很多层面上它确实是，"不过，他发誓他没有奥斯曼那么致命性的"依赖"。他告诉我他"像'供食'一样进行无绳索攀登，然后像'宴席'一样准备无防护攀登"。按他的说法，这是一种和概率共舞，并战胜它的方法，同时这样也能够继续引领他所选择的生活，在其给他提供的独特视野中陶醉。我问迪恩，他是否认为某件事终究必然出错，他却坚如磐石地认为，一个优秀系统的组合，一丝不苟的精心准备，某种与大自然同步了的直觉能力，三者结合起来，会保护好他的。

"我好几次命悬一线，不过却没有受过真正的重伤，"他说，"我干了一些可能算得上世上最危险的事，所以我认为这件事上面还是有一些可控性的——我现在已经 39 岁了，这事我从 15 岁就开始干了——并不是只有运气而已。"

夕阳西下，我们在埃尔卡皮山下的牧场中漫游，并排坐下看着"巨墙"，就像其他人会在画廊中注视着一幅伟大的油画那样，迪恩告诉我，他非常想成为第一个不依靠绳索便爬遍整个山的表面的攀岩者。"这种岌岌可危的生活方式，"他说道，"让我能好好的生活，而对于那个只靠着自己的身体与意志力攀登着这堵高墙的裸男来说，那些复杂的想法都抛诸脑后了。"

*　*　*

在托马斯·阿奎纳的《论激情》（*Treatise on the Passions*）中，有一篇作品叫《论勇猛》（*On Daring*），在其中，他辩称说，勇气不是对恐惧的负担，而是希望的。他写道，勇气的原因"在意识中认为有益者离我们近，而可怕者或不存在，或离得远。"然而，有关勇猛，在阿奎纳看来，（这里暗示的是依赖于勇猛的亲历的生活），是一时脑热的，不清醒的，所以其并不等同于（或者说并列于）刚毅不屈，真正的勇气。不论其能够提供怎样的启示，不论其能如何使人在短时间内变得天神下凡，勇猛，终究不是百分之百的好事，它太过于易怒了，太过于热血了。

第八章

〰〰〰

真正的勇敢，是勇于不敢

我们的兴趣在事物危险的边缘。

在法国新的书籍中，我们看着

诚实的小偷，温柔的凶手，

迷信的无神论者，爱并拯救自己灵魂的娼妓，

这些平衡状态，

让迷乱的线条处在中间。

——《布劳格汉姆主教的歉意》（*Bishop Blougham's Apology*），罗伯特·勃朗宁（Robert Browning）

英国内战结束几年后，战争历史学家克拉伦登伯爵爱德华·海德（Edward Hyde）将已逝的奥利弗·克伦威尔（Oliver Cromwell）称为"一个勇敢的坏人"。这可能是历史的注脚，但对那些真正想要解释怎样才能变勇敢的人来说，他的评论引出了核心的道德难题。正如海德提出的提议，有没有可能勇敢和邪恶并存呢？勇气是不是不符合摩尼教善恶二元论的一种道德中立的美德呢？三个世纪以后，

仍然没有明确的答案。2012 年发生了这样一个小插曲，一位法官对被告席上的盗贼说他的犯罪需要"很多勇气"，还说"我没有这样的勇气"，之后这位法官被告发到英国司法投诉办公室（Office for Judicial Complaints）。官方调查开始的同时，英国媒体持续数天发表大量社论讨论勇气与邪恶这一话题。连首相都介入了，在《早餐秀》上发表声明，"我很清楚，盗窃不是勇敢，而是懦弱。"尽管争论变得稍有不同，但让我想起了泽维尔·阿尔瓦雷斯（Xavier Alvarez）的伪荣誉勋章事件，以及当我们最热爱的道德品质的纯粹性被怀疑时，我们变得多么恼怒。这里我们是不是申辩太多了呢？想要判断何人何事可称作勇敢，真的有具体可施行的判断准则吗？

为了寻找答案，我怀着微微忐忑的心情，想要找到一个勇敢的坏人，一个准备向这本书分享勇气之黑暗面的人。几周后，我找到了吉米（Jimmy）。

很肯定地说，吉米·诺顿（Jimmy Norton）在过去是坏人，但现在已经不是了——他现在五十多岁，为监狱慈善组织工作——用他自己的话说，他过去是"可恶的人"。通过约见通知卡，他向我坦白了所犯的种种罪行。13 岁前，他"被关了三次"。17 岁前，因第二次重度伤人，被关进青少年管教所。第二年，因为"汽油爆炸"又进了管教所。再放出来时，刚 19 岁的他就随随便便参与了他口中的"武装抢劫事件"。

"那个时候，"他解释道，"我大部分犯罪都是为了暴力。我真的不是一个小偷。我还是个孩子时就已经入室行盗了，但你知道吗，我真的不喜欢抢劫。但之后我捅了一个休班的警察，被关了五年。我的话是不是很无聊？"

"不，"我说，"一点儿也不。"

"那好，我捅了好几个人，"吉米继续说，"但我最后被判了五年，那时候我 21 岁。五年过后，我生命中只有一个目标，那就是抢银行。"

银行抢劫的太多方面可以完美映射到其他勇敢行为上，光天化日下的无耻之举、预先策划、实施抢劫、莫测的危险，还有罗宾汉般的魅力。当然，抢劫实质上的道德败坏除外。实际上，我没想到会听到重伤他人和捅警察这事，但预料之外的不仅仅有这些。我们第一次交谈时，吉米跟我说，如果我想谈论勇敢，那么其实我应该找另一位银行抢劫犯。这时，我完全被惊到了。他说，当然有勇敢的人了——他可以帮我联系一个——但他唯一可以跟我们分享的是他所说的"我的懦弱时刻"。

"你想听吗？"他问。

这是采访几个月以来，第一次有人自发提到懦弱，更不用说主动坦白自己的懦弱。所以我说："好，咱们谈谈懦弱吧。"

在谈到"懦弱时刻"——吉米多次谈到这个词，我开始有点尴尬了——之前，他跟我讲了在贩毒占领犯罪经济市场之前他在监狱是怎样的，跟我讲了那时持械抢劫者在监狱层级中是"树的顶端"。这种特别的犯罪以及罪犯的魅力占据了小吉米的想象——"跟你坦诚是不成熟的，非常幼稚。"他说，然后中年男人式地叹了口气。他释放几个月后，25 岁的吉米持械抢劫了一辆银行运钞车，那个时期，发生了很多起银行抢劫案。

"带着一把猎枪从汽车上跳出来，是非常大的考验，"他说，"带着枪穿过人行道，心里清楚，如果警察追上来，自己会被击毙，特别是在那段日子。那真的需要某种勇气。当然了，你知道那是错的，但是对你来说，那是你彼时的生活方式，是对的。"

这似乎和攀登摩天大楼或是跳崖这种"亲历的生活"有一些相似之处。因此我问吉米感觉如何。

"我跟你说感觉如何，"他说，"你的心脏怦怦怦怦，跳得越来越快。护卫车朝你驶来，压力真的在逐渐增大，你看着车越来越近，心跳怦怦怦怦怦怦。但显然押运员从运钞车里出来之前，你不能进行攻击，因此你还有几分钟的时间来判断这么做是对的。开始行动之后，所有的恐惧都离你而去。你变得从容了。每件事都变得清清楚楚。我觉得士兵可能也是这样的。我不知道。我从没勇气去当兵。"

片刻沉默之后，吉米高兴地说："所以我可以跟你谈谈我的懦弱时刻吗？这就是我需要和别人倾诉一下的懦弱时刻。"他笑了。

那是一个炎热夏季的午后，在人来人往的伦敦大街上，吉米和两个同伴袭击了一辆运钞车，懦弱时刻就发生在这时。吉米他们在公交站等着正在开过来的运钞车，看着运钞车慢慢停下，押运员带着装有现金的袋子穿过人行道走进目的地建筑，一共有五个袋子，一个接一个地运过去。

"我们干得很棒，"吉米说，"我们冲上去，抢了一袋钱。事情进展得很顺利，但那时正好有辆警车路过，所以被警察盯上了。运钞车的汽笛突然响起来，其中一个同伙开了一枪，到处都是烟雾，周围的人惊声尖叫。然后我们上车逃走，但警察就在后边追着我们。"

"我们认为甩掉了警察，但没有，"他继续说，"我回头看，发现警察又出现了。这个时候，我开始变得害怕，害怕，害怕，只有我自己害怕，对吧？坐在前边的同伴喊'开枪！开枪！'但我不想开枪。我说我不敢——吉米大声笑了一下——我害怕被击毙，因为追击我们的不只有身后的一辆警察，还有三架直升机，其中一或两架就在我们头顶上，还听到远处有更多的警车。这个时候我尿了，你知道我为什么没朝警察开枪吗？因为我没有测试过我的枪，我不知怎么的认为枪会冲我自己开，你能了解我那时的心情吗？所以那之后，我总是确保我事先开过我的枪——这是一个学习曲线，不是吗？"

"是的。"我说。

"关键是，我基本上已经僵住了。我没有做我该做的事。我觉得自己应该做点什么，比如跳出去，或者举枪瞄准，或者别的。我觉得很无助——那就是我的感觉。我比同伴更害怕，至少他提出了自己的想法，也是他在警察紧追不舍下驾车逃走。我只是僵住了。突然，我们的车撞上了某个建筑，警车距我们已非常近了。而我成功逃走了，这绝对是一个奇迹。一个绝对的奇迹。我完全没有经过任何的思考。"

吉米和司机弯腰逃出车子，从不同方向跑进那栋建筑里。那时正好有一个人打开了建筑的前门想看看发生了什么，吉米趁机潜入，然后从后门逃走了。吉米从没被抓到。

"回到那个顿失勇气的感觉，"我问道，"你那个时候担心吗？那个懦弱的感觉？"

"嗯，"吉米慢慢地说，似乎在确认我是否理解勇敢和愚蠢的界限，"之后我出去，又干了一票。当然了。我还开了一枪，几乎是为了向自己证明什么。之后我被关了 12 年，不是吗？"

刚出狱不到一年，吉米又要在里面待 10 年。"作为持械劫匪，我那段时期过得非常糟糕，"吉米说，"我不成熟的大脑中可能有一个微弱的声音说你他妈究竟在干什么？但我没有听从这个声音，那是我后悔的一段人生。"自从 20 世纪 90 年代被释放以来，吉米·诺顿没有再犯过罪，对自己人格的欢快暗杀似乎是他与自己所犯错误的妥协方式之一。

　　坦白了三件事情之后，吉米最后说他认识一个人叫"剃刀"，"剃刀"是一个真正的银行劫匪，是最勇敢的劫匪之一，我应该去跟他谈谈勇气和犯罪。

＊　＊　＊

　　奇怪的是，在现代英语中"courage"（勇气）和"bravery"（勇气）在意义上基本一致。实际上，"courage"的词源与古代灵魂所依的心脏有关，而"brave"与这种高贵的词源无关，更像是一个人拥有几位糟心的祖先。它起源于意大利语"Bravo"，"Bravo"又被认为起源于拉丁语"pravus"，意思是扭曲的或曲解的，或起源于"barbarus"（野蛮的）、rough（粗糙的）以及"bravium"，罗马公共游戏中颁发的典型的奖品。"bravery"出现在 16 世纪上半叶，更为人所知，隐意为"大胆的"和"王之蔑视"，还不具有道德上的褒义色彩。直到 16 世纪末，"fine"（好的）或"splendid"（极好的）将自身的意义融入"brave"，反过来，也为描述某人"品德高尚"（fine）或"勇敢"（brave）的概念铺路。即使今天，不光彩的幽灵仍旧萦绕着"brave"这个字，使之同"bravado"（故作勇敢）甚至"bravura"（炫耀性的大胆尝试）相关联，具有贬义色彩。

　　重点是，在描述这个最善变的人物品质和其美德程度的诸多词语中，我们都假定了一个不言而喻的层级。"courage"比"bravery"

高一点，"valour"比"pluck"高一点，"gallantry"比"daring"高一点，"fortitude"比"boldness"高一点，"grit"比"derring-do"高一点[1]。我们的语言从属于一千种微妙的道德判断。

你可以花几个小时诡辩此处关于意义的细节，但更切题的是，勇气和其堂兄弟姐妹具有广泛的统治权，以及这个想要成为美德的品质非常灵活。目前为止我遇到过的勇敢的人已经说明这点是正确的，并且，不管英国媒体希不希望——我猜现在不希望——勇气似乎也正伴随着我进入这些阴影区。

有趣的是，当"brave"这个词正经历词源翻新时，莎士比亚已经缔造了许许多多关于勇气的微妙观念，特别是勇气蒙尘时的模样。哈姆雷特为父报仇犹豫不决——"良心使我们变成懦夫"；麦克白夫人鼓动丈夫谋杀邓肯国王——"勇气用在该用的地方，我们不会失败！"；理查德三世扭曲逻辑总结"良知是懦夫的用词，最初被发明出来是为了抑制强者的野心"。实际上，读一读英国民族诗人关于道德良知和勇敢的关系，你会发现一些老实直率而非颠覆性的观点。最重要的信息似乎是，一些准道德原理在引燃人类勇气中起关键作用，一旦该原理被点燃，就可以滋养出勇敢的恶行，就如同明显善意的动力会衍生勇气一样。就像吉米说的"对你来说，你彼时的生活方式，就是对的"。

两千年西方哲学史，也曾对勇气和善良的关系进行过解释，也产生了一系列令人咋舌的答案，但人们甚少达成共识。

---

[1] "courage" "bravery" "valour" "pluck" "gallantry" "daring" "fortitude" "boldness" "grit" "derring-do" 等词均有勇敢之意，但勇敢程度或褒义程度逐渐降低。

古希腊人很清楚没有所谓的勇敢的坏人。柏拉图坚信知识在所有美德中的中心地位，他认为勇气是"一个人既应该又不应该害怕的知识"。亚里士多德进行了发展，他坚称关于好与恶的知识实际上是一个性本善的好人的品质。即使在不太好的人身上，勇气也是一种可以由良好习惯培养保持的美德。总的来说，如果你希望是一个勇敢的人，那么你必须得是一个好人。变得勇敢是前往道德、幸福与快乐的一步。

启蒙运动对于勇气与其他性格特征的关系提出了新的问题，也就是二者皆有可能。阿瑟·叔本华（Arthur Schopenhauer）认真对待这个问题之前，曾令人扫兴的明确提出勇气是道德中立的，完全没有向善的倾向。他写道"它只是准备好为最不值的结尾服务"，推动了勇敢的坏人这个概念。

进入 20 世纪，几乎所有伦理学家都或直接或间接参与到这场辩论中。双方都进行了有力的论证，并多次试图更加精确的定义争论中的术语，但尽管很多哲人努力曾解决这一问题，但从未有最终结果浮现。

有哲学倾向的胆小者如果愿意可继续探索，但我很好奇这些思想是如何融入艰辛的现实生活的。我想到了那些在社会引导下，以打击大胆或懦弱之人的不道德行为而专门设立的机构。执法显然是常常需要真正胆量的一份工作，但一般警察执法多大程度上受道德驱使而非职责所系？从道德和职责而来的勇气有何差别呢？

* * *

因此，我催促自己去找一位勇敢的好人，并很高兴找到了一位天使（Angle）。

　　安格尔·克鲁兹（Angel Cruz）是纽约警察局的侦探，那里的警察被称为"纽约最好的"，这是对"勇敢"这个词的古老用法的一个美好回应。这些警察的座右铭是"忠诚到死"（Fidelis ad Mortem）。对安格尔·克鲁兹警官来说，2007年夏天的一个深夜几乎让座右铭成真。克鲁兹其实不想要"死"这部分，但事实是，那晚他在执行任务时，冒着极大的生命危险，最终给纽约警察局带来了最高勇敢奖——纽约警察荣誉勋章。一般情况下，如果你赢得这枚荣誉勋章，那你已经光荣牺牲了——纽约警察荣誉勋章就是这样一种奖章——但克鲁兹活了下来。在一个周六的早上，我在曼哈顿市中心的警局大楼和他碰了面。在一间无人的大办公室里，办公桌被隔板隔开，隔板带有轮子，滑动时会发出刮擦声，在房子的另一头，克鲁兹就在一个旋转椅上坐着。他没有穿制服，但穿着平整的休闲装，全世界警察下班后都这样穿。克鲁兹警官看起来比34岁年轻。他在椅子上动来动去，好像不是非常适应这种椅子。我坐在了他附近的一把椅子上，然后听他给我讲述他几乎忠诚到死的那个夜晚。

　　2007年3月13日，克鲁兹警官还是个新手，入职不到一年。那天傍晚，他和一个同事值下午六点到深夜两点的班，在布鲁克林的百老汇路口站巡逻，那里是他出生长大的地方。

　　克鲁兹告诉我，作为警察的前几个月，很大一部分工作是将自己了解的情况简明扼要讲出来以及信任"你的权威"。"你的权威"是安格尔一遍又一遍提到的词组，其重点是必须学会掌控自己。

　　"即使你可能觉得自己不是当老板的料或你可能不是那种发号施令的人，"他说，"单单那身警服就足够注目，人人都看着你，好像你就应该知道发生了什么，好像你就应该知道接下来做什么。"

　　当穿上警服去上班时，这种权威就像防弹衣一样伴随着你。当然，这种权威在某些场合可以成为一种威慑，但多数情况下，其作用是支撑工作所需的勇气。就像吉米说的，这就是你生活的方式。可能一个人不应该混淆权威以及权威所支撑的正或误——确定正误是立法机关的工作——但一旦确定下来，对一位处于不利形式的警察来说，权威，当然还有枪，是对自己的武装。

　　那天晚上在百老汇接口站就是这种情况。晚上十点半左右，克鲁兹的同伴离开去吃饭，留下克鲁兹独自巡逻。

　　"我想着，"安格尔说，"我应该忙一点儿，我去检查一下火车进站的站台吧。我其实没有什么特定的目的，只是想找点事做，消磨消磨时间，仅仅做了个随机抽查，我猜那就是我生命处境的转折点。"

　　下到前往皇后区的J列车站台后，克鲁兹看到两个吸烟的男人。按照克鲁兹所说，这是"轻微违法"，他走过去让两人熄烟。他们把烟熄了，然后出示证件。其中一个拿出了身份证；另一人说没有带任何证件。这时没有丝毫预兆几分钟后会发生什么。按照正常的运输巡逻程序，两个人跟着克鲁兹向上走了一层。然后，克鲁兹惯例询问他们是否携带武器。一人上交了一把瑞士军刀。第二个人则不停地辩解。克鲁兹让他转身以便搜身。

　　"你凭什么搜我们身？"那个男人问。

　　"他腰间别着上膛的枪，而你对此一无所知，你不会想要和这样的人一对一谈话。"安格尔说道。

　　克鲁兹轻轻摇了摇头，再次要求他转身例行搜身。那个时候克鲁兹甚至没有打算逮捕他，那个男的也并不是"任何时刻都有攻击性"。这只是惯常的布鲁克林深夜事件。

男人一边抱怨一边转身，克鲁兹开始搜身。"那大概就是事情的开始"——他在旋转椅上稍微动了一下——"形势变了。大概就是两个二次反应改变了整件事，第一个是他的二次反应，第二个是我的。几秒钟的时间整件事从一个非攻击性的情形变成了一个有生命威胁的情形。"

接下来发生的事是，那个男人突然转过身来，袭击了克鲁兹的脑侧。有那么几秒钟，克鲁兹是眩晕的，不知道到底是什么打了自己。之后两人扭打在一起，克鲁兹向后摔倒，撞在了电话机上。

"我记得他先前扑向我时，手里没有武器或是别的东西，但之后我看到把刀握在他手里，我躲了几秒钟后，他拿着刀子朝我走来，凭着我的感觉，我猜他肯定已经用刀捅了我的脑袋，因为那时我正用手捂着头，我记得他再次拿着刀子朝我跑过来，好像要接着捅我，所以……"安格尔声音逐渐变小，挑着两条又粗又黑的眉毛看着我，好像仍不理解为什么有人会做那样的事。

刀刺穿了克鲁兹左侧太阳穴的头皮，穿透了头盖骨，插入大脑四分之一英寸。那个时刻，所有的关于制服和权威的想法都抛诸脑后，安格尔·克鲁兹只是一个人，一个挣扎着活下去的人。

克鲁兹开始感到头晕，但并未意识到自己受了多严重的伤。他半弯腰半后退，拿出手枪，朝那个男人开了枪。前三发子弹没打中，两人又缠斗在一起。克鲁兹又开了两枪。这两枪击中了男人的肘部，他被击倒在地，几秒钟后，他跳起来，冲到开往曼哈顿的列车站台上。此时，安格尔·克鲁兹的故事朝着某种天生的勇敢转变。他的权威感又进入脑海，既有作为受害者的道德权威，又有警徽带来的那种优良的老式的统一的权威。

"我记得自己抱着头，"安格尔说，"追他到了站台上。你知道吗，人们告诉我很多警察不会那样做。我不知道什么驱使我做出那样的举动，不知道是什么让我觉得自己必须制伏并逮捕他。我猜是一种本能吧，但我了解自己的职责，了解自己的权威级别，也知道什么是对的。"

克鲁兹追到站台的时候，那个男人躺在地上，虽然膝盖骨断了，但人还活着，刀也还在身边。克鲁兹在他身边单膝跪地，拿枪指着那人。

"这时，我开始逐渐失去意识，"安格尔跟我说，"我能感觉到自己越来越头晕，逐渐失去知觉，眼前一片模糊。我记得自己拿起对讲机，却说不出一句话，最后只能放下，我按住那人，盯着他，直到有人增援。"

仅几分钟，其他警察就来了。两个警察拘捕持刀行凶的人，最早到的安东尼·卡伊罗内（Anthony Cairone）警官跑到克鲁兹身边，拿走了他手里的枪，看到他身体周围有大量鲜血，因此撕开了他的背心和警服，想找一下枪击伤口。克鲁兹挣扎着开口说话。

"他在我头上扎了一刀，他在我头上扎了一刀。"

"好的，坚持住，"卡伊罗内说，"坚持住"。

卡伊罗内抱起克鲁兹，跑出百老汇路口站，上了他们的巡逻车，然后驱车去了牙买加医院，路上卡伊罗内不停对克鲁兹说"呼吸，呼吸，呼吸，伙计，睁着眼"。安格尔说，他能记起的下一件事就是从车里出来，但是他自己走不了路，所以卡伊罗内扛起了他，然后进了急救室。克鲁兹的下一段记忆已经是几日后了。

　　说到这里，安格尔转着椅子离我近了一些，低着头，指着黑色短发下的一个大疤痕。他告诉我，这不是刺伤留下的，而是医生从这里取出了一块头骨，以减轻水肿以及颅内大量出血。他在重症监护室待了一周，又在医院待了十天。医生说克鲁兹能活下来是福大命大，但他的短期记忆在前几个月受到了影响，人们的名字以及很多事情他都不能很好地记住。他跟我讲了和治疗专家坐在一起的事，他看着松鼠、浣熊和大象的图片，努力记住它们的名字。"我知道它是什么，"他是，"我能告诉你它的习性。我能告诉你它吃什么，但是它叫什么？"安格尔笑了笑，但显然，这是一段痛苦难忘的时期，没人能说得清他的生活和大脑还能否"恢复正常"，他这样说了好几遍。

　　但八个月后，他确实多多少少恢复了一点，克鲁兹回去布鲁克林巡逻，全面复工。这让他的家人非常担心，也让他的同僚非常困惑。他的同事说他不趁此退休，真是疯了，但安格尔说："我还年轻。"况且当警察是他的凤愿。2008 年，克鲁兹升为探长，是打击犯罪小组的一员，但这次他是穿便装的。他告诉我他希望可以在纽约警局工作满二十年。

　　那也就是为什么安格尔·克鲁兹那天早上告诉我的事让我最为吃惊。他正在给我解释他的宗教信仰是怎样帮他理解 2007 年 3 月份发生的事，他认为那是上帝的安排。但接着他话题转到了上帝对持刀的"个人"的计划——那人是非法移民，有暴力犯罪记录，曾经被驱逐过一次，在其他司法管辖区随时会被逮捕——然后讲了他个人对那个男人的感受，那个差点杀死他，被判了二十年刑期的男人。

"直到今天，我仍不怨恨他，"安格尔说，"你知道吗，就他而言，他了解自己的处境，但我不了解。而且我猜，他只是做了自己必须要做的事。他不得不尽力逃脱拘捕，而同时我知道我必须采取行动，扭转局势。事出必有因，这就是我的看法。"

"你确实很勇敢，"我说，他谦虚的耸了耸肩，"但那些坏人没有勇敢过吗？"

"他们当然勇敢，"他说。

"真的吗？"

"当然了，"安格尔重复道，"他们做的很多事情都是勇敢的。他们不对。我不会说那是对的。但有时还是需要抛弃恐惧的。因此……"安格尔又耸了下肩，笑着皱了皱眉。

* * *

四十多年前，在纽约有另一件持刀行凶事件，引发了 20 世纪晚期最重要的社会实验之一。这听起来像是一个"如何不勇敢"的公式，因为它揭示了集体怯懦的特质。最耐人寻味的是，在这种情况下，焦点既不是犯罪的行凶者，也不是受害者，而是周围的人，旁观者。

发表于 1968 年的这篇奠基性论文题为《旁观者介入紧急事件：责任的扩散》，文中，纽约大学的约翰·达利（John Darley）和哥伦比亚大学的比拉丹·拉塔内（Bibb Latané）着手解释一个令人不安的社会现象。这项研究是对 1964 年发生的一桩臭名昭著的谋杀案的回应。名叫基蒂·吉诺维斯（Kitty Genovese）的年轻女子在皇后区的一条街上被捅死，袭击持续了半个多小时，据报道，在周围的公寓里，至少有 38 名目击者，但没有一个人试图阻止凶手行凶，据说，甚至没人报警。几周后，当《纽约时报》（*New York Times*）报道了谋杀相关细节以及目击者明显的不作为之后，公众爆发了自我反省浪潮。马克·莱文（Mark Levine）和阿兰·柯林斯（Allan Collins）2007 年提出，基蒂·吉诺维斯的故事在传播过程中某些部分被夸大了，被公众错误认识。但故事首先是如何被公众解读，之后又是怎样被科学家解读，是非常有趣的。

有些人说，旁观者没有出手挽救吉诺维斯小姐的生命是"道德沦丧"的标志，另一些人说，这是"城市环境造成非人化"的标志；他们认为"异化"或"电视暴力"或"冷漠"或"生存的绝望"必是其核心。当然，对危险情况的担心，或报纸上的经典台词"我不想惹麻烦"可能是个人没有采取行动的原因，但这些原因并不能解释报道中所说的无人报警。相反，达利和比拉丹看来，有另一个更阴暗的因素，导致众人没能阻止基蒂·吉诺维斯的死亡。

他们指出，每个旁观者都看到周围有亮着灯的公寓，他们一定知道自己不是唯一看见或至少听见大街上暴力行为的人。心理学家认为，这一事实似乎放大了每位旁观者的惰性。责任分散在他们之间，他们可能认为其他人正在采取行动或已经叫了警察。这导致了一种直觉，即如果最坏的情况发生，法不责众。达利和比拉丹继续假设，紧急情况下，旁观者越多，有人站出来干涉的机会就越小，或越晚有人出来干涉。

因此，他们设计了一个实验，模拟了报道中吉蒂·基诺维斯谋杀的环境，来进行测试。而且，这个实验揭示了在某些特定群体中，胆小之人拥有或缺乏勇气的倾向。

他们邀请大学生来参加实验，但告诉他们是来参加小组讨论的，主题是城市中学生生活的个人问题。大学生到达后都被带到了一个长长的走廊，走廊上有几个门，连着几个小房间。每个学生都被要求单独进入一间房间，坐在桌子旁，戴上耳机等待进一步指示。他或她被告知，为了"避免尴尬"，讨论会以内部通信形式匿名进行，而不是面对面交谈。一个声音很快从耳机传来，告诉大家此次讨论无人监听，但稍后实验人员会回来判定大家的反应。每个参与者轮流发言，发言时间严格控制为两分钟，尽管他们能听到其他人说话，但是在别人说话时自己的麦克风会被关闭，这样就阻止了参与者之间的交流。然后实验开始了。

一个试探性的声音准时从耳机传来，断断续续地讲了自己早期的校园经历。他告诉大家，自己患有癫痫症，特别是在努力学习或考试时容易发病。接下来的另一个声音也分享了自己的经历。一个接着一个。最后，轮到我提到的第一个学生了，他或她仍旧向大家吐露自己的大学生活。再次轮到他时，这个容易痉挛的可怜人准备继续他的故事时，病发了，他的声音越来越大，越来越不连贯，直到他说：

"我……嗯嗯……发病了……嗯……嗯……有人……有人……能来帮……帮我吗……嗯……帮帮我……（令人窒息的声音）……癫痫……发病……嗯……嗯……我会死……（窒息，然后安静了）。"

此刻我应说明，所有学生的声音，包括那名患病的人的声音，实际上都是由演员们录制的，除了"天真的"被引导到走廊房间的受试者。当那位男学生在发言中突然患病时，天真的受试者认为"小组"中的每个人都能听到他的请求，但自己无法与任何人交流。房间里的录音（当被试认为自己的麦克风被关闭时的录音）后来显示每个参与者都轻信了这个谎言，而且很明显被那个发病的人触动了。他们不是冷漠，也不是不关心。他们气喘吁吁地大声喊"噢！"甚至是惊呼："天啊！我应该做些什么？"

但是有多少人真的做了什么？有多少人展示了勇气的基本组成——在压力下行动的能力？

59名女性和13名男性受试者参加了这个实验，达利和比拉丹通过调整播放"循环讨论"中的已录制好的发言数量，来改变"小组"人数。他们之后对两个问题进行了分析，一是，这个天真的受试者需要多长时间才会采取行动去救助那个病人；另一个问题是，"小组"的人数对采取行动的可能性有什么影响。

结果既一致又令人震惊。一方面，认为自己参与双边讨论的受试者在听到对方发病时，85%的人迅速报告了这一紧急事件，并在对方还能说话前，跑出走廊寻求帮助。然而，随着认知中小组人数的增加，这种敏捷的行为急剧消失了。在有五个人的"小组"中，人们可能会想象数字的力量会鼓励人们采取行动，但只有31%的人以不同形式行动起来。两人小组中的每一个人都在某一阶段报告了紧急情况。而在六人组中，令人惊讶的是，38%的人没有进一步提及此事。分析还发现，如果一名受试者在前三分钟内没有报告癫痫发作的情况，那么之后他们就不太可能报告了。

然而，最吸引我的是，正如众所周知的那样，屈服于旁观者效应（Bystander Effect）并不是影响某些胆小或冷漠之人这么简单的事。事实上，心理倾向是无关紧要的。这一效应在男性和女性中都存在，也有合理的公平性。

事实上，达利和比拉丹随后对受试者进行了问卷调查，调查发现了强有力的证据表明，优柔寡断是人们没有采取行动的原因，人们并没有决定不去做任何事，从某种意义上来说，这是普遍的。达利和比拉丹认为，这种犹豫不决是由社会礼仪（不因大惊小怪而显得愚蠢）和顺从（不希望因自己离开房间而破坏实验）导致的。事实上，在随后的相关实验中，这些强大的社会压力的存在被反复证明，以冲淡个人责任的本能。

换句话说——这是我悲观的启示——促使人在极端情况下行动的勇气冲动，在很多情况下会被瓦解。对于胆小的人来说，似乎不愿与他人交往的性格消解了他们勇敢的意志，甚至是善良的意志。旁观者效应在现实生活中一再被证实。我想起了珠穆朗姆峰上的大卫·夏普（David Sharp），想起了贝丽莎家族妇孺被杀时，街对面的市政厅里坐着打字的工作人员。但在繁忙的人行道上行凶致死的例子在全世界有很多，有些评论家甚至将旁观者效应视作20世纪集体勇气严重失败的一个可能因素：大屠杀。

然而，怀着一丝救赎，达利和比拉丹在1968年发表的论文中写道："尽管这种认识，"他们写道，"可能会迫使我们面对令人内疚的可能性——我们同样也可能不去介入。"这也表明，个人因性格原因不一定是"非干预者"。如果人们理解了让他们犹豫不决的情境因素，可能会更好地克服它们。事实上，后来的研究，包括比曼（Beaman）在1978年发表的文章表明，了解旁观者效应实际上会让人们更不容易屈服。在意识到自己的潜在弱点后，人类在某种意义上学会或记住如何勇敢。幸运的是，现在我们胆小之人也可以学着去勇敢。

*　*　*

安格斯在我的笔记本上画了一张图，"在这一点上，我非常清楚。这是一种巨大的清醒，"他边说边抬头，把啤酒移到一边，将书滑过酒吧桌子递给我看。"我们现在做的就是训练。作为消防员，我们所做的就是在所有人都往外逃时往里冲"——他用铅笔在图上画了一条模糊的线——"我们不跑。从不逃跑，因为当你到现场时，你就没有时间去想该做什么了。所以我们走向问题，面对问题。这就是我们的工作。"

安格斯·坎贝尔（Angus Campbell）是一名消防队员，在伦敦消防队工作了 25 年多。他并没有谈论灭火，他满含泪水跟我讲述的故事也和灭火无关，只是故事恰好发生在他上班的路上。2005 年漫长而炎热的一个夏日，安格斯·坎贝尔戏剧性地避开了旁观者效应，在伦敦地铁上，勇敢对抗了一名企图引爆爆炸装置的自杀式爆炸者。

那是 7 月 21 日，也就是 52 名伦敦通勤者在 7 月 7 日自杀式袭击中丧生的两周后。考虑到在后来的两周中，人们风声鹤唳，安格斯·坎贝尔在北线列车（Northern Line train）上的反应被认为是如此出色，后来被授予了女王英勇勋章（Queens Gallantry Medal）。

刚过正午，安格斯在陶亭碧（Tooting Bec）地铁站上了地铁，冲着车厢尾部坐下。四站过去了，火车停在斯托克韦尔（Stockwell）站，一个女人推着一辆婴儿车，车上有一个正蹒跚学步的孩子，他们坐在了格斯对面，彼时的安格斯正在删除手机上的旧短信，他抬头瞥了一眼那个女人。

"门关上后，"他说，"地铁开走了，然后突然响起了巨大的爆炸声。我遇事通常不会退缩，但那声爆炸太响了，我退缩了。地铁就像他妈的地狱一样。"安格斯现场演示了一下他当时的畏缩，喝了口酒，然后向前倾身，在我的笔记本上画出了地铁车厢的布局。

爆炸声从一个背着帆布背包的年轻人身上传来，之后背包着了火。他站在车厢门口处，或多或少对着格斯，紧挨着那个带孩子的女人。这人是拉姆齐·穆罕默德（Ramzi Mohammed），一个在北肯辛顿穆斯林社区因越来越激进的观点而出名的索马里人。尽管在这个阶段只有雷管爆炸了，但他的背包里装满了自制的炸药。三次类似的爆炸发生在另外两列地铁和一辆伦敦巴士上，这是试图复制两周前恐怖事件的一次协同尝试，只是这四起尝试都失败了。爆炸发生的那一刻，安格斯和其他乘客一无所知。他们只知道有些东西爆炸了，车厢里充满了烟雾、骚动和恐惧。

"烟是白色的，"安格斯说，"我很喜欢吸烟，所以我知道白色的是干净的烟，我意识到可能是一颗炸弹。"

司机并不知道发生了爆炸，火车朝着奥瓦尔车站（Oval Station）行驶，还有几分钟到站。车厢窗户开着，以抵御夏日的热气，微风从隧道吹来，吹散了烟雾，拉姆齐·穆罕默德一侧的乘客跑进旁边的车厢，另一侧的乘客都在挣扎着穿过另一端的车厢连接门。几秒钟后，只有格斯，那个女人和孩子，拉姆齐·穆罕默德还在车厢里。爆炸发生后安格斯也开始跑，但他被困在一个垂直的柱子和穆罕默德之间。

安格斯在我笔记本的图上画了一些箭头，在箭头周围画了十字圆圈代表自己和那个女人，大写字母"B"代表那个童车，又画了一个十字圆圈表示刚刚试图炸死自己的男人，其他人则忽略了。在安

格斯说话的时候，他把最后一个符号描了一遍又一遍，最后纸上的
铅笔石墨都在闪闪发光。

"真正让我害怕的是，"——安格斯又开始绕着圆圈不停地
画——"我能清楚地记得烟和火焰从他的背包里冒出来，而他则尖
叫着，你根本想象不出他尖叫的样子。很明显他自己也很害怕。他
认为自己要去见造物主了，但是用错了方法，以至于现在面对着没
有想到的事情。我想他的脖子后面被烧焦了，因为他在做这个，"——
一只手里拿着铅笔，安格斯把双手放在脖子后面——"他把背包扔
了，扔到这个角落。"安格斯在纸上画了一个小方块，还有一个箭头，
指示冒烟的背包的运动轨迹。然后，背包就在那里，喷出难闻的、
有黑色斑点的海绵状物质。

安格斯走到带着婴儿车的女人身边说，"听着，我能帮你。让
我推着车子"，她用胳膊肘打我，往外推我，我不得不抱住她。"一
切发生在几秒钟之内，但我已经知道拉姆齐·穆罕默德正在做什么。"
格斯停顿了一下。"是的，他想杀我们。事实上，我现在应该已经
是北线列车的一部分了。哦，对不起，起鸡皮疙瘩了。"他的声音
开始颤抖，补充道，"是的，我知道他在做什么，我也清楚地知道
我要做什么。"

女人让安格斯拖着车，一起把车拖到车厢另一侧，这时安格斯
发现了警报拉杆，并猛地拉了下来。火车慢了下来，一个发怒的声
音从扩音器里传来，"有人拉响了警报，你能告诉我你在做什么吗？"

"火车上有炸弹，"安格斯在警报旁边对着喇叭喊道，"火车
上有炸弹。有人想要杀了我们。救命。救命。"

没有回应。

安格斯在车厢里冲拉姆齐·穆罕默德喊："这他妈的怎么回事儿？这他妈的怎么回事儿？你到底在做什么？"

"这是错的，"他尖声说，"这是错的，这是错的，你错了，混蛋，混蛋，你错了，你这个混蛋。"

"我咒骂他，"安格斯说，"我还说了很多脏话。"他带着歉意笑了笑。

安格斯把那女人和婴儿车推到空荡荡的车厢尽头，这时只有他自己和拉姆齐·穆罕默德在一起。许多人可能已经通过这扇门进入了相对安全的地方，但安格斯·坎贝尔现在在做一件非同寻常的事情。他走回可能爆炸的人体炸弹处。

"我确实认为他想杀我们，"安格斯说，"但我不想伤害他。我想帮助那个白痴。我处于一个滑稽的场景中，我和一个冒着烟的男人在一起——他的脖子后面或是上衣的兜帽处有烟冒出来，丢弃的背包也有烟冒出来。他显然很痛苦。"

就像一名优秀的消防队员救火一样，安格斯寻找灭火器，但灭火器并没有在它的支架上。拉姆齐·穆罕默德继续用双手在他烧焦的脖子后面拍打，还做了一个其他的手势，安格斯给我学了一下，像沮丧的孩子一样挥舞着拳头。

"你做了什么？你做了什么？"安格斯指着闷烧的帆布背包又喊了一声，"你想杀了我们。告诉我这是怎么回事儿。"

一阵不适宜的笑声传来，拉姆齐·穆罕默德说，"不，不，这是面包。这是他妈的面包。"

在制造炸弹的过程中会使用面粉，但安格斯不知道这一点；拉姆齐·穆罕默德的话对他来说毫无意义。

"躺下。"他说。

"混蛋。"

"听我说，躺下，躺下，我可以去帮你，但是我要你在我过去之前先躺下。"

"我想让他听我的话。"安格斯说。但拉姆齐·穆罕默德不会躺下。

"警察告诉我这一切都发生在两分钟内，"安格斯停顿了一下，"感觉不像两分钟。"他从桌子上的铅笔画中抬起头来，眼睛睁得大大的。

火车缓缓驶入奥瓦尔车站，司机的声音再次从扩音系统传来。

"不管是谁拉了紧急制动，请让我知道。"

安格斯跑回警报器旁的麦克风前，说："好的，是我，是我。不要打开门，不要打开门，我们捉住他了，他跑不了。请不要开门。把他困在这里，去叫警察来。"

但门打开了，拉姆齐·穆罕默德逃出地铁融入了通勤人群。

"我本来可以抓到他的。"安格斯说，他重复了一遍，又说了三遍，又说，"没关系，因为警察两天以后就在拉德布罗克丛林路（Ladbroke Grove）抓到他了，不是吗？"但他说的方式听起来似乎有点介意这件事。

我仍然对他留在车厢里的决定感到惊讶，我问安格斯，为什么他不和那个女人孩子一起走到另一节车厢。

安格斯停顿了很长时间，然后说，"我想回去帮他，"他的声音很平静，"很有趣，不是吗？"

"为什么，"我说，"他刚想杀你，你却想帮他？"

"哦，"格斯说，显然他陷入了深深的回忆，"他只是个孩子。"

然后，在酒吧桌子的另一边，安格斯内心似乎在挣扎，他低声说，"帮忙？多傻啊，多蠢啊——"他停下来，默默地摇摇头。

"所以从某种意义上说，你真的不认为他是一个应该对自己所作所为负责的个体吗？"

安格斯又摇了摇头，眼里含着泪水。我们旁边的桌子上有一群女人，进行公司外出活动，她们因某个玩笑或其他在开心地尖叫。

"是不是？"我说。

"不，不。他只是……不，不，他只是……只是一个困惑的孩子。"因为隔壁的女人都在笑，他低声说出最后一句话。

"回头想想，安格斯，"我问，"你认为你很勇敢吗？"

"每个人都说我很勇敢。我没有做多少事。我救了那个女人，我救了一个孩子，然后我回去试着处理问题的起因，但我其实什么都没做。当时我就在那儿，我做了我应该做的。勇敢吗？人们告诉我这很勇敢。我不知道。我不知道。"

安格斯告诉我，有些人问他为什么不过去给拉姆齐·穆罕默德几拳，"但这是错的，不是吗？"他说，"并且我很可能会死。我的意思是，这个小男孩体内有大量肾上腺素。当他逃跑的时候，站台上有非常多的人，他像收割机割草一样，从人群穿过。所以你可以想象他的感受。忘掉我的感受，想象一下他身上发生了什么，是恐惧，想象一下他的恐惧！"

我现在开始明白，每当安格斯·坎贝尔试图设想拉姆齐·穆罕默德在那天的经历时，那种情绪就会完全湮没他。他可能已被炸成碎肉的事实似乎还没有对想要炸死他的那人的思维过程的想象来得更令人心惊。安格斯独自和那个男人分享了这个奇异而紧张的时刻。

"这种时刻我们都不会再遇上了，谁都不会了，是吧？"安格斯说。

我问，拉姆齐·穆罕默德在某种扭曲的方面是否也很勇敢。

"不，我认为他只是被误导了，"他说，"但他认为自己是对的，那真的很难处理。关于他我想了特别多的事情。我们去了法庭，但在法庭上他从未看我，因他企图进行大规模谋杀——非常恰当——因为那就是他想要做的，法官判了他40年刑期。我经常凝思细想这件事。他只是很年轻，真是很可惜。我总是认为世界上每个人都有一些东西可以奉献出来，每个人，"——他停了下来，抬头看了看——"我为他担心，你知道。"有那么一会儿，安格斯·坎贝尔，这位勇敢的好人坐在那里哭了。

最后，安格斯集中精神说，"实际上，我没想过谈论这件事会这样情绪化。"他喝了最后一口啤酒。然后，他抬头微笑着，紧紧合上画着北线地铁图解的笔记本。

"和一幅画交谈很愉快，不是吗？但现在合上它，扔在一边，不要再想了。否则你每天都会活在这件事中，不是吗？你现在并不在火车上。那是无法向前的，对吧？否则，他或者他的意识形态就赢了，不是吗？"

我把笔记本塞进包里，然后我们一起走进温暖的伦敦夜晚。

* * *

几年前，我采访了在1978年绑架并杀害前意大利总理阿尔多·莫罗（Aldo Moro）的一名红色旅成员。这是我第一次真正和做出如此明确坏事的人交谈，我记得自己当时非常震惊，因为他对自己做下的惨案非常敏感。我以前一直认为这是一个阴暗的人，极度不道德，或精神错乱，然而他是一个脾气有些坏，但很理性的意大利人。他提到了他的希望，梦想以及和喜欢度假的红色旅同伴的争吵，他和我们的摄制组站在维亚凡尼（Via Fani）街口，他就在那里射杀了阿尔多·莫罗的两个保镖，他似乎承受不住内疚（或者类似的感觉），恳求我们离开。还有一件事我记忆犹新，就是他跟我描述的，在伏击之前的几秒钟，他低头看了看机关枪，注意到枪管有些地方生锈了，那个时刻他瞬间被怀疑和恐惧吞没。

2001 年，"9·11"恐怖袭击一周后，苏珊·桑塔格（Susan Sontag）在《纽约客》上写道，"关于勇气（一种道德中立的美德）：无论人们如何评价星期二大屠杀的凶手，他们都不是懦夫。"她的话是对爱国情绪的亵渎，全美都在声讨她。也有其他一些公众声音质疑了在那段奇怪而可怕的日子里占据舆论中心的关于懦弱的言论，但却被强烈的民怒所迫，不得不撤回或改写。然而，几年之后，法医心理学家和恐怖主义及激进主义专家安德鲁·西尔克（Andrew Silke）教授，在 2004 年写了一篇题为《黑暗之地的勇气》的文章。文章中指出，事实上许多恐怖主义行为，不管我们喜欢与否，都满足了勇敢行动的核心条件（对危险的感知，对危险的恐惧，以及继续行动的决定）。此外，他认为，忽视这一事实是就会破坏对抗这种行为的必要努力。他写道，"在残暴的屠杀和废墟中，我们绝不允许或鼓励将敌人简单化和妖魔化。"

好吧，所以我认同了这个想法，勇气（或一些类似的东西）有时与基地组织的自杀袭击者一样令人厌恶，但我发现自己仍然像大多数人一样，本能地抗拒勇气"道德中立"这种观点。我不太认同这种想法。我觉得在我所遇到的各种各样的人当中，仍有一线希望，即使那没有什么意义。这种希望似乎与善的复杂思想有关，善不一定是正确的，但却想要成为正确的。我意识到，在代表胆小鬼们进行探求的过程中，我所求的不是关于勇气的临时应急之法，而是在某种意义上一个人如何使自己的生活有意义，而不是受制于那种"死物"，让胆怯将我们压得喘不过气。是的，胆小鬼们，是时候面对道德勇气的问题了，但不是在我拜访最后一个勇敢的坏人之前。

* * *

剃刀的真名是诺埃尔·史密斯（Noel Smith），即使是他的父亲和监狱长都习惯称他为"剃刀"。"我确实试着暂时离开，但就像文身一样，"他说，他的前臂、双手和从衬衫领子里看到的胸部上满是黑点、名字、首字母和图片，"过一会儿你就看不到了。"

"我肯定，是这样的。"我说。

那天天气很热，我们俩都喝了点健怡可乐。矮胖的市政厅时钟还没有敲响中午铃声，所以我们是唯一坐在号角播客（The Bugle）花园里的人，花园坐落在汉普郡小镇上的红砖大街上，旁边还有茶室和婚庆用品商店，上面挂着篮子和教区委员会的布告牌。然而，他是他那一代人中最令人畏惧的银行劫匪之一。现今 50 岁的剃刀在监狱度过了将近 34 年的时光，他浑身都透着囚犯的气息。他告诉我，他参与了多达 200 起武装抢劫。

"十有八九，"他说，"我就是他们所谓的'可怕的人。'"我是一名枪手，我觉得我很适合这份工作，因为，虽然我也会大喊大叫，但在这些情况下我能控制自己。恐惧对我来说就是一种嗡嗡声，所以我不会口吃或磕磕绊绊地说话。人们会听我的话。

"我肯定他们确实听你的话。"我说。

1998 年，史密斯在老贝利街的中央刑事法庭（the Old Bailey）受审，这是他 20 多年来的第 58 次定罪，他被判无期徒刑。2010 年，在他和我见面的一年多前，史密斯假释出狱，他说，这意味着"如果他们认为我对社区构成了威胁，我明天就会被召回监狱"。如果他再次入狱，剃刀就会收到"吉卜赛的警告"：他将永远不能出狱，直到死亡。

剃刀说，要理解他的生活，关键是认识到他是一个"肾上腺素狂热者"。我很快就意识到，他是一个口齿伶俐的肾上腺素狂热者，尽管是残忍的那一类人，我猜这种性格的碰撞就是为什么我遇见的第一个强盗吉米建议剃刀为胆小之人提供建议的原因。

"几年前我就知道了，"剃刀说，"我最后一次坐牢的时候接受了五年的治疗，他们得出了这样的结论：大多数人走到悬崖边上，看看而已，而我想把东西扔过去，然后自己跳过去。我一直都是这样的，你知道吗，我认为这只是我内在的一种疯狂倾向，我认识的其他人则没有。"

剃刀谈到小时候在伦敦南部的高钟楼顶边缘行走，或沿着斯山（Streatham Hill）隧道内的铁轨跑步，朝着迎面而来的火车全速冲刺，在离火车非常非常近的时候躲进隧道凹处。

他说，"如果我出生在一个富贵人家，我可能会去滑雪，从飞机上跳下来。"这是我第一次想到，有些勇敢或许实际上是富裕的中产阶级的一种商品。"我真的很想要那种感觉，你知道吗，"他接着说道，"很害怕，但同时知道不会有事。我过去抢银行的时候有同样的感觉，好像一切尽在掌握之中。那是一种掌控自己生活的感觉，不管发生了什么，都由自己承担。所以只有在做类似事情的时候，我才会感觉到自己活着。抢劫也是如此。不要误会我的意思，抢劫来钱很快，但如果我蹲监狱的时间用来在工地上干活也能挣那些钱，因此让我一次又一次抢劫的是肾上腺素的迸发。这就是我如此热爱抢劫的原因。"剃刀闭上眼睛，吸了一口烟。

在15岁时，剃刀已是一个持械抢劫犯，胆大很快就成了他的标志。

他说，"我这个年纪的其他罪犯都在入室盗窃和入店行窃。我从来不喜入室盗窃。那需要爬很多路，那对我来太反感了。我是那种走到前门，敲门，然后从前门进屋的人。"

这不是剃刀第一次明确表明哪些行当不会干。他之后厌恶地提到了在旺兹沃思监狱（Wandsworth Prison）遇到的一个抢劫糖果店的人，那人把氨水喷到收银员的眼睛里，然后拿光了收银机里的钱。他说，"如果你靠弄瞎别人的眼睛抢走两百英镑，你就和我们不是一伙人，滚蛋吧。你只不过是个恶棍。"他因自命不凡而大笑，但笑并没有达到眼底。"如果你愿意这么理解，我们视自己为高尚的罪犯。"

我想说的是，虽然守法的多数人可能更喜欢坏人还有一些良知，或是以优雅一致的方式心理变态，但事实上，事实比这要复杂得多。

"你需要记住的是，"剃刀说着点燃了一支烟，在我们的交谈过程中他抽了十几支烟，"我们很多人都有自己的道德，我这一代当然是从好莱坞，牛仔电影和黑帮电影中学到的道德。我们没仗要打，你看，没有兵役，所以我认为我们错过了什么东西，我把自己看作是一个像海盗或罗宾汉那样的传奇人物。法则本身很简单：不向警方告密，不与当局合作，不恃强凌弱，抢劫时不伤及无辜。抢劫不应该是这样的。当你真正工作的时候——这就是为什么我们把它叫作‘工作’——你必须时刻保持专业。这就是我们生存的法则。"

剃刀接着说，持械抢劫犯是"不同的人"，他们的罪行"如果你愿意这么理解的话，是纯粹的"，尤其是因为在他们的眼中，没有受害者，只有钱。然而，在监狱里，剃刀是最勇敢和最坏的罪犯的形象似乎已经被封锁了。为了寻找肾上腺刺激，不顾单独监禁和禁止假释的威胁，剃刀因暴力袭警，而广为人知。

"我知道后果，"剃刀说，"但我沉迷于那一刻。如果我在和一个狱警争论，有一刹那，我决定控制形势，说'好吧，我要揍你了'，我就会揍他们，砰一声，把他们打倒在地上，一旦一个狱警被揍趴下，其他的就会朝你冲过来。在他们靠近我之前，我很享受一个倒下，其他人冲过来的感觉。我对自己非常非常满意，但同时也对即将面对的拳打脚踢恐惧，但对我来说，有那一刻就什么都值了，因为你必须记住，监狱最糟糕的事情就是无聊。"

剃刀告诉我，监狱另一个不好的地方就是，那里可能是"绝对可怕的"。他给我讲了在帕克赫斯特监狱（HMP Parkhurst）每周的惯例，新囚犯在周四抵达，他们走进来时，两百多只长期服刑的凶残的"哈巴狗"都会过来，趴在上面的阳台上，低头看着新鲜的肉；"他们没有说什么，就只是看着你，"剃刀说，"你的大便会吓成水，相信我。"

任人在监狱外面如何老练，这种恐惧似乎还是会侵蚀他。"那你怎么熬过去的呢？"我问。

"对于我和很多人来说，这事关骄傲，所以你必须挺过去。如果你抢劫了，骄傲之情会自然发生。但在这些情况下，我会强迫骄傲的感觉以扼杀恐惧。你想一直压制恐惧，因为如果恐惧太多，你就完蛋了。对我来说，恐惧就像是物质的感觉。好比，一个盒子里充满了恐惧，恐惧从盒子四面流出来，你必须把恐惧推回去，你想要推回去，就要在恐惧上放一个更重的东西，那个就是你的骄傲。"

剃刀说，是他的骄傲给了他"正面"，一种冲突找上自己之前率先挑起冲突的行为——你他妈的看谁呢？什么？你有话要说？——从而避免了"痛苦"的推迟和隐含的羞辱。你要么成为最厉害的人，或者用他的话说"搞定一切面对的问题"。

剃刀说，监狱里还有最后一个可怕的障碍，说得好像他是某个古老的武士想要唤起武士道精神，那个就是违背"法则"的持续的压力，他补充说，这就是为什么"法则"必须"是生活中最重要的"，它要求你既不能欺弱也不能告密。"勇气就是在这种环境中得以存在，并支持着反对压力的法则。那就是需要勇气的地方"。

我问剃刀，他认不认为生活中有的勇气会有道德瑕疵。"是的，"他说，"我想是的。事实上，勇气没有任何道德。这些都不是你应该引以为荣的，那种勇气，但却又是勇气。"所以我问，犯罪不考虑受害者，是不是有道德懦弱的因素在里面。剃刀同意了，"是的，我认为有一点道德怯懦，因为你把自己的生命置于险境，你考虑不到附近是否还有别人，你也不在乎，所以，是的，是有道德懦弱在里边。在某种程度上，这是一件勇敢的事情，这是一种鲁莽的勇气，但你不关心别人。"显然，在剃刀眼中，勇气和道德勇气未必是一回事。

尽管如此，剃刀接下来的举动稍微融入了一些不同类型的勇气。为了反抗监狱里一年又一年的"绝对的无聊"，他开始大量读书，当他自我充电的时候，他决定在对抗权威的战争中改变策略。"我开始寻找一种方式来对抗监狱体制，同时既能得到做事的满足感，又能免于被人拳打脚踢。"我发现了投诉系统，并且我常常使用。

事实上，在 1994 年，剃刀说，"除非必要，我停止了对狱警的身体攻击，我开始了笔头工作。"他笑了，"我投诉了数百次，每一次都是诚恳的投诉。我下定决心，不会为了一些鸡毛蒜皮的事投诉。你知道吗，沙拉不够新鲜，或我的枕头太硬了——我会四处寻找真正的不满，我会找到他们并投诉。这是一个漫长的过程，是一场舞蹈，但我可能会同时进行 20 个。而且我很少输掉。我记得，在楼梯平台上，长官对我说，'你知道吗，我更喜欢你挥拳打人的时候！'我说'为什么？'他说，'在我的办公室里，有一堆关于你的该死的文件，过去，我们用警棍打你的头，再把你扔到街区里就行了！'我说：'好吧，那些日子已经过去了。'"

1997 年，他出狱了，但他所谓的"肾上腺素瘾"仍然很旺盛，他出狱后直接就去抢劫。第二年，他被逮捕了，这次他被判了三年，这三年中的某个时刻，一切都改变了。剃刀十几岁的儿子——"他一直在追随我的脚步"——被发现死于可疑的环境中，几天前他刚从费尔顿青少年罪犯教养所里出来。剃刀没能获准离开监狱参加儿子的葬礼。

"我突然环顾四周，开始倾听人们的声音，你知道，当你开始厌烦一件事的时候，就会想，这些人到底是谁？所有人都在谈论他们所做的抢劫案以及他们为什么入狱。我想，好吧，我不再对这件事感兴趣了，肯定还有别的东西能引起我的兴趣。我认为乔（Joe）的死不能毫无意义，所以，我想改变我的生活，作为送他的礼物。我下定决心让他的死有价值。所以这是一个私人的决定，在监狱待了这么多年以后，看看是否真的有改造服务。"

剃刀最终在英国唯一的治疗监狱——格伦顿监狱（HMP

Grendon）找到了，他在那里花了近5年的时间治疗和撰写自己的经历。直到这里，我才有点明白为什么他的叙述中，尽管明显带有对过去刺激生活的怀念，但也穿插着比如说"我们不是高贵的罪犯，我们只是他妈的卑鄙的小偷"或"我们是贪婪懒惰的只会偷盗的混蛋。"起初，我忽略了这些言辞。但后来逐渐意识到，不知何时，不知怎么，我开始后悔了，在剃刀不注意的时候，修改了一些关于他的手稿。

　　2010年，诺埃尔·史密斯出狱，一年多后，他和我在军角播客见面，这是他生命中第一次，称自己是"一杆生锈的枪"，是在犯罪生活中选择光荣退休的有罪的坏蛋代表。但在现实中，当一杆生锈的枪看起来很困难。当我问道，"最近怎么样？"剃刀回答说，"这太可怕了，真的。"他摇着头，突然看上去比过去几个小时要矮小一些。"我想，当你的人生总是从监狱里进进出出时，你就被困在了那种生活中，那是容易的。当你是罪犯的时候，生活只是一方自由的土地，信不信由你，即使他们把你关进了监狱。但现在我在另一种世界——这是一个我必须参与的世界，因为我不想回到监狱，我已经受够监狱了。因此对我来说，这是一项艰难的工作。它正测试着我的勇气。不过，即使是现在，有时我走在街上，看到运钞车时，原先的想法也会萌发，我想，'哦，那样做很容易'，当然也有同伴给我打过电话问我厌烦了那种平凡的生活了吗？——剃刀大笑——我们明天给你准备了点儿工作，这就是为什么我说需要很大的勇气来远离犯罪，因为它就像进入一个熟悉的温暖舒适的地方，你知道你会笑，会兴奋，可能这次就会远离这些感觉了，这就像脑袋里的电话，你必须忽略它。你必须每时每刻让自己停下来。"

　　我现在意识到，这就是一个勇敢的坏人正在变好的声音。

第九章

勇敢起来，就现在

要敢于运用智慧。

贺拉斯，伊曼努尔·康德，米歇尔·福柯

这也是一种声音。它蚀刻在由一圈圈蓝色塑料组成的弧形刻槽内，只有 3.5 英寸宽，周长则为 12 英寸。这种"口述录音带"发明于 20 世纪 40 年代，作为一种新型音频记录技术，取代了以前的蜡筒。它为办公专用而设计，易于折叠和张贴。从理论上来说，这和录音机构造原理相仿，都是通过纤细的唱针将声音永远地刻录进机器表层。这种设备不是为了流传千秋，而更强调实用性，它无法抹去，不能编辑或再次重录。随着时间的流逝，使用后留下的折痕会一直存在，塑料材质也会变得脆弱；然而不管多久前刻录的，现在的人们听来，那声音依然新鲜如初。

然而口述录音带里的声音也被认为是不容失去的。这种声音是 20 世纪勇气神化的象征，这种勇敢的声音，不仅仅是史诗般理想化的集体想象，且印证在这些塑料沟槽里并成了现实。如果档案保管员们因为条件所限，而对于本应抢救保存的声音片段束手无策，不管不问，那就好比在《蒙娜丽莎》脸颊上的颜料褪色时说："哦，好吧，这也是没办法的事。"或者在遗失一两卷死海古卷①时说"没关系的"。

一位英国图书馆声音档案馆的工程师，曾花了一个多月时间去修补一部电话录音设备，试图修复总共七卷录音带上的音频，甚至这些东西有没有价值都很难说。这些录音带录音时速度不对，这就意味着录下来的声音尖锐而急促，唱针在硬化的折痕间大幅度跳动着。这位工程师运用了希斯·罗宾逊（Heath Robinson）操作法，并另加入了一台变速电动机，以及一个用来加热易碎塑料的工业电炉，以使褶皱带更易于接触唱针。方法如此复杂，接下来用电脑把声音放大，录下并黏接起来，然后在 37 年后，首次播放。

"这就是非洲国民大会要为之奋斗的，"一个声音说道。尽管录音带里断断续续，但这个声音我们都熟知，它听起来年轻但有力。"在我一生之中，"这个声音继续说着，"我致力于为了非洲人民而斗争。我反对白人统治，亦不支持黑人执政。我梦想着可以建立一个由所有人一起和谐共生、平等和睦的民主平等社会。这是我的人生理想。"——这个声音停顿住了，仿佛这人正站在悬崖边缘——"如果有必要，我愿意为了这个理想牺牲我自己。"只有非常伟大的人，非常伟大的演说家，才可能说出这最后一句话。这句话在寂静的房间里回荡着。

———————————

① 泛指 1947—1956 年间在死海西北基伯昆兰旷野的山洞发现的古代文献，它们的发现被称为二十世纪最伟大的考古发现。

　　我当然知道这些话。这个演讲直到现在仍然非常有名，人们多次引用它。你去买一个鼠标垫或者一件 T 恤，上面可能都印着里面的一两句话。但在那样一个时刻（1964 年 4 月 20 日），那样一个地方（南非比勒陀利亚最高法院，利佛尼亚审判庭审现场），由那样一个人（"被告人"：纳尔逊·曼德拉）发表的那番演讲中所蕴含的奇异力量，令我措手不及。两个月后，他自然是被关押在罗本岛，并将在那里度过长达 25 年的牢狱生活。但在 4 月份那天早晨审判之前，或者审判后在牢狱之中，未曾有人以这种方式捕捉到类似一样知名的英勇时刻。此外，2001 年成功修复曼德拉演讲录音带这件事，成了一条全球新闻。正如我曾经观看过迈克·帕森斯，在惊涛骇浪中冲浪或迪恩·波特飞跃艾格尔峰的视频；正如我曾在斗牛场，看到拉斐尔洛被两头三浦公牛接连冲撞的画面，以及与轮椅上的哈尔·芬尼，通过他的电脑语音合成工具来谈论编程；正如我曾仔细研究过地铁车厢里，安格斯·坎贝尔面对拉姆齐·穆罕默德时的监控录像，以及曾观察过瓦乔卡·贝里丽莎往盘子里放一些饼干，以迎接她唯一幸存的儿子回家，所以现在，我一遍又一遍地去听纳尔逊·曼德拉 1964 年的录音带，仿佛深入研究就可以窥探得到他演讲中勇气来源的秘密。

　　当然，事实并非如此。我现在应该已经猜到，虽然形式多样的勇气令人侧目——或者，像曼德拉的演讲录音一样，让人忍不住想倾听——并不是因为可以看到或者听到勇气本身，而是在人们做出英勇举动或言语之前，这些事迹好比一面镜子，通过琐碎失败中的一言一行，一举一动，来映射出我们每个人的胆怯。

　　这确实是胆小鬼的最终目的地，我们把这种特殊的勇敢尊为勇气之王。我所讲的，自然是道德之勇，即冒着被他人嘲弄、反对、疏远，甚至陷入贫困、监禁或暴力伤害等风险，也要去做或说出自认为是正确的东西。这种东西不仅包含了道德之勇的神秘起源，还加剧了其余人感受到自己实际上属于平庸之辈的焦躁不安。

过多华丽的辞藻，的确致使道德之勇这个概念更加难以企及了。在曼德拉在利佛尼亚法庭演讲过了两年后，鲍比·肯尼迪（Bobby Kennedy）在开普敦向他的学生发表演说，号召大家推翻充满了压迫的旧秩序，建立一个没有歧视与偏见，更美好的世界。结束的时候他告诫大家，他们在前进道路上会面临三大主要"危险"：徒劳，权益以及"胆怯"。他说："很少有人愿意勇敢地站出来反对同伴，责难同事，表达他们对社会的不满。比起战场上的英勇和大智大勇，道德之勇更为罕见。然而正是这种必要且关键的品质，驱使着那些人去尝试改变这个大多数人痛苦地放弃去改变的世界。"

胆小鬼们，请花点时间，让我们一起去个明亮的，想象中的房间里走一走。这里，在我的心目里，我们胆小鬼公社聚集在公社成立以来最重要的那些日子里。在拱形的天花板下面，墙上挂满了勇者的肖像，他们都是从胆小鬼转变过来的，他们的眼睛里充盈着所见所做所知。房间里数百幅肖像中，有一些熟悉的面孔。看，这是二等兵马丁·贝尔，他教会我们什么是真正的战友之谊；这里，这里是萨利安·萨顿，她让我们明白什么是直觉；卡迪夫·斯科特，让我们知道了怎样才算暴怒；格雷格·朗，让我们了解到恐惧是如何令人成长的；还有弗勒·伦巴蒂，她向我们展示了勇敢的代价。爱德华多·达维拉·三浦紧挨着弗勒·伦巴蒂，他培养年轻人要首先看起来勇敢，然后在言行中勇敢起来。在墙的另一侧，那边有蕾妮·弗莱明，她服装闪亮，妆容精致，尽管我们如今已知道那皮囊底下隐藏着怎样的恐惧。啊，是的，这位是阿什克罗夫特勋爵，我们不知道他为什么会在这里，也许是为了让我们从他的故事中吸取教训。前面我看到了大卫·阿尔德森（David Alderson），他让我们领教了庄严承诺的力量。对面是一张已经晒褪色的照片，上面有一小群人，他们在参加达利（Darley）和拉塔内（Latané）的'旁观者实验'。他们，以及我们，通过这个实验，明白了集体懦弱心理，并在这个过程中发现自己比以前更加勇敢一些了。旁边出现了海莉·里奇韦（Hayley Ridgeway）的肖像，年轻可爱，她这样的人可能是你所能遇到的最好的朋友。诺埃尔·史密斯（Noel Smith）在她旁边，就显得不那么好看了，但他在某种程度上证明了严重不服从与一定压力下的勇气二者之间的联系。阿兰·罗伯特（Alain Robert）的肖像挂在有面墙的高处，他告诉我们，要相信自己经历的力量，甚至把自己当作佐罗（Zorro）。往下一点则是露丝·米林顿（Ruth Millington），她用实际行动展示了一个人可以拯救多少人的生命。没想到肯特·迪博尔特（Kent Dieboldt）也在这里，他仅仅是提醒我们要专注于最重要的事物上。与他的肖像并排的，同样令人惊讶，这是威尔士之声演讲者俱乐部（the Voice of Wales Speakers Club）成员的合照，他们让我们明白了做好准备愚弄自己的回报是什么。

　　最后，在这个房间尽头的高台上，浮现出了一些我们都熟知的面孔。他们是勇气的偶像人物，他们作为世俗的圣徒，为普罗大众和胆怯之人重塑现代精神思想，令他们充满强烈的敬畏之情。圣雄甘地、马丁·路德·金、纳尔逊·曼德拉、昂山素季，这些人所代表的精神力量令我们如此激动不已，以至于我们容易忽略藏于他们内心深处奇怪的矛盾。因为真相是，士兵和战场拼杀代表的是特定典范的肉体之勇——就是我们在房间入口处看到的那些人——过去75年来那些拒绝暴力拥抱和平的人同样为道德之勇树立了典范。这些人所做的有效地防止了人类历史上一度对暴力的盲目痴迷，这也是他们勇气的精髓所在。他们都高出于我们，被挑出来放在聚光灯下。

　　道德之勇的概念，即表示勇气可能存在着某一种形态，它并不需要一个物理上的束缚。正式提出这个概念始于1882年；但这种品质本身，却历史悠久。除此之外，进一步思考我们就会发现，道德之勇如果必须承受一些身体上的考验，很难想象有什么是它所经受不住的；正如克里斯托弗·希钦斯（Christopher Hitchens）曾指出的那样，我们，毕竟是"肉身"。因此，把道德之勇独立出来，并置于我所遇到的其他人各种形式的勇气和胆识之上，我觉得，这就偏离了如何变得勇敢这个问题的要领。尽管聚光灯下的英雄们为数不多，与众不同，但在他们身上很明显汇集了许多构成勇气的谦卑元素，这些元素我们从房间里其他面孔上也能够找到——顺从、违抗、愤怒、自控、训练、专注、爱、骄傲、拒绝、适应、对立、恐惧、假装无惧无畏的本领、耐心、急躁、算计、自发性、独立思考、社群意识、让生命尽可能发光发热的干劲儿，以及顾全大局。

　　那么，被供于神龛里的道德之勇，究竟对于胆小鬼来说是遥不可及的，还是我们仍有可能习得勇气的这部分要义呢？

＊　＊　＊

　　"在我七岁的时候，有一次，我和祖母去坐有轨电车，"——伯纳德·拉菲特（Bernard LaFayette）在时隔63年后，和我讲述当年的事情——"当时的情况是，非裔美国人乘车的话，需要先上车，把车费插进车厢前部售票员旁边的钱箱里，然后下车走到后面，从后门再次上车，然后才能坐到种族隔离专设的座位上。"

我和拉菲特博士坐在波士顿PBS电视台一间大型会议室的一端。他来这里是为了参加"自由之行"五十周年庆祝活动①，包括他在内的民权活动家们将乘坐洲际公共汽车到曾实行种族隔离政策的美国南部去。年仅20岁时，拉菲特已经对纳什维尔午餐柜台的静坐示威抗议活动相当有经验了，于是他去到了形势严峻的亚拉巴马州塞尔玛地区领导类似的抗议活动，还曾与马丁·路德·金密切合作。PBS电视台会议室里，我们座位旁边的这面玻璃墙上贴满了各种海报。在接下来的三小时里，我时不时会发现电视台的工作人员从海报缝隙向会议室里面偷窥，偷窥这个曾亲身经历过海报上那些惊天大事的传奇人物。

"问题是，"他继续说，"有时候你已经付了钱，正在从后面绕过去再上车，售票员就关上电车门，上车的台阶也收了起来，电车就带着你的车费开走了。这时候你就得试着跟着车跑。"——伯纳德笑了，摇了摇头——"没用的，追不上的。我祖母就遇到过一次这样的事。我们两个一起追赶电车，但她跌倒了。我原本可以赶得上，但我不能丢下她不管。于是我就一边伸手去拉她起身，一边试着抓住车门，但电车还是开走了。我到现在还记得，尽管那时我只有七岁，但我当时的感觉就像被一把利剑劈成了两半。那时候我

---

① 为争取公民权利，民权工作人员去美国南方各州乘坐实行种族隔离的交通车辆作示威性旅行。

就意识到，我不喜欢那样，我不愿意被人这样对待，我告诉自己，等我长大后，我要为此做点什么。"

1948 年在佛罗里达州坦帕市发生的那件事，电车开走那一刻的愤怒，开启了伯纳德非同寻常的人生之路。那件事就如同一剂强心剂，几个月之后，伯纳德就有了首次大胆的举动。

伯纳德在坦帕市拉丁地区一个叫伊波市的地方长大，那是一个 19 世纪末由雪茄生产商们建造，由古巴、意大利、西班牙人组成的多民族社区。这里第八大街上只有两幢房子，其中一幢就是伯纳德的家，隔一个街区就是主商业街，在他家两侧是两家大型雪茄生产厂。"我家的前院就是烟厂这样的地方，所以 5 岁我就开始抽雪茄了，"他爆发出一阵嘶哑的笑声，"但我只抽了 47 年，后来我戒烟了。"他仍然呵呵笑。他告诉我，还是个小男孩时，他就经常很早起床，在一天还没正式开始前，为雪茄工厂的工人送咖啡外卖。"所以我就是咖啡小哥。我每天去三个街区外的咖啡店买咖啡，这时候咖啡店都还没有开始开门营业呢，然后我把咖啡带回来给那些工人们，每一杯咖啡我能赚到十美分。因此我去上学的时候，总是有一大把钱，我就经常用这些钱给那些没什么钱的孩子们买午餐。"

他告诉我，咖啡馆的柜台边有午餐凳，按照当时的规定，无论大人还是孩子，只要是黑人，都禁止坐那里。去哪里买咖啡几个月了，一直是这样。小伯纳德随后认识了柜台后的那个人。这人不是老板，只是在这里上早班，刚开始，他们用西班牙语交流几句。数周之后，这个人准备咖啡的时候，他俩已经可以就抽雪茄以及其他男士们都向往的东西为话题侃侃而谈了。一切都那么轻松愉快，直到有一天，七岁的伯纳德突然想试着坐在午餐凳上。之后的很多天，伯纳德早晨去买咖啡的时候，脑子里都在琢磨这件事。

"我自认为我是个生意人，"他说，"我在和他做生意。他的店还没开门，我就买了十杯咖啡。因此，他没有给我任何恩惠，我也没有为他工作，我们互不相欠，所以我开始认为我们俩是平等的。他做生意，我也做生意。他在赚钱，我也在赚钱。我从他那里买的咖啡越多，我们俩赚的钱也都越多。这就是为什么我在等着他做咖啡的时候，想坐在午餐凳上的原因。只有当你意识到自我的价值后，才能够真正拥有道德之勇，因为你知道你想要的都是你应得的。"

但他仍然花了几周时间才完全适应这个想法。为了强化自己的神经，增加勇气，这个男孩一直与柜台后的人闲聊着。

"因此我一直不停地聊啊聊啊，"他说，"聊啊聊啊，然后我终于靠在了午餐凳上，就像这样。"——伯纳德弯起胳膊肘举到与肩齐，看着我的眼睛。突然，我仿佛看到了当年咖啡店里那个想坐午餐凳的小男孩。

接下来的三周里，每天他就那样貌似随意地靠在与他一般高的午餐凳上。

"我比较担心的是，"伯纳德说，"如果他让我远离午餐凳的话，我该作何反应。波莉你要知道，在这种特殊情境下，其实也可以推广到其他情境中，恐惧的来源不是缺乏勇气，而是是否会失去勇气。问题在于，你会被什么情况吓退。我必须有一个战略性的决策，思考清楚我是否值得去冒这样一个可能让我丢掉生意的风险，因为这件事没有退路。所以我必须估算出潜在损失，还得考虑到那些需要我的钱买午餐的孩子们，以及我和这人的友谊是否就此破裂。还有如果老板走进来，看到他允许我坐午餐凳，那他会怎么样？所以那时候，我需要考虑很多事情。”

他靠在那里想着这些，他想着这些时就靠在那里，然后有一天，小伯纳德爬上了午餐凳。

“我放松下来了，”他说，“然后我坐在那里。那人正在打咖啡，他面前有一面大镜子，我们的眼神在镜子里交汇了。我能看到他在看我，我也在看着他，关键的一刻到了。我们的聊天戛然而止，然后他看了看外面，确保没有人看到。我什么也没有说，他也沉默着。但是从那一刻起，我就可以坐在午餐凳上，等他准备我要带走的咖啡啦。”

“当时你有没有觉得自己好像打了个胜仗？”我问他。

“啊，打了个大胜仗，”伯纳德说，“这场胜利是奖赏我尊重了我自己。现在想到此事，当我坐在午餐凳上，那其实是一种抗议。我之前对此并没有想太多，但现在我意识到了，我那时候那么做并不是因为冲动。也许真正的道德文化就应该是这种沉默的力量？那么”——伯纳德停了下来，展颜而笑——“那就是我的第一次静坐抗议。”

* * *

在我见到伯纳德·拉菲特之前的几个月，我一直在思考，道德之勇是如何开始的，又是以什么方式呈现出来的。因此当我第一次在谷歌上输入“乔·格伦顿（Joe Glenton）”的名字后，有关他的消息很令我震惊。在我还没有把他的全名输完，只输入到第一个“n”的时候，搜索引擎就给出了预测词组“懦夫乔·格伦顿”。

我也知道，报纸上有许多对格伦顿事件的争议性报道，但在现代社会里，这样的诋毁显得很离奇。乔·格伦顿曾是一个年轻的英国士兵，他没有跟随部队返回阿富汗，而是擅离职守当了逃兵。他被判逃亡罪，后来又降为擅离职守罪。2010年，军事法庭判处他有罪，九个月刑期，随后他在一个军事监狱里服刑了四五个月。据媒体报道，他辩护失败主要是因为他对于阿富汗战争深深的道德不安，以及那唯一一次阿富汗之行后他患上了创伤后应激障碍症。

我很好奇暴力与非暴力是如何背道而驰的，因此那年夏天我读了伯特兰·罗素的《智力垃圾素描》（1943）（该书全名为《智力垃圾素描：关于组织和个人的蠢行有趣的目录册》）。之所以读这本书，部分是因为它与当前的军事正统观念几乎完全对立，部分则因为它为胆小鬼们提供了一条完全不同的前行路径。我在其中某段话中找到了心灵归属：

"集体恐惧会激发从众心理……在受到巨大恐惧影响的时候，不能相信一个人，一个群体，或是一个国家，会采取人道行为，或进行理智思考。由于这个原因，怯懦之人（胆小鬼）比勇敢之人更有可能变得残忍……当我说这些的时候，我在想，不仅仅只是面对死亡，一个人在任何时候都可能是勇敢的。很多人都有胆量英勇赴死，但却没勇气说出他为之而死的原因并没有意义，甚至连这样想一想的勇气也没有。"

因此我通过他的律师写信给乔·格伦顿，引用了上面这段话，希望能通过他，让胆小鬼公社的人了解军事勇气的另一面。通过几个月异常艰难的找寻与联络后，格伦顿终于同意聊一聊，某个周末上午我们见了面，届时距他出狱差不多已有一年了。

他和我讲了他是如何在22岁那年加入英国陆军后勤部队的，他有多么"喜欢部队亲历的生活"，也时常与战友开谐趣的玩笑，以及当 2006 年春天他第一次被派遣到阿富汗服役前夕，那种"短暂的恐惧时刻"是如何刺痛他的。格伦顿的部队 4 月到达坎大哈，随后 7 个月都驻扎在机场大型弹药库基地，那里"与战场还略有一点距离"。迫击炮时常在基地发射出去，毫无疑问让人胆战心惊，但乔说他并没有真正目睹多少死亡画面，除了一些"被打包遣返回国的尸体"。他谈论起当一架直升机坠毁后，他们用铲车去搬散落在基地周围的那些棺材，还说"那个画面我到现在都还记得"。

　　从坎大哈回来以后，乔对战争本身日益渐增的忧虑最终升级成了他口中创伤后应激障碍症的"所有典型症状"——失眠，梦魇，高度警觉——在以前，人们把这些称为"战士之心"。他说他暗暗下定了决心要离开部队，同时坚信一个名为"和谐指导方针"的政策可以保护自己，该政策为了保障军队士气，反对每名士兵在每 18 个月内上两次战场。所以在 2007 年春季，当乔的长官在办公室告诉乔，夏天将再次派遣他时，他直接回答，"不，我不去。"随后谈话开始变得激烈起来，最后，据乔所说，他的长官对他甩下一句话说："你是一个懦夫，你逃避责任，我怎么安排你就得怎么去做。"

　　几周之后，在他很快就要调配走的时候，乔做了一些可以说很勇敢，或者说很懦弱的事，勇敢不勇敢要看站在什么角度来理解了：他离开军营，飞到曼谷去了。随后的半年时间里，他都一直待在东南亚，肆意挥霍着他以前在阿富汗服役时得到的，他称之为"沾了血的钱"，去买"廉价的酒和廉价的毒品"。"黑暗的日子，"他说，"奇怪的日子。从一个训练有素的战士变成了亡命人。"之后他又在澳大利亚过了一年半。我问他是否感觉这有一点像"暗黑版本的背包旅行"，乔说，"某种程度上来说是自我流放，随意飘荡，留了一脸大胡子，那段时间一直活得很离奇。"

乔的澳大利亚女友克莱尔是一名移民律师，后来他们结了婚，而在我与乔进行这次交谈时，他们正在办理离婚。2009年夏天，他们两人决定一起回到英国面对现实，承担责任。在飞机降落在英国大地上后，乔自首了，然后他被以逃亡罪起诉。从秋天到冬天，这件案子军事法庭一直在审理之中，在此期间，乔也多次公开发表过明确的反战观点。他曾写过一封公开信给时任首相的戈登·布朗（Gordon Broum），表示英国根本"没有理由"参与阿富汗的战争行动。他还在特拉法加广场大型反战集会上发表过讲话。事实上，2010年3月，当乔在科尔切斯特军事法庭被判刑后，在押送他至监狱的路上，人们拍到了很多幅他当时的照片，他紧握着拳头挥向空中，十足政治犯的架势。

乔·格伦顿的反抗在某些方面恰恰触动了人们的那根弦，自然招致了铺天盖地的负面报道，脸书上成立了"懦夫乔·格伦顿"小组，另一个小组幸灾乐祸地要求绞死乔·格伦顿。但同时也出现了很多的反战游说组织，乔在他们眼中则是一个传奇的人，甚至是英勇的人。在他自己的叙述中，也能感受到这种转变。当他讲到为他正名的战争打响时，他变换了修辞，他的叙述立马开始变得更加自信，更加富有感情，也更有一定的思想内涵。他会说类似这样的话："历史上总会有一些像我这样的小人物，用自己的血肉来浇筑别人的雄心壮志。"或者"我认为'英雄或懦夫'的辩论完全跑题了。关注点应在于阿富汗战争——而不是乔·格伦顿是个英雄还是懦夫。"虽然如此，一些个人名义上的勇气，对于乔仍然很重要。就在几分钟前，我询问他整件事中哪些时刻是最挑战他勇气的。

"也许决定返回英国，做出这个选择，是最需要勇气的，"他说，"我认为承担责任的过程'这可能会对我有点影响，但我会打败它，'实际上知道自己将要面临一些'利维坦怪物'[①]一样可怕的东西，这是最吓人的，但我还是做了，因此这可以说是一个勇敢的时刻。"

乔·格伦顿令我印象深刻，但他的叙述中出现了一些前后不一致的地方，有时候我又不禁怀疑他所讲的故事中，那些意识清醒时的道德义愤，在他的添油加醋下，偏离了事实有多远？他开始产生良心不安的时间线是模糊的；他认为他良心不安是道德上，而与政治无关——理由是他良心上的抗拒——掩盖了他在其他时候讲过的政治立场；我不得不多次询问他，以弄清楚创伤后应激障碍症或者他的伦理道德观对他决定擅离职守有多大的影响，确认他是不是并经过深思熟虑才决定离开。同样不清楚的是，为什么他没有提出因为道德原因拒服兵役申请？这与他曾说的，更准确的"总之可能会把我踢出去"这些话，是不相同的。我说这些东西并不是指乔·格伦顿捏造事实，也没有说他现在热忱持有的观点虚伪。只是仔细推敲的话，会发现整个故事有一点紊乱无序，而在有更多争议的军事方面的勇气这类事情上，往往如此，故事中人们为什么做他们经常做的事情，可能都是过去生活经历的写照。

最关键是，作为一个年轻人，乔·格伦顿不是在加入军队时，不是服役时，而是讽刺性地通过离开部队，发现了自己的使命。这些道德之勇是他一路走来偶然涌现出来的，大概因此，他才没有隐

---

① 英国 17 世纪著名作家霍布斯的著作《利维坦》，亦是海怪的名字。

瞒斗争的起因。在聊天结束的时候，我问将满三十岁的乔，未来如何打算。

"我现在已经是一个活动家了，"他说，"真是奇怪，部队本身是挺不错的，那是另一种战斗，我们训练有素地去战斗，现在我也有要为之奋斗的东西——意想不到的是我竟受雇于那些有头有脸的大人物们。无论我做什么，我心中作为一名战士的烙印仍然存在，但与此同时，也还有辨别是非曲直的直觉，这两种状态是相互冲突的。"

谁能说这些冲动的话，以后会不会生成一些什么呢？

* * *

威廉·伊恩·米勒（William Ian Miller）曾在他一本非常出色的书中谈到了勇气，他说"道德之勇也是一种孤独之勇"。一个人如果觉得年轻的准下士格伦顿是勇敢的，小伯纳德·拉菲特在咖啡馆柜台的不寻常行为也是勇敢的，那么他/她肯定会认同米勒这句话。这时候没有人可以并肩作战，没有斗牛场中的那群帮手，没有警察来支援，没有英语演讲会的同伴来呐喊助威。在果断行动之前，确实会出现一个时光停滞的孤独时刻（这种孤独我敢说没有几个勇敢的人不曾遇到过），但是不要误认为道德之勇里面的孤寂，在危急关头是必不可少的，或者认为最近几代人，都必须孑然一身才有资格拥有最优良的道德之勇这一品质，这种想法也是不得要领的。

在 2011 年 BBC"里斯讲座"上，缅甸民主运动领袖昂山素季谈到了那些即使面对恐惧也追随着她坚持抗争的人，她称她们的这场运动虽不露声色，但也团结了不少人："当我们为自由而战时，恐惧是我们遇到的第一个敌人，我们必须跨过这一步，"她说道，"往往直到最后，人们也没有完全克服恐惧，但没了恐惧，自由也不可能完整。不管克服恐惧需要多么大的勇气，只要它可以促使我们前进就行……这是异议分子们每天都要面对的。在日常工作中，他们假装不害怕，也假装没有看到身边人都在假装不害怕。这不是虚伪，是他们每时每刻都得有意识地强化勇气。"

美国当代著名道德哲学家阿拉斯代尔·麦金太尔（Alasdair MacIntyre），一生中大部分时间都致力于复兴亚里士多德的道德观，这也是现代思潮中更广泛和持久的美德伦理复兴运动的一部分。如果能够重视社群生活在培养那些美德或良好习惯中所发挥的作用，就能反过来得到"好日子"。麦金太尔写到勇气时，说勇气"不单单作为个人品质很重要，对于维持一个家庭和社群也是必不可少的。"所以我很好奇，假如我们从某种程度越过那些拥有道德之勇的"英雄们"，而去找寻道德勇气行为的群体模板，不知道会发现些什么。也许我这里用的这些术语会令麦金太尔教授很绝望，但我仍旧很想知道，对于人们如何在一起习得道德之勇，有没有可能在这方面有更多探索研究。

* * *

我对于接下来要遇到的这个人，感觉很紧张，不是因为这人急躁的坏脾气，亦不是因为名字如雷贯耳而令我焦躁不安。事实上，我发现采访重量级的知识分子，比采访其他任何人都更可怕。一旦我紧张不安，就连看地图或者跟着简单笔直的路标指示走都做不到了，完全崩溃了。所以我才会在东波士顿迈威尔克车站附近的街道上晕头转向，一直原地打转，精疲力竭地试图寻找阿尔伯特·爱因斯坦研究所不显眼的大门（有人告诉我它是绿色的）。最后，在街边一家巴西人开的杂货店里，一位男士详细告诉了我，这片居住区街道上复杂的编码系统，我才得以在攀登了三段陡峭的阶梯之后，最终找到了那扇绿门并按响了门铃。

一位女士前来开门并领我进去，我们从房子的后边默默前行，穿过一个狭窄的走廊，来到前面一个房间里。看起来似乎是一间书房，每面墙都有书架，从天花板一直连到地板，拉着厚厚的窗帘，只从灰色的街道上透过来一点点暗沉沉的亮光。有一个大书桌，铺满了一堆一堆的报纸和书籍，上面还摆着一盏台灯，是室内唯一光源。眼光所及之处，尽是大量的文件，平装书，精装书，已装订的和还未装订的手稿，在这中间，站着一位驼背的白发老先生，脸庞修长，充满睿智，身穿黑衬衫，胸部口袋里插着两支笔。他文雅地微笑着和我握手，并向我介绍一只从容自我俩身边走过的狗，"这是萨莉"。然后他把角落里那个天鹅绒沙发推到墙边，铺上书和报纸，让我在沙发上坐了下来。

他就是吉恩·夏普博士（Dr Gene Sharp），战略性非暴力斗争的杰出代表人物。他的作品极大地影响了世界各地的革命运动。他对圣雄甘地的斗争思想和方法非常推崇，并进行了开创性研究，曾在牛津、哈佛和麻省大学达特茅斯分校做学者。1983年，他创立了阿尔伯特·爱因斯坦研究所，一个致力于研究和推动非暴力抵抗运动的非营利机构，以著名的反战主义者爱因斯坦命名。吉恩·夏普写过一本关于圣雄甘地的伟大著作，爱因斯坦曾为该书作序。

1993年，吉恩·夏普已经65岁的时候，写了一本后来在世界范围内产生了巨大影响的书。这是本关于非暴力斗争实践方法的小册子，凝聚了数十年的研究心血，是应一位流亡的缅甸民主人士要求而编写的。由于对缅甸具体形势所知甚少，无法专门为缅甸民主活动写书，夏普选择写下了这本广泛性的指导手册——他更愿意称之为"一个概念性框架"。这本只有 93 页的小册子读起来像是教人们"如何"去革命的。书名《从独裁到民主》，它建立在独裁者远没有他们想象的那么强大这样一种观念之上；首先确定这些独裁者权利的来源，然后让其不再为专制统治服务，那么就可以瓦解独裁政权。这本小册子中就给出了许多如何不服从专制统治的实践建议，从示威请愿，到象征性的颜色，粗鲁的手势，到讽刺，守夜，模拟葬礼，罢工，抵制和静坐抗议以及其他方法技巧与详细说明。

夏普写道，书中实践总结了约两百种非暴力斗争行为的具体方法，它们会让人们取得更多胜利。这些方法分为三大类：抗议和劝说，不合作，以及干预。非暴力抗议和劝说很大程度上是象征性的示威游行，包括游行，游行示威和警戒（第 54 招）。不合作则细分为三小类：1.社会不合作（第 16 招）；2.经济不合作，包括抵制（第 26 招）和罢工（第 23 招）；3.政治不合作（第 38 招）。通过心理、生理、社会、经济或者政治途径进行非暴力干预，比如快速的非暴力占领和组建平行政府（第 41 招），这是最后一大类。这 198 中方法的列表作为附录一起出版。

《从独裁到民主》起初是分批出版，也印刷成了宣传册，阿尔伯特·爱因斯坦研究所还制作了影印本，任何人都可以随时翻印此书。其中一份影印本流传到了塞尔维亚，对当地学生运动团体 Otpor!（塞尔维亚语"反抗"之意）产生了非常深远的影响。这个青年抵抗运动组织为 2000 年推翻斯洛博丹·米洛舍维奇政府做出了巨大贡献。受到 Otpor! 成功的鼓舞，格鲁吉亚、乌克兰、吉尔吉斯斯坦、立陶宛、拉脱维亚和白俄罗斯的民主抵抗运动组织也研究了夏普的非暴力分类抗争法，每次开展新的斗争时都会参照这本小册子，就好像这是专为他们而写的。2003 年，《从独裁到民主》开始可以通过网络在线自由下载，好似燎原之火，迅速传播开来。现在为止，已被翻译成了超过 34 种语言。2009 年，夏普获得诺贝尔和平奖提名，然而那时，伊朗、委内瑞拉和缅甸当局却公开抨击这位学者是一个危险的人，说他与美国阴谋集团有关联，甚至说他是一名美国中情局特工。

尽管如此，在"阿拉伯之春"①以前，除了学术界和外交界，西方知道吉恩·夏普的人并不多。2011 年 4 月我去拜访夏普，也正是"阿拉伯之春"运动愈演愈烈之时。在对这次动乱的早期报道里，许多埃及反政府人士都曾提到过夏普的 198 种"非暴力抗争颠覆政权"法。虽然埃及塔利尔广场上仍有人咕哝着，埃及不需要美国人来教他们如何起义，但这位已经八十多岁高龄的知识分子一夜成名了。

到底是夏普的方法或其他别的什么原因点燃了"阿拉伯之春"运动，我去东波士顿自然不是为了确认这个。我感兴趣的人们当时是怎么利用《从独裁到民主》这本小册子，找到有关道德之勇的触发点或者方法，以及这本书是如何教那些为自由而战的人们变得勇敢起来的。

"首先，"在正式开始前，夏普博士说，"我做一个免责声明：

---

① Arab Spring，注：指从突尼斯开始，席卷整个阿拉伯世界，民众走上街头要求推翻本国专制政权的革命浪潮。

我从来没有臆测过这样的勇气是如何发生的，所以关于这点我没法儿给你提供什么特别有用的线索。"

他不谈论勇气，却和我讲了他自己的成长故事。他在二战期间成长于一个牧师家庭，在他年岁尚浅之时，战争就塑造了他的世界观，也令他放弃了宗教信仰。他说道，他二十几岁时正值朝鲜战争，他拒绝服役上战场。实际上之前夏普已经正式提交了因为道德原因拒服兵役申请，被驳回了并拒绝向上级报告他的申请，因此他才被迫用了这种主动不服从的方式。他的这一立场为他带来了两年牢刑，他实际在监狱里服刑了九个月。

"我不只是要讲'我如何能成为一个因为道德原因拒服兵役的人，'"他说，"我还想说，'在什么条件下，我们才可以摆脱战争？'我不是反对朝鲜战争，或者类似的什么其他战争。我反对的是整个战争体系的发展，以及我们只能诉诸战争的那种设想。我并不认为战争可以解决什么问题。"

这个老人有时会用手在空中做一些模糊的手势，他的手指关节是圆的，嗓音低沉沙哑。但他在回答问题的时候，会直视我的眼睛，有时想一下，有时则沉默很长时间，而每次回答都非常简洁。如果他不赞同一个问题的措辞，或者假设前提，他会礼貌地说出来。如果我的问题不小心变得散漫而宽泛，或者超出了一个学者的学科领域，吉恩·夏普就会直接回答，"我不知道"，然后就这样了。

夏普博士告诉我，他以前觉得自己是个和平主义者，但现在不再这么认为了，他说他正处于试图改变现状的"第三种立场"，这样不是出于道德考虑，而是更务实。

他说："我并没有在想着，一个人如何能戴上纯粹的，或神圣的，或骄傲的光环，我已经厌恶了。"他补充道："这就是为什么有些人称我为非暴力的马基雅维利。马基雅维利致力于弄明白政治到底是什么，而不是政治原本应该是什么。"

据夏普所讲，拿最近发生的"阿拉伯之春"革命浪潮来说，在真实世界里，回避直接的暴力抗争，相当于解锁了一整个兵工厂，非暴力成了对抗暴政的新型武器。

"因为如果你使用暴力，其实是在帮助敌人来打败你自己，"他说，"就是这么简单。如果对手是一个非常冷酷无情的暴虐政权，他们总会用军队和武器来暴力镇压起义的，你基本没有胜算。所以为什么非要与他们的武器对抗呢？这样必败无疑。在突尼斯，没有使用暴力斗争；在埃及，也很少使用暴力，革命者们很快就取得了胜利。而在利比亚，对暴力及其力量的信仰，致使起义运动失败了。对暴力万能力量的崇拜，差不多相当于一种宗教信仰，但是，现实情况是，就像一个埃及革命者所说那样'我们把枪留家里是明智的。'"

不用枪支，要比手拿枪支更有力量。

这是夏普学说的核心，其中最吸引人的是，它巧妙地回避了道德、个性以及爱你的邻居等心灵鸡汤。

"不是这样的，"他有点不耐烦地说，"你可以恨你的邻居，他做了这么多可怕的事情；你也可以希望他死掉。但你不能觉得为了取胜，你必须杀了他，因为即使你杀了他，他全家人都会来报复你，你仍然没有胜算。如果想要重塑人类个性来做到有健康的美德，这根本是无稽之谈。你可以继续固执，继续和以前一样如何如何，同时做到非暴力。"

"取得道德上的胜利？"

"是的，是的，"他说，"还有政治上的胜利。"

所以我问他，胜利的关键在于被压迫者自己的创造，还是社会的强化？夏普礼貌地纠正了我对"社会"一次的使用，对他来说，作为术语显得过于亲切了，但他对于我的问题仍给出了肯定的回答。他说，在某个机构里，"一起工作"的概念，要么是早已存在的，要么是为某个目的而特别设立的。（此时我暗暗想起了我们的胆小鬼社团）

"人们必须明白，"他说，"他们都有改变现状的潜力。可能当时没有什么力量，但有潜在的力量，"他说，"确实，这是可以通过学习掌握的。"夏普说，学习拥有改变现状的力量，在这过程中唯一的阻碍是，服从心和恐惧心会同时存在。

"有时，"他说，"会有一个非常好的理由感到害怕，这时可能就会想自己真是太天真了，竟然会认为人们可以完全摆脱恐惧。但是你有没有注意到，有没有看到埃及革命期间新闻上是如何报道的？埃及人是不是在喊着'我们不再害怕了'？这是圣雄甘地所说人们必须要做的事情。不要害怕。"

我们已经触及了问题的核心，因而我问他，从恐惧转变到不恐惧的过程中，可能会发生什么？

"有时候真的很难做到，"他说，"但我们必须意识到，我们真的可以做到转变为不再恐惧。可以先从一些非常简单的事情做起，人们在做一些相对低风险的事情时，会激发出他们的潜能。有时候人什么也不做或者直接使用暴力，确实可能会更安全一些，但这往往会遭到严酷的镇压。然后他们感觉得到了许可，接下来他们就能够处理更深一点的问题了。但有时候会比这还要快，会发生一些很不可思议的事情，当人们从服从，顺从，害怕到最终站起来，昂首挺胸，再也不受他人奴役了"——这一瞬间，夏普像他刚刚讲述的那样，蜷缩的身体忽然伸展开了。然后他又靠着椅子边，缩在了椅子里——"但是我不确定这个过程是怎么发生的，这是一个非常重要的问题，但我以前没有注意过。"

我看过《从独裁到民主》这本书，我知道这里面至少有一打引用"勇敢"或"胆量"的人或事。所以我再次提及这个，并询问吉恩·夏普，他怎么定义勇敢。

"我在编写一本专门的词典，快要完工了。"——这是夏普专属的有关权力与斗争的词典（牛津大学出版社，2011）——"我并没有把勇敢收录进这本词典。我对勇气的认知与其本身可能有较大差距，"他说着，并笑了笑，"当然了，尽管风险与危险并存，但如果人们实际上并没有准备行动起来，那他们注定不会成功。我估计如果他们是勇敢的，那这就是另一回事了。"

"虽然人们有时很难做到，但这种行动是必要的。也有可能人们受到启发勇敢起来去做一些愚蠢的事情。因此这个方法告诉人们，必须在研究是什么样类型斗争活动的前提下，明智地学会无所畏惧。与过去相比，我们现在能够学会如何运用这些方法，从而更有技巧地去斗争。即使是世界上最强大的独裁统治，我们现在也可以找到他们的漏洞。反专政制度的民主活动正在蔓延开来，这并不依靠某个救世主般的领袖或者想象力。你用自己的判断和智慧获取知识，然后来策划自己的独立解放斗争，这样才能取得成功。"

我觉得这其实就是种勇敢，但我明白吉恩·夏普不想让它成为新的弥赛亚。最后我问他，舆论认为人们是受到了他的鼓舞才推翻了穆巴拉克征服，这是否令他感觉不舒服，他点点头。

"确实是。"他回答道，然后沉默了一下，接着我提到了他这个方法与其他斗争方式间存在明确的关联，对于只是隐居在一张桌子后，就可以激励民主革命人士去干出翻天动地的事情，是不是让他很高兴。

他耸了耸肩，说，"这个啊，其实我只是在写作，真正行动起来的另有其人，他们也是在冒险，是他们改变了世界，不是我。"

"你认为你自己表现出了某种勇气吗？"我问他，"像是智力勇气？"

"有时候我在想，我写的一些作品是不是有些厚脸皮了？"

"但我不认为自己做错了什么。我也没觉得自己做了多么不一般的事情。只是有些东西，需要说出来而已，没什么了不起的。"

吉恩·夏普送我到前门，就好像我是顺路去了他家喝茶一样，微笑着和我挥手告别。在我穿越东波士顿去车站的返程途中，下起了绵绵细雨。对于这种迷人又时常新型的美德，我们没有讨论，但至少我认为它是非常勇敢的。同时，在教成千上万人学会一种最艰难形式的勇气方面，很显然，这种美德发挥了一定作用。

这次采访过后第二年，2012 年，吉恩·夏普再次荣获诺贝尔和平奖提名。

* * *

当然，不是所有人都像夏普博士这般内敛。

尽管描写或谈论勇气本身并不是一项需要勇气的活动——对于这点我可以担保，因为我现在就坐在温暖的房间中，开着收音机，谈论勇气——但是，只有人们去做一件事，一件事才会发挥作用。我把它叫作美德映射的法则，或者是勇气能为我们做的事，估计我不是第一个这么界定它的人。它是这样的：承认勇气，可能会让人变得更勇敢一些。

1957 年，在冷战白热化阶段，诺曼·梅勒指出，在后麦卡锡主义时期，美国人普遍存在焦虑。"一种对于恐惧的难闻气味，"他写道，"从美国人生活的每个细节往外冒，我们承受着勇气集体消失的痛苦。"我们现在所需的，就是一剂勇气。在梅勒写这篇文章几个月前，——人们想着是否要回应相同的恐惧风气——随之而来一服良药。参议院约翰·菲茨杰拉德·肯尼迪（John F. Kennedy）撰写了一本书，这个战争英雄兼政治家将开创一个新的时代。这本书叫作《勇气档案》，这本书里，肯尼迪写到了一些早已退出政治舞台的参议员们，这些人都曾以不同方式为了信仰而冒险。"在不贬低已经去世者的勇气的同时，"这位未来的总统当时写道，"我们不应忘记还活着的人们的英勇行为。"在这本紧密围绕政治与道德之勇展开论述的畅销书中，肯尼迪用他自己以及那些老参议员们的政治和道德勇气，有效地激励了美国选民。也许这不足为奇，有传言说这本书其实不是肯尼迪本人所写，而是由泰德·索伦森（Ted Sorensen）代笔。泰德·索伦森是一位才华横溢的演讲撰稿人，跟随肯尼迪总统在白宫任职。无论如何，肯尼迪用勇气这根轴线固定住了民众的想象。"勇气是一阵凉爽的空气，"1961 年，著名诗人罗伯特·弗罗斯特（Robert Frost），在肯尼迪总统就职典礼上朗诵道，"胜过所有假设的僵局。"

近半个世纪后，大洋彼岸，伦敦唐宁街 11 号，英国财政大臣，戈登·布朗（Gordon Brown）终于要从托尼·布莱尔（Tony Blair）手中接过首相一职了。这是 2007 年，这一年也是近代英国政治史上最不光彩，大选投票过程等待时间最长的年份之一。那时如何让选民们摆脱伊斯灵顿（Islington）餐馆暗无天日的争吵？如何校准布朗首相在前不久讲话中提到的"道德罗盘"？又如何应对"9·11"事件之后给英国带来的那股"恐惧的难闻气味"呢？

答案很简单。在托尼·布莱尔打算宣布卸任首相不到一个月之前，戈登·布朗出版了一本相当怪异的书，《勇气》。书中包含了八幅历史上和现代人物的圣徒肖像画，这些肖像画奇形怪状。有人认为布朗此书体现了美德，但也有人认为该书由他人捉刀。想一想纳尔逊·曼德拉，昂山素季，马丁·路德·金，"他们是我们的榜样和偶像，"书中这样咏叹着，"令人望而生畏又魂牵梦萦，他们的故事珍藏于内心并激励我们前行。"一般人都懂的——正如布朗不是肯尼迪一样，他的幕僚们也远比不上泰德·索伦森。尽管如此，假设首相的扈从们没有翻阅过《勇气档案》一书，并企图通过制造一种类似闪光的东西，来反射出未来首相大人坚毅如钢的一面，那也可以啊，我名字叫作威廉·华莱士 [①]。布朗短暂的首相生涯，人们评论说，因为缺乏政治勇气，执政没任何特点，也许应该把这解读为，伴随着映射美德之法则的公共健康警告。

另一方面，用伯纳德·拉菲特博士的话说："要保持低调。"

"你是怎么找到我的？"他狡黠地问，"为什么找我？"

这问题很容易回答。和吉恩·夏普一样，拉菲特也坚信非暴力

[①] 苏格兰民族独立运动的英雄人物。——译者注。

理念，教导人们以一些道德之勇的方式去斗争。自马丁·路德·金去世后，这是他从事了一辈子的工作——关于马丁·路德·金之死，伯纳德曾悄声和我提过，"你知道吗？在孟菲斯洛林汽车旅馆，他被暗杀的前一天晚上，我就和他在一起。"在金被暗杀的那天早上，金还曾对伯纳德说，"现在，伯纳德，接下来我们要把非暴力国际化，制度化。"于是这句话就成了伯纳德欠金——伯纳德这位被人暗杀的领导人和好友——的债务。"因此我没有时间为金悲伤，至少现在还不到时候，"伯纳德说，措辞反常而英勇，"因为我一直在通过训练人们，去完成金的遗愿和梦想。"

拉菲特用了若干年的时间，用金的非暴力六原则教导世界各地的民主斗争人士，并用自己的理念将六原则发扬光大。这些与夏普教导的斗争方法不一样，技术上来说，道德和救赎的框架更少一点，重点强调正义与仁爱的概念，尤其是，对勇气的无保留诠释；六原则的第一条就是："非暴力是勇敢之人的一种生活方式。"

"现在，我们不去告诉人们该怎样做，"他解释道，"我们只是说，人应该负责为自己做决定，我们只是把我们在斗争运动做了什么，它是怎么产生的，怎样才能取得成功这些东西展示给人们看。我们向人们解释，学会我们身体力行地要告诉他们的东西，比教会他们如何开枪射击要艰难得多。因为非暴力斗争中，人们不能四处去寻找武器，我们自己就是最好的斗争利器，所有的武器弹药都隐藏于我们自身。所有我们需要的，都在这里。"他用双手轻弹着胸口。

拉菲特自己曾被成功教导的事实，让他对人们的可教性充满信心。19 岁的时候，他跟在一帮十几岁的帮派分子后面混迹于家乡街头。有个老师叫作詹姆斯·劳森（James Lawson），他曾研究过甘地

的非暴力不合作运动哲学，后应马丁·路德·金的邀请，在 20 世纪
50 年代末期，以基督教的方式将其引入美国南部。劳森在纳什维尔
执教，伯纳德就是其学生之一。劳森教给了学生非暴力反抗的方法，
不久后在纳什维尔，就发生了午餐柜台静坐示威抗议活动。伯纳德
在这次活动中，对自己所学到的挑战种族隔离制度和要勇敢起来这
两点，进行了实践检验。

　　他和我讲，1960 年的冬季，在纳什维尔公交车站，一家二十四
小时营业的咖啡馆里，发生了一次彻夜静坐示威活动。在所有顾客
都离开了以后，店主把冰箱和冰柜用胶带封好，然后关灯，闭店。

　　"我们共八个人，闭店后之后在咖啡馆里坐了一整夜，"伯纳
德说，"第二天早晨五点左右，我们认为已经把我们的意见表达出
来，可以离开了。因此我走出餐厅，来到候车大厅电话亭里，打电
话让他们派辆车过来接我们。然后我又往学校打了一个电话，正在
讲电话时，过来了一辆出租车，司机踢开电话亭的门，把我拖了出
来，夹着我的头和脖子，就像这样，"伯纳德蜷着胳膊，放在身前，
演示给我看。"他把我拖到外面，又过来了十二个出租车司机，他
们一起打我。他们把我打倒在地，我翻个身，爬了起来。他们再次
把我打倒，我翻身，爬起来，继续打倒，翻身，起来，我始终没有
反抗。我没有抗争，只是默默承受着他们的拳打脚踢，因为只有这样，
我才能少受一点伤害。有个人在这群殴打我的司机们后面叫嚷着，
'抓住他！抓住他！抓住他！'然而我并没有逃跑。最后我站起来，
看着这群殴打我的人，我说，'等等。'然后我把他们踢打我时，
留在我脸上的鞋印擦掉。"——伯纳德缓慢地用手掌擦着脸庞，非
常用力，压得他的脸都扭曲了——"然后我又拍干净外套和裤子，

站在那里，直视着这群人的眼睛。"

"这么做很不容易吧？"我问他。

"不，波莉，我和你说为什么不难做到，"伯纳德回答，他的身子前倾着，"因为在非暴力哲学中，老师教我们，要思考这些人这么做的缘由是什么。你知道吗？我没有选择生而为黑人，他们也没有选择生而为白人，或者是美国人和穷人，这都不是我们自己选择的。也许他们之中有些人的家人还有 3K 党（Ku-Klux-Klan）成员呢？也许他们从小就听了很多关于黑人的负面消息呢？我当时心里就想着这些。并且要知道，当时已经是 11 月份了，天气很冷，因为我们在静坐示威，一整个晚上咖啡店停业，这些人喝不到咖啡，他们心情不好，所以他们有足够多的时间来积累不满。"

"所以我们一直看着对方，"他说，"我一直看着他们的眼睛，一方面是因为他们在打人的时候，就是要减少被打之人的人性，把对方当作一个可以随意攻击的对象，并且根本不把对方当人看。直视他们的眼睛，这也是一种抵抗方式，就这样让他们看着我。"

此时我们俩沉默了一会儿，就好像是在当年纳什维尔公交车站，那个天色未明的清晨，伯纳德与那些殴打他的司机们之间的沉默一样。

"然后我在一片寂静中开口了，先生们，如果你们允许，我得去打完我的电话。请原谅。"

这时候攻击停止了。

"所以不管他们行为如何恶劣，"他说，"我给了他们最大的尊重和友善，我没有谴责他们，没有辱骂他们，也没有流露出任何恐惧。我想让他们重新看清楚他们到底在做什么，所以我在他们殴打我之后还称呼他们'先生们'，这令他们大感意外，也许还会让他们感到良心受谴责。"

"遇到这种事，不是每个人都能做到像你这么沉着冷静，"我说，"你是怎么做到这么镇定的？"

"因为我受过训练。"伯纳德回答道。他从会议室桌子上拿起一个塑料水杯，喝了一口，等待我的下一个问题。

"真的吗？"我问道。

他点点头。"我们有脚本，并进行角色扮演。我们上社会戏剧课，演绎过这些情形，老师教过我们如何控制情绪。"——我想起来有一群士兵，在虚拟的阿富汗诺福克村庄里跑来跑去，斗牛士们把一个塑料牛头扣在车轮上，或者在距地面不到一米的电线上，表演走钢丝这一类的画面——"我们只是简单地不让自己做出回应，"伯纳德接着说道，"可能有人会说'回击是正常反应，这是人的本性'。好吧，这是事实，但同样我们也可以控制自己的本性。必须相信所受的训练，相信这些虚拟情形可能真的会发生。所以你看，我确实反击了，我在反击我的进攻欲望。"

"那你有没有报复的冲动？"我问他。

"啊，当然有，"伯纳德说，"那个站在我前面的家伙，即使是现在，我也知道我可以如何阻止他殴打我，我原本能够令他停手的，这人就是一个例子。"

"你会怎么做让他停手？"

"我可以抓住他，然后咬掉他的耳朵，"伯纳德说，"你听说过迈克·泰森（Mike Tyson）这人吗？"

"听说过。"

"你听说过他的咬耳朵事件吗？"

我点点头。

"不同的是，在我家那边，应该把耳朵嚼碎的，而他只是咬掉了而已。"

又出现了短暂的沉默。

"所以，"伯纳德笑着说，"换言之，我已经完全学会了如何有效地进行暴力反击的，但我没有用这个，而是运用了我新的训练方法和行事风格。我必须承认，这真的很管用。"

"那么，勇敢的行事方式，其中之一是不是就包括要相信自己能够成功？"我问他，"这不仅仅是指别人打了一巴掌，那就把另一边脸也转过去让对方打吧？"

"不是这样的，'把另一边脸也转过去'有两层意思。一个是身体上的意思，还有一个就是心理上的'转过另一侧的脸'，意指如果有人让我们看到他自身行为有多丑陋，我们就告诉他们，他们有多漂亮；如果别人对我们皱眉，我们就报以微笑；如果别人用难听的字眼称呼我们，我们可以试着回以积极友善的东西——比如尊称他们'先生们'。"

尽管他们一点也不文雅绅士，但如果我们想让他们做出改变，我们必须首先改变，我们想让他们改变的方法。

"你指的培训，是说你可以习得这种培训？"我问他，"你可以学会在遭受欺凌的情况下如何变得勇敢起来？"

"是的。"伯纳德微笑着说。

"任何人都能学会这种训练吗？"

伯纳德点点头。"因为我们必须相信，每个个体，不论是站在我们的阵营，还是站在对立面的，都有潜力挖掘出他们所拥有的最好一面。所以，就是这样，无论对错，我们必须相信它，并以此为基础进行斗争活动。"

　　伯纳德·拉菲特的成人仪式，是在纳什维尔公交车站他年仅20岁时进行的，此后数十年间，尽管他面临着数不胜数的危险境地，遭受了许多致命的威胁恫吓，但他始终怀着通过救赎，改造他人的信念。作为民权运动的领军人物，他承受了无数的打击与日常威胁。3K党曾两次试图暗杀他，一次在1961年进行自由骑行活动时，另一次则是发生于1963年亚拉巴马州的塞尔玛市，同一天夜间，3K党还密谋并成功暗杀了正在密西西比州的另一民权领袖埃德加·艾佛斯（Medgar Evers）。马丁·路德·金被暗杀后，拉菲特发誓要继续在世界各地继续开展民权斗争运动，他也确实是这么做的。在当年迈阿密警察殴打酒驾拒捕的罗德尼·金（Rodney King），随后引发暴乱这一事件中，以及尼日利亚尼日尔河三角洲地区，因为石油问题引发当地民众抗争事件中，拉菲特就曾领导当地民众进行战术性的民主斗争；哥伦比亚经常发生暴乱的那些监狱里，在伯纳德训练他们之前，基本上每天都会发生几起谋杀。2002年，在哥伦比亚麦德林（Medellin）西部山区进行和平游行时，伯纳德·拉菲特甚至遭哥伦比亚革命军（FARC）绑架了几天。

　　尽管拉菲特现在已是垂暮之年，但与吉恩·夏普一样，这一辈子都一直神采奕奕的。在我采访过程中遇到的这些——训练、故事、改编、成人礼、生活、不合规、集体经验等每一个大型主题里，都会与一位这样桀骜不驯，坚韧不屈的人物相遇。然而，在那天上午我和伯纳德结束谈话离开以后，仍让我印象十分深刻的是，一个年轻人，擦去被殴打时留在脸上的鞋印，这个独特的画面；他所学到的，以及如何才能变得勇敢，浓缩诠释在了擦鞋印这一刻，并定下了他未来人生的基调。

当我们走在大街上的时候，伯纳德·拉菲特又谈起了我提到过的勇气。他认为，共有的人性和勇气这条不长的线，让人们看起来似乎非常与众不同。但其实人们比他们自认为的，存在着更多共性。他说，把我们连接在一起的，远比分开我们的，要大得多。"所以我非常期待能看到你这本书。"说完，他大笑起来。

在过去数月，我一直忙于为胆小鬼社团工作，我拜访了九十五个人，其中许多不止拜访过一次。我有一个硬盘，里面储存了一百四十多个小时的谈话录音。还有一堆笔记本，照片，纪念品，比如在塞维利亚玛艾斯特朗赛斗牛场，买的这个橙红条纹地毯；在优胜美地国家公园买的印有"也许熊知道"几个字的马克杯，等等。我们可以把这称为采访写作的常规程序，但我在写这本书的过程中，还伴随着另一种记录形式，它们同样引人入胜，同样坚韧不拔，很大程度地影响了我对本书的写作。我发现，在餐桌上或酒吧里只要提到勇气，在我们还没有说出自己的故事之前，人们就开始迫不及待地述说他们自己的，朋友的，或者家人的，与勇气有关的故事。他们置身事外，娓娓道来故事里的人都做过什么，说过什么，故事或长或短，在他们看来，都迷人动听。

勇气这种品质，无处不在，每个人都觉得自己对此有发言权，有资格去决定或争论什么言行是勇敢的，什么不是。当然，有了勇气的存在，才能证明我们人类的脆弱。虽然我们自孩童时代就可以识别出勇气，叫得出它的名字，但它在我们眼前，慢慢演变成了一种所有胆怯之人都立志追求的东西。

所有这些原因，都让我很难结束这项工作——这也是一项不可能完成的任务——但我甚至都不敢尝试去完成它，直到我完成了最后一次验证勇气的采访，它谦和地体现了胆小鬼社团所想表达的一切东西。

我们从一个袖珍版的真实故事开始讲起。故事非常短小普通，也没有英雄事迹，但它反映出了当今世界上，正在发生着，一场反对不公正的大斗争。

故事的主人公是一位印度男子，我们不知道他的真实姓名，就称呼他维卡斯（Vikas）吧。维卡斯在十几二十岁的时候就远离家乡，到异国求学。在那里他遇到了一个很不错的外国女孩，于是他们结婚了。随后他和新婚妻子回到印度旅游，维卡斯带她领略自己祖国的奇观异景。有一站是参观泰姬陵，印度旅游门票的规定是，外国人需要以美元支付高价的入场费，而印度人则只需用卢布付一点钱。因此维卡斯的外国妻子买了高价票，维卡斯买了低价票，然后他们去入口处排队。突然，一个警察把维卡斯拽了出来，他看到维卡斯和一个外国人在一起，就质疑维卡斯为什么买廉价门票。"但是我本来就是个印度人啊，"维卡斯说，"我家在——"他说出了自己家的住址。但警察却还是对他搜了身，发现维卡斯的身份证是一所国外大学的，就威胁要让维卡斯去坐牢。他的新婚妻子万分诧异地看着这一切。维卡斯还试图抗议，他给这个警察出示了自己的护照，结果这个警察看了之后，竟然没收了维卡斯的护照。最后这个警察给维卡斯出了一个解决办法，交了几千卢布之后，维卡斯拿回了自己的护照和身份证，然后这对新婚夫妻才得以参观了印度莫卧儿帝国的奢华宫殿。但维卡斯却因为被迫向警察行贿而愤愤不平。当晚，他坐在电脑旁，登录了一个新网址，创办了一家新网站，在这里，能够让印度人揭发生活中各层面的贿赂行为。维卡斯匿名上传了自己在泰姬陵的遭遇，按下了"提交"键。

"我行贿了"网站（ipaidabribe.com）成立于 2010 年 8 月，是印度班加罗尔市众多非营利机构之一，属于拉迈什和斯瓦提·拉马纳坦夫妻创建的"人民的力量"（janaagraha）非政府组织。该组织引用了甘地的箴言作为座右铭，"欲变其世，先变其身。"该组织在印度，这个世界最大的民主和崛起中的超级大国，掀起了相当规模的反腐风潮。像年轻的"维卡斯"所遭遇的情况，在印度已经见怪不怪了，行贿现象在社会中十分普遍，小到花一点钱行贿仅为了买一张火车票，到申请护照或者死亡证明，大到国家基础建设，土地或采矿项目，需要行贿数百万美元才能谈成合作。自 20 世纪 90 年代印度经济自由化以来，行贿泛滥，腐败猖獗，规模巨大，金额每年高达数十亿美元。

此外，印度的腐败现象很难得到遏制。检举腐败是一件相当危险的事情，许多知名的腐败案中，举报者往往悄然死去，或者光天化日之下遭人谋杀。即便是一些较低层次的行贿揭发，告密者也常常为此付出沉重代价，那些勇敢公开举报政府官员贪污腐败的人们，也会遭到各种各样的惩罚。同时，大量的司法案件积压，使得腐败诉讼案件进展缓慢；还有，调查机关不能在未取得政府部门许可的情况下，对政府官员展开调查，这个不可思议的制度漏洞，使政治阶层有了违法豁免权。换言之，无论多么斗志昂扬，多么真诚坦率想要根除腐败弊病，对于印度的普罗大众来讲，在面对与国家生活密切相关的不法事情上，除了胆怯软弱，根本无力改变什么。

当然，近年来，印度反腐也出现了一些知名人物。最有名的当属安纳·哈扎尔（Anna Hazare），他是彻底仿效了甘地的做法。他广泛宣传绝食抗议，并管理着由许多人组成的"安纳团队（Team Anna）"，时常带领该团队开展集会活动。2011 年，哈扎尔身穿白色服装，让人容易联想到印度独立之父甘地，而在甘地的巨幅画像下面，聚集着许多人，他们高喊着"我们都是安纳·哈扎尔！"

可能许多人会觉得"安纳团队"的行事方式很勇敢，但我却对另一种方式感兴趣。在当今网络时代，那些害怕遭受报复的人们，选择在网上匿名揭发每天发生在身边的腐败受贿事件，发泄一下被迫行贿的委屈。在这里，胆小的人不仅仅自己变得勇敢了，也有可能帮助到他人。在我撰写本文时，"我行贿了"网站已经有近 130 万人次的访问量，涉及印度全国 488 个城市，超过两万一千个胆怯的人，勇敢站出来，讲述发生在他们身边的行贿事件。他们所说之事，有些征用为行贿案件的证词，有些是别人索贿但他们没有给钱，还有记录有些正直的官员办事没有向人索贿的，也有些故事告诉人们一些躲避腐败税收的方法。有些人告诉别人可以从网上打印零卢比钞票，还有人提议，让腐败官员以双倍的贿金捐给总理的陆军救济基金。一直以来，该网站总体上反映了腐败行贿的市场价格。此外，网站要求发帖人和索贿者都必须匿名，以此降低举证者的风险。在这里也可以进行索赔和反索赔的谈判交易，这总体来说省掉了腐败案件的调查取证环节。这里蕴含的知识信息亦是种强大的政治武器。现在肯尼亚、希腊、津巴布韦和巴基斯坦也创建了这类网站，菲律宾、蒙古等国也在筹建中。到 2012 年，"人民的力量"非政府组织已经收到了 20 份请求，他们都想使用"我行贿了"网站的运作框架。中国版 2011 年就开通了，仅仅几周时间，访问量就突破数十万人次，但该网站随后突然关停了。

拉马纳坦创建的"我行贿了"网站，在 2010 年夏天，加入了一位老朋友，拉格胡南丹（Thoniparambil Raghunanadan）人们都叫他拉格胡（Raghu）。他是一位在政府部门工作多年的资深公务员，以叫板腐败官员而出名。为了投身于反腐败并让政府部门简政放权，2010 年春季，拉格胡最终辞去了在印度行政服务局的工作，然后一直为"我行贿了"网站的推广而奔波着。2011 年夏天，"我行贿了"网站运营一年之际，我采访了拉格胡。发现他是一位温文尔雅，和气又机敏的人。

"印度腐败现象很猖獗，"他告诉我，"但我觉得印度人并不是天生就腐败。不管我们的价值体系是好是坏，然而和其他国家都是一样的。不，其实是我们的机制出问题了。人们并非生来如此。行贿不是激情犯罪，而是一种经过深思熟虑，有预谋的犯罪。如果贿赂风险低，罚款太少，而能捞很多钱，自然会有大量的人卷进来。因此要用一种普遍适用的解决方案，让索贿者意识到受贿风险成本太大，不划算，这样才行。不能停留在道德说教层面，而是从经济角度考虑。"

当然了，我说道，机制腐败其实也是道德缺失的产物，我们可以举太多微小型道德胆怯的例子。

"这是非常棘手的问题，"他说，"但我可以这么说吧，有六成的原因出在，是我们创造了一种机制，这种机制让人们相信，道德上的懦弱其实是一种实际可行的，比较明智的心态。曾听到有不少年轻人说他们也是不愿意行贿的，但他们的父母会告诉他们，'实际一点吧，成熟一点吧，这才是现实生活啊。'就这样，我们一代又一代人，无奈顺从了这样的社会机制。身边的亲友不停劝说，要随波逐流，要按社会规则行事，他们一直不赞成我们抵制行贿，且对反腐败充满怀疑，这是打击腐败最困难的部分。"

我知道在印度，有时候随波逐流也不安全，所以我问拉格胡，他有没有遇过危险。

"不，我没有，"他立马回答我，"只有几封攻击我的邮件而已，"但他又说，"我知道我们肯定会惹恼一些人的。"

"你对此有过担忧吗？"我问他。

"没有，我没有想过这个，"他说，"以前我经历过几次擦伤，因此——"

然后，他移开了话题。但他谈论勇气时，就不像说到恐惧这么寡言少语了。的确，号召普通民众鼓起勇气，是"我行贿了"网站一个非常重要的项目。他列出了几个可以着手的方法，从学生做家庭作业到人们面对政府官员办事时，各个方面的贿赂情况，他教人们不要屈服，而是用身体语言以显得自信，直视对方的眼睛，拉一把椅子，坐下来，说出这个官员的名字以及其他小技巧，来掩饰不安。

"培养勇气最好的方法，"他总结出来的，"就是集体行动。集体行动非常、非常重要。一般来说，如果我们碰到一个正好有麻烦事的人，会发现人群中，总会有一两个人是有前瞻眼光的，还有一两个总是持怀疑态度的，但大多数人都是中立派，他们等着看事态如何发展，再决定要站在哪一边。如果一个人用恰当又鼓舞人心的方式来表达意见，那么人们都会站在他这边。这是已经验证过的，确实这样发生了。"

拉格胡说，他们对"我行贿了"网站有这样一个梦想——这也引起了胆小鬼社团的共鸣——我们知道大家"都是血肉之躯"，每个人的力量是有限的，拉格胡说，"我们希望可以在印度各个城市设立'我行贿了'网站的分站点，这样人们可以真正团结起来，面对面，用集体的力量共同打击腐败贿赂。"

泛化可能是老生常谈，很多时候也是不对的，有时甚至是非常危险的。这就是为什么我在撰写本书时，尽量避免由一种情形，过于猛烈地推断到另一种情形，从一种形式的勇气或恐惧推断到其他形式。然而这个小型的印度项目，融合了现代性、集体性，汇聚了最谦卑的恐惧和克服恐惧的行为，其中的某些东西，正如那些最伟大的英勇之举一样，深深地激励着我。它是在平淡无奇的人生中，也可以活得高贵有尊严，有道德良知，尽管在实现这一理想的道路上你并非完全无畏无惧。它仅仅是在提示你，如果你可以做到这一点，那为什么你就不可能成就非凡之事，让这个世界变得更好？

我把这些讲给拉格胡听，并问他，如果一个普通的男人或女人按这样的道德之勇蓝图行事，他／她会不会就此发觉自己比以前变得更加勇敢了？

"非常有可能，"他回答，"事实上如果你读过圣雄甘地的作品，就会发现他已经制定了一套非常简单的规则。我就经常这么做——无论何时，只要我有疑惑，我就会去读甘地，每次都会重新意识清明，思路清晰。我是说，虽然甘地时代的术语行话已经变了，但其思想精粹可以非常有效地传递下去，不一定非得依赖那些宽泛的，激励人的信息。而事实上，是通过个别的传播技巧，传播给个人的。我的意思是，毕竟1947年那时候，再伟大的人都比不上现在的人，你说呢？"

"对，"我说，"我想也比不上。"

"所以，"他接着说，"我认为，勇气是可以习得的。"

我们都笑了。

这个世界正在悄悄奖励勇敢的人

> 无论在哪一个社群中，我看不出有什么理由那些胆小
> 怯懦的人不能聚在一起互相帮助。
>
> 伯纳德·加布里埃尔，1943

　　四月的天依然很冷，我站在纽约上西区第72大道地铁的站台上，看着热气从嘴里冒出来。站在人行道上辨别方位时，我还可以听见脚下地铁在轰鸣。阳光很刺眼，于是我戴上了太阳镜。其他从市中心来的乘客，一部分在车上时一直在读报，报纸上充斥着阿拉伯之春、福岛核泄漏危机以及皇室婚礼等此类新闻。我对这些毫不感冒，反倒是一直在琢磨近七十年前那几个紧张兮兮的钢琴师们。想到这些，我渐渐有了一些头绪。我站在街角踟蹰了片刻，查看了地图后就出发了。越过百老汇大街，斜穿过威尔第广场，从朱塞佩·威尔第雕像下走过，雕塑中他的外套随意地挂在胳膊上。走到苹果银行大厦时，眼角扫到大门上的钟表。随后我穿过阿姆斯特丹大道，进入西73号街，然后我停了一下，悄悄地从牛仔裤口袋里拿出潦草地写着地址的便笺纸，核实了一下，160号，就是这里了——要找的地方就在我的右手边。我穿过下面的门廊，走进闪亮的大厅中。

　　在我前面有两个上了年纪的女士，她们正在和门卫说话。于是

我就等着，并四处看了看。这里就是谢尔曼广场工作室。我想象着七十年前那些胆小鬼们的灵魂搭乘电梯出入伯纳德·加布里埃尔公寓的画面，不知道他们是否视我为他们中的一员。

轮到我时，我推开门卫小办公室的玻璃窗口，自我介绍说我正在做一些有关胆小鬼公社的调研工作。门卫茫然地看着我，表示从来没有听说过胆小鬼公社，但我一提到伯纳德·加布里埃尔时，他就笑了。

"是的，"他说，"我记得他，我在这里工作了 17 年，他曾在这里住了很长时间。是个钢琴师，对吗？"

我点点头。

"但是，女士，"他说，"很抱歉告诉你，这位先生已经去世了。"——门卫停顿了一下，在心里默算着日期——"应该有十三四年了。"

他递给我一份影印单，这里的一位住户把这栋大楼的历史进行了汇编——尽管这里面并没有提到七十年前的那些胆小鬼钢琴师们——然后，电话铃声响了，门卫礼貌地跟我说了声下午好后，就转过身去了。

这次拜访，再过几天，就恰逢伯纳德·加布里埃尔先生 100 周年诞辰的日子，原本想着这次也许能见到他，期待他有一些"奇怪又见不得人的手段"来让我变得勇敢一些，看来这确实是奢望了。但仍有些遗憾的是，我再也没法告诉他我在这次旅程中，遇到的那些非常了不起的人们，让他知道在新的世纪里，他创立的那个公社已经找到了新的发展方式，我想他如果知道这些，肯定会感到欣慰的。我突然想到，正如那些受人敬仰拥戴、最勇敢的人们也曾都受过那些我们不知道具体姓名之人的鼓舞启发——可能是他们的母亲、爱人、老师或者朋友——那么钢琴大师加布里埃尔大概也能够穿越时空，对我们中的一些人产生如此重大的影响吧？

　　我返回到西 73 号街，然后走到百老汇大街上，看着曼哈顿街头人头攒动，车水马龙。我知道自己就是他们中的一员，胆怯的人，勇敢的人，人群熙熙攘攘，聚散离合，犹如海面上的波涛翻涌，潮起潮落。